广东省社会科学院
广东海洋史研究中心　主　办

【第六辑】

海洋史研究

Studies of Maritime History Vol.6

李庆新 郑德华 / 本辑主编

社会科学文献出版社
SOCIAL SCIENCES ACADEMIC PRESS (CHINA)

目　录

专题论文

海洋史研究 (第六辑)
2014 年 3 月第 3～17 页

汉语文献中的阿曼港口

廉亚明 (Ralph Kauz)*

前 言

宋朝 (960～1279) 建立以前，中国的地理学家似乎对印度洋的不同地区兴趣不浓，不过，印度洋通往中国的航线可能在汉朝 (公元前 206～220) 后期就已经建立起来。伊斯兰教兴起前后，从印度洋西部直接前往中国的航运甚至已经进行了几个世纪。人们知道那里的国家叫波斯 (Pars/Fars)，后来被大食 (阿拉伯) 所代替——这是中国史官非常熟悉的一个事实。当宋朝被女真人所迫将都城迁到港口城市杭州，陆上交通线又部分地被不友好的国家阻断，他们越来越多地转向海洋，从此中国逐步成为一个航海大国，并发展出可能在当时最发达的航海技术。[①]

由于人们需要有关这些地区的更详细的知识，介绍印度洋海岸国家的地理学著作在这一时期需求很大。存世至今的第一部此类著作叫《岭外代答》(1178 年周去非著)，其后有《诸蕃志》(1225 年赵汝适著)。这两部书证实中国学者在这一时期已经清楚地认识到印度洋的形状和主要地理情况。[②] 不过，对于中国地理学家来说，他们对较远的印度洋西部的了解并没有像对较

---

* 作者系德国波恩大学汉学系主任、教授。译者李文系波恩大学汉学系客座教授。
原文以英文发表于 M. Hoffmann-Ruf and A. Al Salimi (eds.)，*Oman and Overseas*，Hildesheim，New York，2013。

① 参见 J. Needham，*Science and Civilisation in China*，Vol. 4，Physics and Physical Technology，part Ⅲ，Civil Engineering and Nautics，Cambridge，1971，p. 379。

② R. Ptak，Chinesische Wahrnehmungen des Seeraumes vom Südchinesischen Meer bis zur Küste Ostafrikas，ca. 1000 - 1500，in D. Rothermund and S. Weigelin-Schwiedrzik (eds.)，*Der Indische Ozean*，Wien，2004，pp. 42 - 46.

近的东部地区那样清楚，他们仅仅能区分几个海域①：东大食海（东阿拉伯海，即今天的阿拉伯海，可能还包括毗连的海湾）、非洲东海岸的西南海，以及西大食海（西阿拉伯海，即今地中海）。这两部书对这些海域的描述仅仅体现在较详细地介绍相关国家、风俗、矿产、植物、动物和其他一些事物。

《诸蕃志》虽然继承了《岭外代答》，但也没有给出更基本的、更新的且广泛的地理信息。尽管如此，作者赵汝适对更远的西方国家还是了解得多一点，因此我们可以更细致地了解一些地方，比如甕蛮②，这个地区一般被认为和阿曼有关③，这是记述阿拉伯半岛的汉语文献中第一次提及这一地区。

本文将完全从外部即从中国的角度来看阿曼港口。阿拉伯半岛内部的政治史将不在讨论之列，虽然在一些情况下，它会影响这个地区及其不同港口的命名。如前所说，阿曼在宋代第一次被提到，宋代也标志着中国持续几个世纪的杰出航海时代的开始。当明代（1368～1644）初年的帝国航海壮举于 1435 年被废止，这一航海时代也正式宣告结束。当然，私人的或非法的航运此后仍在继续，但不如郑和下西洋那么重要，并且没有留下文字记录。本文仅讨论有限的汉语著作中提到的阿曼港口的有关资料，借以粗略地展示中国自宋至明（10～17 世纪）对这些地区所掌握的知识。

最早的文献包括地理学著作（如上面提到的《岭外代答》和《诸蕃志》）。这种文献传统持续到元代，元代最有价值的著作是《岛夷志略》（1349）。其后，明代永乐皇帝（1403～1424 年在位）几次下令远航印度洋（1405～1433）④，中国关于这些海域的知识得到了巨大的拓展。很不幸，大部分记录随后被一些官员销毁了，因此只有非常有限的文献被保留

① R. Ptak, Chinesische Wahrnehmungen des Seeraumes vom Südchinesischen Meer bis zur Küste Ostafrikas, ca. 1000 – 1500, in D. Rothermund and S. Weigelin-Schwiedrzik (eds.), *Der Indische Ozean*. Wien, 2004, pp. 43 – 44; Zhou Qufei (author) and A. Netolitsky (translation, annot.), *Das Ling-wai tai-ta von Chou Ch'ü-fei: eine Landeskunde Südchinas aus dem 12. Jh.* Wiesbaden, 1977, p. 36.

② 赵汝适著，杨博文校释《诸蕃志校释》，中华书局，2000，第 107～108 页。

③ 参见 F. Hirth and W. W. Rockhill (annot., eds.), *Chau Ju-kua: His work on the Chinese and Arab trade in the twelfth and thirteenth centuries, entitled Chu-fan-chï*. New York, 1966, p. 133; 陈佳荣、谢方、陆峻岭：《古代南海地名汇释》，中华书局，第 1007 页。《诸蕃志》中提及一个名为甕篱的地方，该地是阿拉伯（大食）的属国（Zhao Rushi / Hirth / Rockhill，第 117 页；赵汝适著，杨博文校释《诸蕃志校释》，第 90、96 页注 26）；这或许有误，实际应是指甕蛮。

④ 最后一次事实上是由明宣德帝（1426～1435 年在位）下令远航的。

下来。① 不过，其他一些著作给我们提供了有关阿曼的信息，人们还可以进一步研究明代的基本历史资料如《明实录》《明史》，此外还有地理学著作，如《大明一统志》。其他不同类型的资料如地图也提供了关于阿曼及其港口的信息，特别是收录在茅元仪《武备志》中的《郑和航海图》。

一　宋元文献关于阿曼的记载

上文已经提到，在《岭外代答》中没有关于阿曼的任何介绍，仅在几十年后成书的《诸蕃志》中有提及。Hirth 和 Rockhill 两位学者认为甕蛮就是阿曼，因为它们语音相近，对该地的描述也可作为依据。② 他们认为对甕蛮的描述与勿拔（Wuba）相似。《诸蕃志》中有一小条目提及勿拔，可能与米尔巴特（Mirbat）或苏哈尔（Suhar）有关。③ 关于勿拔，书中写道："边海有路道可到大食，王紫棠色，缠头衣衫，遵大食教度为事。"④ 关于甕蛮的条目则较为详细，从中我们可以了解有关服饰、食物（羊肉、羊奶、鱼和蔬菜）和出口物品（马、珍珠和枣）的情况。这些信息肯定地指出甕蛮就是阿曼，地名的音译也证实了我们的看法。

有必要指出，《诸蕃志》是唯一将阿曼作为一个国家来提及的汉语文献。后来所有文献提到并描述的都是今天阿曼的一部分，而不是整个阿曼国家。这反映出赵汝适的记载是对这一地区全景式的展示，而不是对不同地区的细节进行描绘。唯一例外的是勿拔，它有米尔巴特和苏哈尔两个不同的身份。

在晚于《诸蕃志》一个多世纪写成的《岛夷志略》中，地区的名称有时很难辨别。例如，很难找到甘埋里和忽鲁姆斯（Hormuz）在语音上的相似点，或者在汉译文本中找到这个波斯港口的历史名称，即便汪大渊的描述已经指向这个著名的港口。⑤ 汪大渊曾到过这片海域，他把印度洋划分为

① E. L. Dreyer, *Zheng He: China and the Oceans in the Early Ming Dynasty, 1405 – 1433*, New York, 2007, pp. 172 –175.

② Zhao Rushi / Hirth / Rockhill, 1966, p. 133.

③ 不同的地名参见 Zhao Rushi / Hirth / Rockhill, p. 130；赵汝适著，杨博文校释《诸蕃志校释》，中华书局，2000，第 104 页。

④ Zhao Rushi / Hirth / Rockhill, p. 130；赵汝适著，杨博文校释《诸蕃志校释》，第 104 页。

⑤ R. Kauz and R. Ptak, "Hormuz in Yuan and Ming Sources," *Bulletin de l'école française d'Extrême-Orient*, 88（2001），pp. 39 –44.

东、西两半，西部从苏门答腊（Sumatra）地区开始。这部分包括大朗洋（马纳尔湾，Gulf of Mannar），也许还有其西部的一些地区以及国王海（可能就是红海）。[1]

现在我们再来讨论阿曼水域。很遗憾，《岛夷志略》没有给出阿拉伯半岛港口的任何详细信息。虽然我们知道这一地区或更西边的一些地方，但只有天堂（Mecca）、波斯离（Basra）、麻呵斯离（Mosul）和忽鲁姆斯基本可以确认，其他仍有争议。[2] 有一个很小的可能性，哩伽塔就是马斯喀特（Masqat），第一个音节 li（哩）被看作是汉字"嘿"（读为 mo）的误写。但是《岛夷志略》对这里的描写与这一推断相矛盾："以牛乳为食"，"酿黍为酒"，"气候秋热而夏凉"，"地产青琅玕、珊瑚树"[3]。这些描写与后面对南阿拉伯海海岸的描写不符，因此我们更倾向于去非洲找哩伽塔。

二 明代文献所记祖法儿、剌撒

当明永乐皇帝 1405 年命令海军统领、太监郑和领导七下西洋的第一次远航，这片海洋和邻近的国家就引起了永乐皇帝的兴趣。很不幸，如上文所言，很多资料后来被毁掉，人们只能看到 1433 年下西洋被禁止后尚存的资料。但我们仍然拥有远行者的三本著作，他们参加了郑和的几次航海，对到过或听说过的不同地区，各自留下了极有价值的记录：马欢的《瀛涯胜览》（一般标为写于 1433 年）、费信的《星槎胜览》（序言作于 1436 年）、巩珍的《西洋番国志》（序言作于 1434 年）。由于最后一部著作非常类似马欢的《瀛涯胜览》，故下文将对马欢与费信的书进行讨论。

在我们讨论这两本明代著作所描绘的阿曼地区前，先简短地讨论一下郑和船队前往西印度洋的主要航线。前三次航海（1405～1407、1407～1409、

---

① R. Ptak, *Chinesische Wahrnehmungen des Seeraumes vom Südchinesischen Meer bis zur Küste Ostafrikas*, pp. 47 – 48；汪大渊著，苏继廎校释《岛夷志略校释》，中华书局，2000，第 287、349～352 页；Liu Yingsheng, "Wang Dayuan's Voyage to the Eastern Ocean: A Study on the Concept of Eastern and Western Ocean and the Historical Background the Concept Created," in *Journal of the South Seas Society*, 56 (2002), pp. 37 – 38。

② W. W. Rockhill, "Notes on the Relations and Trade of China with the Archipelago and the Coasts of the Indian Ocean during the Fourteenth Century," *T'oung Pao*, 16, 1916, pp. 67 – 68；汪大渊著，苏继廎校释《岛夷志略校释》，中华书局，2000，第 300～304、352～355、369～373 页。

③ W. W. Rockhill, "Notes on the Relations and Trade of China," pp. 624 – 625；汪大渊著，苏继廎校释《岛夷志略校释》，中华书局，2000，第 349 页。

1409～1411）的目标只是印度南部，后来的四次（1413～1415、1417～1419、1421～1422、1431～1433）到达了更远的西部。后四次下西洋的主要目标是这一时期西印度洋的主要港口——忽鲁姆斯。忽鲁姆斯在明代航海计划中的重要性可以从以下事实中看到：当列出这一地区的地名时，忽鲁姆斯经常排在第一位，有时我们甚至读到"忽鲁姆斯和其他地方"①。忽鲁姆斯在下西洋行动中地位的重要，最有力的证据可能存在于《郑和航海图》（这幅地图展示了郑和的航海计划）中，在该图中忽鲁姆斯被视为中国通往西方航线的最后目的地。② 但是这并不意味着中国船只没有经过或进入阿曼的港口。

首先，中国船队也有沿着南阿拉伯海海岸前往亚丁（Aden）的次要航线——在最后一次航程中——甚至到达了红海港口吉达（Jidda）。他们驶向东非海岸时也是沿着这条航线。其次，就像马欢指出的，根据《郑和航海图》③，在从卡利卡特（Calicut）前往忽鲁姆斯的行程中，中国船队也到了阿曼的几个地方：主要的航行方向不是忽鲁姆斯，而是其姊妹城市加剌哈（Qalhat），在到达忽鲁姆斯之前他们去了迷微（Tiwi）、古里牙（Quraiyat）、麻实吉（Muscat）、龟屿（Fahl Islet）、亚束灾记屿（Daimaniyat Islands）和撒剌抹屿（As-Salama）。当他们沿西印度洋海岸航行，在重新到达忽鲁姆斯前，他们也到了都里马新当（Ras Masandam）。

可惜在马欢的记载中没有反映出众多的阿曼港口，他只描绘了在次要航线中才可以到达的一个地方：祖法儿或佐法儿（Dhufar）。④ 马欢的记载开始于从印度港口卡利卡特出发的航行手册，他对这个没有城墙的城市进行了简单介绍。随后马欢提到伊斯兰化的国王和百姓的信仰，以及人们一般的形象。在介绍当地珍珠和动物等物产之前，马欢还介绍了国王和百姓的服饰及礼拜仪式。航行手册的结尾则介绍了当地钱币和中国使者彬彬有礼的告别场面。

马欢是一个穆斯林，他对所有伊斯兰国家的描述都洋溢着赞赏之情。因此祖法儿也被描绘成一个相对而言文化悠久而且经济发达的国家。国王和人

---

① R. Kauz and R. Ptak, "Hormuz in Yuan and Ming Sources," *Bulletin de l'école française d'Extrême-Orient*, 88（2001），pp. 46－53.

② 向达整理《郑和航海图》，中华书局，2000，第40页。

③ Ma Huan（author），Mills, J. V. G.（tr., ed.），*Ying-ya Sheng-lan. The Overall Survey of the Ocean's Shores*［1433］，Cambridge, 1971, p. 25.

④ Ma Huan / Mills, pp. 151－153；马欢著，万明校注《明钞本〈瀛涯胜览〉校注》，海洋出版社，2005，第76～80页。

民是文明的，他们以最友好的姿态来迎接中国使者。

费信很可能不是一个穆斯林，但他也是以赞许的目光来看待他所能到达的伊斯兰国家，据他自己所说，他四次跟随郑和下西洋。[①] 他的著作分为两个部分：第一部分记录他自己到过的地方，第二部分是他听说过的地方。令人惊奇的是，他在这两个不同的部分中分别提到了今阿曼的两个地方：刺撒（这是他到过的）、祖法儿（这是他未能到达的）。他怎么可能只参观了一个港口而没有看见另外一个港口呢？刺撒被确认为是接近穆卡拉（Ras Mukalla）的一个地方，而不是与波斯湾西南部的哈萨绿洲（Al-Hasa）有关。[②] 对于这个问题，我们并不能作出回答。

他对刺撒的描写非常简短，也没有对该地究竟位于何处给出进一步的提示。[③] 我们读到这些内容："倚海而居，土石为城。连山广地，草木不生，牛、羊、驼、马皆食鱼干。"尽管如此，他记载称建筑物为多层结构，此点显示该城市位于哈德拉毛（Hadramawt）海岸。这个简短记述的结尾，是关于该地物产（龙涎香、乳香、千里骆驼）及可以在刺撒交易的商品的描述。

与马欢的描述相反，费信说祖法儿有城墙。[④] 这里也只有鱼干可吃。他还描述了人们的服装（妇女遮着头和脸）和诚实的社会风气。最后，我们又读到了有关物产和祖法儿商品交易的情况。

《明实录》提供了关于郑和所到之地和那些地区的来使的编年资料。不过，因为只有主要的地区才被认为值得详细介绍，所以关于来使，我们只能看到15世纪早期从刺撒和祖法儿来中国的使团的情况[⑤]：1416年11月19日（只有刺撒前来，11月26日赐宴，12月28日离开），1421年2月26日（进贡和宴会），1423年10月24日（由印度洋很多国家组成的一个有1200人的船队前来），1430年6月29日（只有祖法儿前来），1433年9月14日（只有祖法儿前来，1433年10月3日赏赐礼物，1436年8月11日离开）。

---

① Fei Xin (author), Mills, J. V. G. (tr.), Ptak, R. (rev., annot., ed.), *Hsing-ch'a sheng-lan. The Overall Survey of the Star Raft*, Wiesbaden, 1996, p. 29.

② Ibid., p. 72, n. 201；关于刺撒的位置问题亦见 Ma Huan / Mills, pp. 347 – 348。

③ Fei Xin (author), Mills, J. V. G. (tr.), Ptak, R. (rev., annot., ed.), *Hsing-ch'a sheng-lan. The Overall Survey of the Star Raft*, Wiesbaden, 1996, p. 72.

④ Ibid., pp. 99 – 100.

⑤ Geoff Wade, *Southeast Asia in the Mingshi-lu, An Open Access Source*, 2005 (http://epress. nus. edu. sg/msl/ place/).

这些条目提供的基本信息是，建立与阿曼港口和很多其他国家的关系，大多是由明代早期的航海计划实施的。我们不知道这些关系在航海计划废除以后是否还继续维持，只能推测非官方的联系还在继续，但是这些人不再享有进入宫廷的资格。

明代的官方地理学著作《大明一统志》（成书于 1461 年），关于祖法儿只有极短的一条记录：使者在永乐朝来到中国，并列出了该地特产。① 在清朝编纂的《明史》中，关于祖法儿和刺撒有较多的介绍，但它们是以《明实录》和马欢及其同仁的书为基础编写而成的。②

远东地图学的一个最重要的成就是朝鲜的《混一疆理历代国都之图》（简称《混一图》），这是历代国家、首都的综合地区地形图。这张地图受到了学术界的广泛关注，近年日本学者宫纪子（Miya Noriko）、杉山正明（Sugiyama Masaaki）对其进行了深入研究。③ 值得特别关注的是杉山正明的研究，他辨识出了这张地图中西部地区的很多地名。这张地图的四件复制品可能还保存在日本，最重要的一张（1470 年复制）收藏于龙谷大学（Ryūkoku University）图书馆，另一张（1673～1680 年复制）收藏在岛原市（Shimabara）的本光寺（the Honkō Temple）。

在此简要地介绍一下《混一图》的历史。它的来源应该追溯到两张中国地图，即由李泽民（1330 年前后）和清浚（1370 年前后）绘制的地图。这两张地图由朝鲜大使金士衡带回朝鲜，其后它们被李荟和权近于 1402 年组合成一张新的地图——《混一图》。④ 目前还不清楚这张地图是怎样到达日本的。明代早期绘制的《大明混一图》应该与这张《混一图》有密切的关系。

由于中东是关注的焦点，本文因而仅说明地图的西边部分（见图 1）。我们能辨认出阿拉伯半岛、红海和波斯湾；可以发现位于今伊拉克、伊朗及其邻近地区的一大批地名（杉山正明只辨认出少数几个），但这些地名不是在阿

---

① 李贤：《大明一统志》卷 90，台北：文海出版社，1965，第 5566 页。
② 张廷玉：《明史》卷 326，中华书局，1995，第 8448、8451 页。
③ 宫纪子：《〈混一疆理历代国都之图〉への道 – 14 世紀四明地方の"知"の行方》，《モンゴル時代の出版文化》，名古屋大学出版会，2006，第 487～651 页；藤井譲治、杉山正明、金田章裕主編《大地の肖像 – 絵図・地図が語る世界》，京都大学学术出版会，2007，第 54～69 页。
④ W. Fuchs, *The "Mongol Atlas" of China by Chu Ssu-pen and the Kuang-Yu-T'u*, Peiping, 1946, pp. 9 – 10.

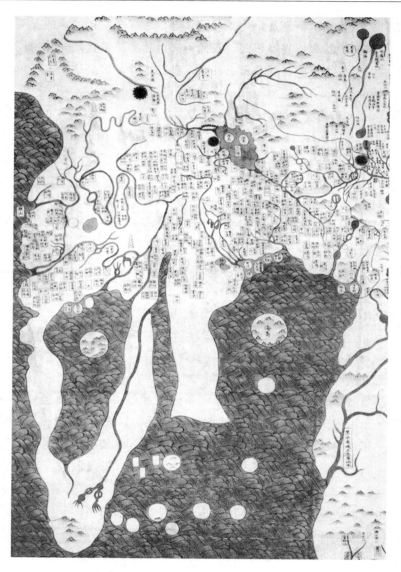

图 1　《混一疆理历代国都之图》西边部分（日本京都大学文学部藏）

拉伯半岛，半岛的南部地区完全是空白。跟对面的印度北部一样，阿拉伯的重要城市被远远地放在半岛的北部；哈丹（Aden）① 几乎在海的最北端，其他的地区如马喝（Mecca）和台伊（Tā'if）——两者相距大约 70 公里——

① 所有地名依据杉山正明主编《大地の肖像》，第 58～59 页。

被标示为与哈丹相距不远，尽管哈丹与它们的直线距离超过 1000 公里。《混一图》对于阿拉伯半岛、红海、波斯湾和阿拉伯海的描绘很不精确。图中这个地区另一个惊人的特征是波斯湾被极大地扩大了；一个又大又圆的岛被画在辽阔的大海的中间，但只简单地称为"海岛"。这是什么岛？——是这个时期的一个重要的商业中心吗？是基什（Qish），还是忽鲁姆斯，也可能是索科特拉（Soqotra）？根据现有的知识我们不能回答这个问题。该图对于波斯湾的大小和形状的描绘，不同于同时代的任何地图，这也许一定程度地符合 al-Ishtakhrī 的制图观念，他在 10 世纪绘制的地图中把波斯湾扩展到整个印度洋。① 下列地方可以在《混一图》中找到：哈拉法克（Khārk?）、失里行（Sīrāf?）、失剌思（Shīrāz）、班（Bam）、起没满（Kirmān）和外法剌（Dhufār?）。② 杉山正明辨认出的很多地名都能在地图上发现，但这一时期商业和海事中心——基什和忽鲁姆斯却不在其中（见图 2），当然这也可能是因为研究不够深入。

借助上文已经提到的《郑和航海图》，我们可以对问题作更深入的了解。《郑和航海图》收录在一部叫《武备志》（茅元仪著，前言作于 1621 年）的军事著作中。③ 不过，《郑和航海图》其实来源于郑和及全体船员的经历，它使人们对明代早期帝国水手的知识水平留下了很好的印象。另外，除了一路上不同的地名以外，它也给出了航行的方向，我们能看到最西边的航向都指向加剌哈，尽管最后的目的地是忽鲁姆斯（见图 3、图 4、图 5、图 6）。这些船在阿曼的港口停留过吗？还是仅仅经过？在阿曼的海岸线上，该图列出了一大批地名。④ 这表明，中国在 15 世纪初已经对阿曼的地理情况有了相当全面的认识。同时，这些地区甚至可能已经欢迎过沿着阿曼海岸前往哈丹或者非洲的中国船只。

最后，还要提及一个完全不同的文学种类。明代后期以各种类型小说的繁荣而著称。其中，小说《三宝太监西洋记通俗演义》（简称《西洋记》）以一种富于幻想的方式叙述了郑和下西洋的经过。尽管如此，作者罗懋登的

---

① F. Sezgin, *Geschichte des arabischen Schrifttums*, Vol. 12: *Mathematische Geographie und Kartographie im Islam und ihr Fortleben im Abendland*: *Kartenband*, Frankfurt, 2000, Vol. 12, p. 31, No. 10, 28.

② 所有地名依据杉山正明主编《大地の肖像》，第 58～59 页。

③ 关于《武备志》，参见 Ma Huan / Mills, pp. 236 – 302.8。

④ 这批地名参见 Ma Huan / Mills, pp. 298 – 299。

图 2　《混一疆理历代国都之图》波斯湾部分（日本京都大学文学部藏）

创作不论取材于已知还是未知的材料，都能提供明代时期关于那些遥远国度
的知识。小说的内容在此不作详细介绍。① 不过应该注意，罗懋登通过在他
的小说中插入剌撒和祖法儿的相关描述，并对他读到或听到的故事进行艺术
加工，反映了明代人们对这两个阿曼港口的一般认识。②

① 参见 R. Ptak, *Cheng Hos Abenteuer im Drama und Roman der Ming-Zeit*, Stuttgart, 1986, in Shi
　 Ping and R. Ptak（eds.），*Studien zum Roman Sanbao taijian Xiyang ji tongsu yanyi*（《〈三宝太
　 监西洋记通俗演义〉之研究》），Wiesbaden, 2011。
② 参见 R. Kauz, Islamische Länder und Regionen im "Xiyang ji": Lasa, Dhofar, Hormuz und Aden,
　 in Shi Ping and R. Ptak（eds.），*Studien zum Roman Sanbao taijian Xiyang ji tongsu yanyi*（《〈三
　 宝太监西洋记通俗演义〉之研究》），Wiesbaden, 2011, pp. 55 – 69。

图 3　《郑和航海图》（局部）

　　在本文结尾，我们简短地讨论一下《西洋记》中的一个奇特部分。在这部小说里，王明是个有能耐的人物，他不仅能够在空中飞翔，而且会说外语。当他来到祖法儿，他好奇地观察到：

　　　王明偏仔细看看儿，只见女人头上有戴三个角儿的，有戴五个角儿的，甚至有戴十个角儿的。王明心说道："这却也是个异事。"又装成个番话来，问说道："女人头上这些角儿不太多了？"番子说道："不多。有三个丈夫的，戴三个角。有五个丈夫的，就戴五个角。既是有十

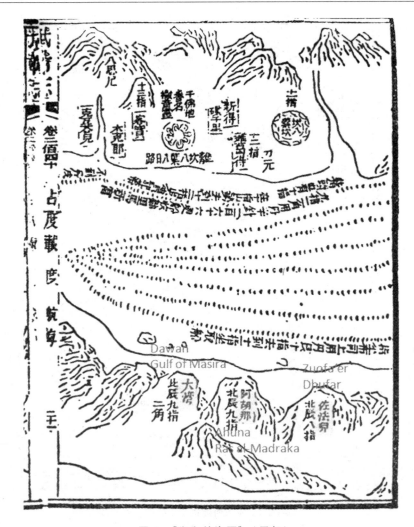

图 4　《郑和航海图》（局部）

个丈夫的，少不得戴十个角，终不然替别人戴哩！”……

　　番子道：“你小时节忘怀了。我国中男子多，女人少，故此兄弟伙里，大家合着一个老婆。若没兄弟，就与人结拜做兄弟，不然哪里去讨个婆娘。”王明心里想道：“新闻！新闻！这是夷狄之道，不可为训。”①
　　——第七十八回《宝船经过剌撒国　宝船经过祖法国》

---

①　罗懋登：《三宝太监西洋记通俗演义》，上海古籍出版社，1985，第 1006～1007 页。

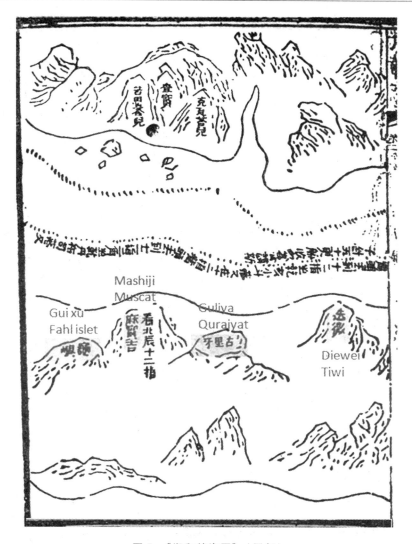

图 5 《郑和航海图》（局部）

　　罗懋登插入这些内容是为了取悦他的读者吗？Duyvendak 先生已经提到，这部分反映的情况在另一些地区已经不存在了。[①] 在南阿拉伯，特别是在也门，在伊斯兰教创立以前，妇女社会地位比较高。这些传统保留到了伊

————————

① J. J. L. Duyvendak, Desultory Notes on the Hsi-yang chi, *T'oung Pao*, 42（1953 – 1954）, pp. 15 – 17.

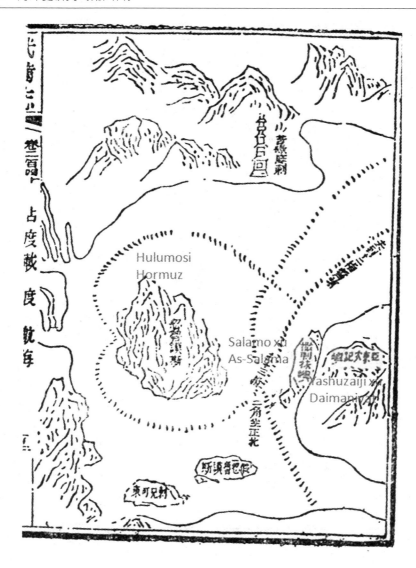

图 6 《郑和航海图》（局部）

斯兰时代，并且在哈德拉毛的 Humum 部落中还可以部分地观察到这一现象。① 人们一般认为，罗懋登使用的材料现已无从查找了。不过，《通典·边防典》"吐火罗"条中有这样一段文字：

---

① *Encyclopedia of Islam*, s. v. al-mar'a.

俗奉佛。多男，少妇人，故兄弟通室。妇人五夫，则首饰载五角，十夫载十角。男子无兄弟者，则与他人结为昆季，方始得妻，不然终身无妇矣。①

此两者从内容上看极为相似，这么说罗懋登很可能参考了这一段材料。

结　论

虽然在明代建立以前，阿曼已经被中国的地理学家所了解，但准确的资料是在 1405 年郑和下西洋开始以后才得以汇集。由于这些远航的档案资料在下西洋终止后的几十年中被毁，现存资料十分有限。祖法儿和刺撒给出了很多十分重要的信息，然而对于后者的准确地点，人们还是存有争议。如果我们仔细分析《郑和航海图》，也许可以发现那时的人们对阿曼的了解也已比较深入。

Umani Ports in Chinese Sources

Ralph Kauz

Abstract：Though Uman was already known to Chinese geographers in the pre-Ming period, exact information can be only gathered after the sea expeditions had started in 1405. Due to the fact that most of the archival material of these expeditions was destroyed in later decades of the same dynasty, the sources remain very limited. More substantial information is given from Dhofar and Lasa, whereas the exact location of the latter place remains disputed. Nevertheless we may assume that the information about Uman went much more into depth as we can suggest by scrutinizing the Zheng He's map.

Keywords：Indian Ocean；The Historical Relationship between China and Arab；Uman；Zheng He

（执行编辑：罗燚英）

---

① 杜佑：《通典》卷 193，中华书局，1988，第 5277 页。

海洋史研究（第六辑）
2014 年 3 月第 18 ~ 32 页

《耶鲁藏中国山形水势图》初解

刘义杰*

　　中华民族有悠久的航海历史，与其他航海民族一样绘制有自己的航海图。但我国古代的航海图与西方的航海图不同，它是一种与针路簿互为表里的"舟子秘本"，即明钞本《顺风相送》及清钞本《指南正法》等针路簿中所记载的"山形水势图"。以往由于未能识得"山形水势图"为何物，故有学者认为，"我国古代时期的水道图、海道图、针路图等，都是为航海服务的，故都是属于航海图"①。其实不然，从航海指南的角度来看，我国古代存世的诸如水道图、海防图和海道图等与海相关的地图，都不是真正意义上的航海图。由于我国古代航海图作为"舟子秘本"，世所罕见，无从窥其庐山真面目。1980 年章巽先生出版《古航海图考释》②，对其从古旧书店寻获的一册海图进行了考释后仍然不能确认其为山形水势图，出版时还是冠以"古航海图"。作为航海历史悠久、曾经开创海上丝绸之路达十数世纪的中华民族，其所凭借的航海图究竟为何物？这是值得我们认真探索的。幸而近年来，先有英国牛津大学鲍德林图书馆（Bodleian Library of Oxford University）收藏的一幅《明代东西洋航海图》重见天日，后又有美国耶鲁大学斯特林纪念图书馆（Sterling Memorial Library of Yale University）收藏的一册我国明清时期的航海图册被我国学者深入发掘，使我们得以一睹"山形水势图"。本文因此得以对我国古代航海图进行初步的解读，以请教于方家。

---

　　*　作者系海洋出版社编审。
　　①　朱鉴秋：《我国古代航海图发展简史》，《海交史研究》1994 年第 1 期。
　　②　章巽：《古航海图考释》，海洋出版社，1980。

一　图册由来

1974 年，就读于耶鲁大学的李弘祺先生，在耶鲁大学斯特林纪念图书馆中发现一册中国古海图。该图引起了他的关注。1997 年，他分别在海峡两岸的史学刊物上发表了《美国耶鲁大学珍藏的中国古航海图》[①] 和《记耶鲁大学图书馆所藏中国古航海图》[②]；2010 年 6 月，他在台湾新竹交通大学人文与社会科学学院举行的"耶鲁大学所藏东亚山形水势图研究工作坊"研讨会上，作了题为《耶鲁的东亚海岸山形水势图介绍》的演讲；同时，该研讨会上还有多位中外学者发表了自己的见解，如丁一先生发表了《耶鲁藏清代航海图北洋部分考释及其航线研究》[③] 一文，该文对这册图集中南起杭州湾、北至辽东半岛所谓的北洋部分的地名进行了考释，并对这一海区的航线作了一些研究。台湾"中研院"历史语言研究所陈国栋研究员曾发表《古航海家的"近场"地图——山形水势图浅说》，他以章巽《古航海图考释》为例，并以一荷兰航海图为对证，将耶鲁藏的这册图集命名为"山形水势图"。2013 年 11 月，香港学者钱江和陈佳荣在《海交史研究》上以《牛津藏〈明代东西洋航海图〉姐妹作——耶鲁藏〈清代东南洋航海图〉推介》[④] 为题，对耶鲁所藏的这册航海图进行了全面的介绍和初步的研究，并将 122 幅航海图全部公之于众，佳惠学林。

该图册首页，应是收藏方对图册来源的简介文字（见图 1）。从文中得知，该图册是 1841 年鸦片战争期间，英国皇家海军战舰"先驱"号（H. M. S. Herald）在中国沿海从一艘中国商船上劫掠走的，图册持有者为该舰军官菲利普·毕恩（Philip Bean）。鸦片战争后，他将其作为战利品携回英国本土，重新装订了这册图集。从目前图册外观形状看，原图似乎是一长卷，或册页式，因为大部分图件的一侧为不规则的形状，或许是重新装帧的结果。

除首页说明文字外，全图册由 122 幅单幅图件组成[⑤]。今按李弘祺先生

---

① 此文刊登于《中国史学动态》1997 年第 8 期。
② 此文 1997 年 9 月刊登于台湾《史学月刊》第 116 期。
③ 该文收入《历史地理》第 25 辑，上海人民出版社，2011。
④ 《海交史研究》2013 年第 2 期。
⑤ 据最早发现此图册的李弘祺先生介绍，他所见到的图册共有 120 幅海图。但据钱江和陈佳荣文，另有两幅图未被李弘祺先生收入，故据钱江、陈佳荣文，该图册除去首页外，实共有 122 幅海图。

图1　《耶鲁藏中国山形水势图》扉页及英国海军战舰"先驱"号

提供的原藏件序列，并加上钱江、陈佳荣新发现的两幅图，给它们依次编序，每幅图编为一页，共122页。从外观上看，全图册保存良好，仅个别图件略有残破，幸而大部分文字还能辨读。据李弘祺教授介绍，每幅海图长约38厘米，宽约30厘米，图件中的山形用墨色勾勒并渲染，注记则用毛笔书写，字迹生涩，有简笔字。字句中多用方言，或为闽籍火长使用和描绘。

二　图册整理

我们从《顺风相送》和《指南正法》等针路簿中可知，火长手中的山形水势图大约分为两种：其一为总图，如《顺风相送》中的《各处州府山形水势深浅泥沙地礁石之图》和《指南正法》中的《大明唐山并东西二洋山屿水势》，这种全航路的总图注记航线上所有的沿海州、府、山川包括海外地区的地名（各处州府），记录船行某处时火长在船上观测到的岸线走向和岸山、岛屿的外形（山形）以及近岸或岛屿附近的水深情况（深浅、水势）和海洋底质情况（泥沙地、壳子地）；其二是局地使用的分图，如《顺风相送》中的《新村爪蛙至瞒喇咖山形水势之图》和《指南正法》中的《北太武往广东山形水势》，这种分图表达的内容与总图一样，但只是局部两地之间的山形水势，适合小海区航行时使用。

今将耶鲁大学斯特林纪念图书馆所藏的这套图册以原图为序进行编码，不另行打乱次序，页码不包括首页的简介，全图册编为122页。从已装帧成册的这套图册看，显得杂乱无章，次序前后颠倒，不似章巽先生所考释的那册航海图，是按从北往南序列安排。但如果以山形水势图的视角观测，这些貌似杂乱无章的图册，实际上是以海区为单元存在的山形水势图中各个分图。也就是说，它是以山形水势图中分图的形式存在的一套山形水势图，将这些分图整合起来，就是山形水势图的总图。据此，以海区为单位，其大致可划分为17个海区，也就是说，有17幅山形水势分图，整理归纳如下。

1. 第1～19幅，从越南中部今归仁起，即图中的"尖城"，至"岸州大山"止，为越南中南部海区至海南南岸山形水势分图；

2. 第20～30幅，从海南岛五指山起，至竹竿山止，为海南岛及珠江口海区山形水势分图；

3. 第31幅，南澳气，为东沙群岛海区山形水势分图；

4. 第32～40幅，从田尾起，至南澳止，为广东东北南澳海区山形水势分图；

5. 第41～47幅，从海坛起，至裂屿止，为福建闽江口以南海区山形水势分图；

6. 第48～58幅，从北太武起，至孤螺头止，为福建金门岛以南至古雷头海区，即闽南海区山形水势分图；

7. 第59～62幅，从南澳山起，至南澳山止，为广东福建交界处的南澳岛海区山形水势分图；

8. 第63～78幅，从望高山起，至覆鼎止，为越南南部至柬埔寨海区山形水势分图；

9. 第79～82幅，从龟屿起，至东涌止，为闽江口海区山形水势分图；

10. 第83～90幅，从台山起，至鱼山止，为浙江南部海区山形水势分图；

11. 第91～94幅，从南普陀起，至朱家尖止，为舟山群岛海区山形水势分图；

12. 第95～100幅，从两广起，至花鸟止，为长江口海区山形水势分图；

13. 第101～104幅，从高丽起，至高丽山止，为朝鲜半岛至日本之间的对马海峡海区山形水势分图；

14. 第105～112幅，从孔峪沟起，至铁山止，为渤海口海区山形水势分图；

15. 第113～118幅，钱江、陈佳荣补充的两幅图（补121、补122），从青山头起，至劳山止，为山东东部海区山形水势分图；

16. 第 119 幅，茶山，为长江口东部海区山形水势分图；

17. 第 120 幅，海州，为山东胶州湾海区山形水势分图。

暂以章巽《古航海图考释》为样本，将该图册从北往南按海区排序，图集所覆盖的海区北起朝鲜海峡中的对马岛（水慎马），文字描述部分涉及对马岛东南面今日本的五岛列岛。而对马岛西岸的朝鲜半岛以北高丽、南高丽为标志，此为第一段；第二段为渤海海区，从庙岛群岛入口到辽东半岛各处，详于山海关至旅顺口（里顺口）一带；第三段为山东海区，主要涉及崂（劳）山、青岛和胶州湾海域；第四段为浙江沿海及舟山群岛海区，详于长江口海区，长江流域上溯到南京；第五段为福建沿海海区；第六段为广东沿海海区，尤详于南澳岛及珠江口海区，东沙群岛（南澳气）单独列出；第七段为海南岛东南海区；第八段是中南半岛越南中南部沿海及泰国湾海区，其最远的岛屿为马来半岛的乔果屿（斗屿）。图册覆盖的海域为今渤海、黄海、东海、南海及中南半岛和泰国湾海域。

经整理，图册中共有地名 295 个，大部分为我国沿海州县、岛屿、礁石和山丘地名，少部分为日本、朝鲜、越南、柬埔寨和泰国的地名。

三　属性及图名

将本图册与《郑和航海图》《明代东西洋航海图》《琉球过海图》比较，如前所述，它是由 17 个海区的山形水势图组成的，没有连续的航线。图中的针位，除了用作小海区的短暂导航外，还有一部分针位是用来表示船位，帮助火长进行船舶定位的。如图 2（原图 11），图中注记文字分别对应各自的山形："椰子塘名外罗子。此门虽阔不可过船。看有二分船阔。东系老古石，船在外畔，齐身离有六七分。开对甲庚、卯酉，看是此形。天时大明亮，见外畔山花赤色；东，外罗正面，西；外罗远驶过身吞过大山脚；对东看是此形；外罗，东；此门远看断水，实不是断水，系沙，西北相连；西北；对坤未看，是此形。船驶过身，二更远，内面大山还见。"其中的"开对甲庚、卯酉，看是此形"和"对坤未看，是此形"，都是指船处于该针位时应看到的山形。山形随着船位的变化而不同，所以，图册中就有不少同一山脉或岛礁在不同方位时看到的不同的山形。如同图 2，外罗的山形因船位不同而变化，因此，这幅海图是用来进行船舶定位的山形图。

除了山形图外，本图册中描绘和注记航海图上极为重要的元素即水深和

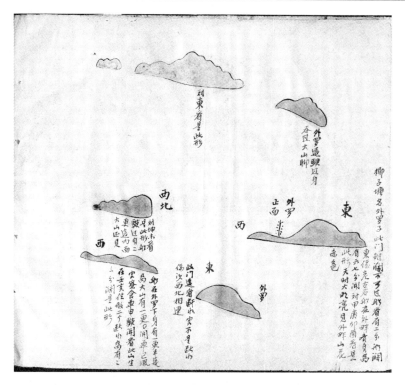

图 2　外罗山形图

底质的地形图，称水势图。如图3（原图24），"船在七州下，对坤庚看是此形；铜鼓，略近对酉看是此形；铜鼓，对辛戌看，上是此形。远看鼻头有屿子。近看相连，打水四十托，沙泥地；铜鼓，对单亥看是此形；对乾字看，鼻头有坤身"。这里的"打水四十托"，是指该海区的水深；"沙泥地"则指出该海区的海底底质情况。本图册对靠近岸边的地形也有专门的描述："对乾字看，鼻头有坤身。"这里的"鼻头"为闽方言，指山脉延伸到海边的突出部；"坤身"，又作"坤申""崑宰""鲲身"等，亦系闽方言，指岸边延伸到海中的浅滩。这是本图册中比较典型的水势图。

该图册从性质上看，都是由这两种图组成的，将山形图和水势图结合起来，就是山形水势图，它可以更全面地了解航路上的岛礁、水深、底质情况以及沿海山脉、岸线的变化。借助这些图册，火长可以进行较准确的导航和定位。这种山形水势图正是我国古代航海家手中的秘本，诚如《顺风相送》卷首语中所言："昔者上古先贤通行海道，全在地罗经上二十四位，变通使

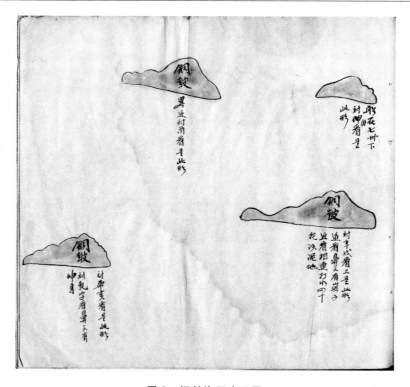

图 3　铜鼓海区水深图

用。或往或回，须记时日早晚。海岛山看风汛东西南北起风落一位平位，水流缓急顺逆如何。全用水捣探知水色深浅，山势远近。但凡水势上下，仔细详察，不可贪睡。倘差之毫厘，失之千里，悔何及焉。若是东西南北起风筹头落一位，观此者务宜临时机变。若是吊戗，务要专上位，更数多寡，顺风之时，使补前数。"[①] 我国帆船航海时期，航海家就是依靠这种山形水势图和针路簿进行航海的。

　　由此看来，本图册所描述的山形、水深、底质、暗礁、航路等，就是《顺风相送》《指南正法》中阙失的山形水势图，它是山形水势图而非其他，这就是该图册的基本属性。

　　另外，它与章巽的《古航海图考释》中的航海图一样，都没有图名。我国古航海图，也大多没有既定的名称，典型的如牛津大学鲍德林图书馆收

① 　向达校注《两种海道针经》，《顺风相送》序，中华书局，1982，第 21 页。

藏的被我国学者命名为《明代东西洋航海图》的航海图，仅在图中留有一空白图框而不题图名。《郑和航海图》的原图名《自宝船厂开船从龙江关出水直抵外国诸番图》，或为后人刊刻时补入。《南枢志》在刊刻该图时，则在图右上方另刻图题为《航海图》。如此，火长们使用的航海图似乎都没有命名的必要，或许是因为这些航海图都是秘而不宣的"舟子秘本"的缘故，实无题图的必要。

最先发现耶鲁藏图的李弘祺教授，在其陆续发表的有关文章中，分别将该图册命名为《耶鲁大学图书馆所藏中国古航海图》、《美国耶鲁大学珍藏的中国古航海图》和《耶鲁的东亚海岸山形水势图》；陈国栋命名为《山形水势图》；丁一命名为《耶鲁藏清代航海图》；钱江、陈佳荣命名为《清代东南洋航海图》；等等。显然，将其命名为山形水势图已经得到一些学者的认可。

综上所述，耶鲁收藏的这套海图似可命名为《耶鲁藏中国山形水势图》。因其为耶鲁所藏，原为中国所有，属性为山形水势图。

四　关于年代与作者

《耶鲁藏中国山形水势图》的制作年代，以被劫掠的 1841 年为下限，其编制的年代可以通过图册中的地名使用情况作出判断。

《耶鲁藏中国山形水势图》有图 122 幅，章巽先生《古航海图考释》中有图 69 幅，两相比较，可以发现渤海和东南沿海海区直至东沙群岛（南澳气）的山形水势图基本相似，个别还有完全相同的。海外部分是《耶鲁藏中国山形水势图》的最大特点，其中有 4 幅山形水势图（原图101、102、103、104）是从朝鲜半岛南部经对马海峡至日本长崎一带的山形水势图，但比较该图册的其他图件，这几幅图又显得粗略简单。明朝的东洋航路，据《殊域周咨录》、《顺风相送》、《郑开阳杂著》、《筹海图编》、《日本一鉴》、《虔台倭纂》和《四夷广记》等文献记载，航路一般以江苏太仓、福建长乐和广东广州为始发港，而此处的这段航路比较少见，它或许是明代早期的中日间取道朝鲜的航路。之所以如此推测，是因为图册中出现的"水慎马"地名（见图 4）。

水慎马是对马岛的一种音译，似仅见于针路簿和航海图中。如牛津大学藏《明代东西洋航海图》中将对马岛注记为"水剩马"（见图 5）。清代

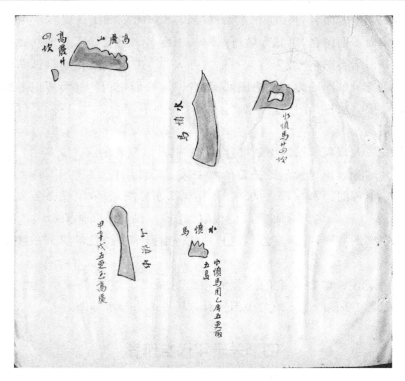

图 4　《耶鲁藏中国山形水势图》原图 103 注记有"水慎马"地名

《指南正法》"普陀往长岐针"条目中记为"水甚马"①，但明代《顺风相送》在"女澳内浦港"条目中则记为"对马岛"②。推测明清时期，在针路簿和山形水势图中，对马岛的这种异译普遍存在，当是航海家根据日语音译而成。考虑到明代嘉靖年间，朝鲜和日本尤其是对马岛在朝日间曾经的关系，这里的"水慎马"注记所反映的正是这段朝鲜日本间的航路，说明本图册的这 4 幅山形水势图绘制的年代要早于其他图件，当在明朝中叶或以前。

　　最能说明该图册具有明朝时代特征的是图中出现了"南京"（原图 99）、"南京港口"（原图 99）和"南京港"（原图 119）的地名注记。明清改朝换代后，南京在清朝称为江宁，此处不以江宁替代南京，说明它是在明代编绘的底本上继承下来的。再如图册中的一些地名，也都具有时代的特

---

① 向达校注《两种海道针经》，《指南正法》，中华书局，1982，第 178 页。
② 向达校注《两种海道针经》，《顺风相送》，中华书局，1982，第 99 页。

图5　《明代东西洋航海图》中注记有"水剩马"及五岛局部

征，如本图册中长江口外的茶山，清代称佘山；两广，清代称狼冈山；尽山，清代称陈钱山；乌坵，清代称东霍山，如此等等，无不说明该图册是经过不断积累和长期使用的结果，所以明清两代的地名在这本图册中混在一起。这一点不但说明了这些山形水势图确实就是"舟子秘本"，因此避免了清代文字狱的荼毒而得以保存，同时也说明针路簿和山形水势图都是火长经过不断校正、补充和完善后形成的。

　　另外，从该图册上的字迹不像章巽《古航海图考释》上的字迹那样工整端正，推测其是出自文化素养不高的火长手笔。图册中仅有一处绘有船舶的图（原图13）（见图6），也显得生涩和随意，说明绘制者几乎没有绘图技巧。山形虽都进行了渲染，近似山水画，但也仅是用墨色涂抹而已。这一切都说明绘制者没有较高的文字能力，也缺乏艺术修养。章巽《古航海图考释》中海图上的文字工整，显然是抄手据原本抄写的，但所有山形只是用线条勾勒出来，没有渲染，说明抄写者不知道山形在航海中的重要意义。从这一点来看，章巽《古航海图考释》要比《耶鲁藏中国山形水势图》逊色很多。

　　那么，绘制这套图册的火长出自何方呢？从图册中使用大量的福建方言来看，应该是来自福建地区的火长绘制了这套图册，这也与历史上大部分火长出自福建相吻合。

　　根据以上初步分析，可以认为这套《耶鲁藏中国山形水势图》是起源于明代，延续到清末，由福建籍火长绘制和使用的山形水势图。

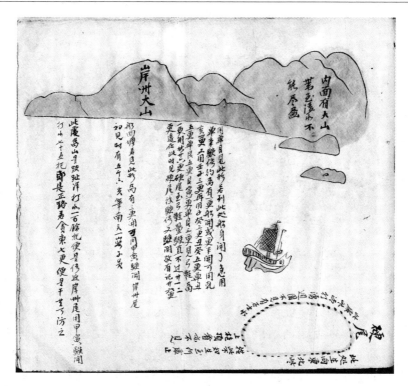

图 6　《耶鲁藏中国山形水势图》中绘制有船舶形象的图幅（原图 13）

五　与《顺风相送》的关系

　　明钞本《顺风相送》乃 1935 年向达先生从英国牛津大学鲍德林图书馆抄回，又经过他的校注后于 1961 年出版，使我们得以一识针路簿的真面目。1980 年，章巽先生出版《古航海图考释》，虽已料到所得的 69 幅航海图就是《顺风相送》中提及的山形水势图，但因为孤证，所以只好仍将之称为"古航海图"而不名。

　　如今这套图册的出现，为我们展现了山形水势图的真身。我们认为，《顺风相送》中阙失的山形水势图，原型应该如同这套图册。《顺风相送》中的《各处州府山形水势深浅泥沙地礁石之图》图名，完全可以拿来作这套图册的图名。

　　《顺风相送》中有《各处州府山形水势深浅泥沙地礁石之图》、《灵山往爪蛙山形水势法图》、《爪蛙回灵山来路》、《新村爪蛙至瞞喇咖山形水势之图》和《彭坑山形水势之图》，既有总图，也有分图，但都仅有文字部分而阙失了图画，而保存下来的文字显然都是从类似本图册的航海图上摘录下来的，摘录的人显然未能理解山形水势图对航海的重要意义，仅仅将文字注记的部分摘录下来而忽略了图画。如果不对比着山形水势图来读这几段文字，很多部分是无法理解和贯通的。如《顺风相送》在《各处州府山形水势深浅泥沙地礁石之图》文中有一段文字"右边西去山二号"，向达先生注释时，因未见过山形水势图，所以对这句话的注释是"原本此七字单起一行，不知何意"①。本图册中，也有类似的编号，在原图 26 中，有"此处盖西第一号牌。十式〇八九里"的注记，显然，它是"舟子秘本"中使用的一种特别的编号，或许说明这类山形水势图是成系列的，用来区分总图和分图。航海时，火长根据自己即将航行的海区按需将山形水势图转绘出来，所以在相应的地方作了相关的注记。

由于《顺风相送》中没有转绘山形水势图，致使一些地名和称谓无法理解或被误读。如《顺风相送》中《各处州府山形水势深浅泥沙地礁石之图》中关于今越南南部归仁港附近赤坎山的注记为："赤坎山，近山打水二十托，洋中打水四十托。船笼过鸭开恐犯玳瑁州。北头有一高礁，屿平，有树木。南边有古老拖尾，远见玳瑁州。用单坤针取昆仑。下防浅，名叫林郎浅。"其中"船笼过鸭开恐犯玳瑁州"不仅无法断句，也很难理解，但如果有图的话，就不会产生疑惑。《耶鲁藏中国山形水势图》中原图 1 就是赤坎山的山形水势图（见图 7）。从图中可见，"鸭"是赤坎头附近一座东西走向的小岛屿的名字，鸭屿旁注记为："打水四托，此屿子生离鸭，甚（慎）开，在夜时可防之"，"此门紧缓时可过船，流水甚急"。这两段注记正好作了《顺风相送》以上文字的注解。

我们有理由说，《顺风相送》与《耶鲁藏中国山形水势图》是一套珠联璧合的中国古代航海秘籍。我国古代帆船航海时期，用航海罗盘导航，记录下来的针位和更数称作针路簿或更路簿，同时用山形水势图作为补充，其中描绘的山形水势，对航海来说，同样不可或缺。因此，《耶鲁藏中国山形水势图》和《顺风相送》互为表里，相互依存。

---

① 　向达校注《两种海道针经》，《顺风相送》，中华书局，1982，第 36 页。

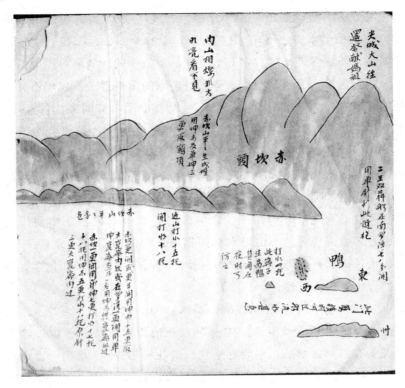

图 7　《耶鲁藏中国山形水势图》中绘有"鸭"岛的原图 1

结　语

　　综观我国古代航海史，除了有先进的航海技术和优良的造船技艺外，在航海图的编绘上，我国古代航海家发明了有别于西方的航海图制作编绘系统。从徐兢的《宣和奉使高丽图经》始，一种图文并茂的航海图出现了，经过南宋时期的发展，专门的航海图《海道图》产生并主要应用在我国北方海区。元朝继承了南宋航海图，它的海漕催生了我国东海、黄海及渤海海区专用的航海图，即《海道指南图》的出现。到明初的郑和下西洋，《郑和航海图》的编绘可以视作我国古代航海图发展的新高峰。除了覆盖大海域的航海图外，明代还有适用于小海区的航海图，即《琉球过海图》。而《明代东西洋航海图》的出现，说明在传统的航海图外，还有大开张、全景式的航海图。但令人不解的是，长期以来，我们并未真正了解我国古代航海家是如何使用针路簿和山形水势图进行航海的，因为我们始终未能一睹山形水势图的真面目。新近出现的《耶鲁藏中国山形水势图》，为我们揭开了"舟子秘本"的神秘面纱，使我们对山形水势图有了确切的认知。

《耶鲁藏中国山形水势图》图文并茂，覆盖海区广，跨越明清两个朝代，充分反映了这两个朝代中，北起朝鲜海峡、日本列岛，南达泰国湾这片广大海域中我国航海家们开辟和通行的航路。直到它被英国殖民强盗劫掠走时，它仍是我国航海家手中用来导航的航海图。170多年过去了，新的导航技术完全取代了传统的航海技术，但这套图册所包含的巨量历史信息，值得我们认真研究和探讨。本文只是一次粗浅的解读，多有疏漏，复望方家不吝斧正，是为幸。

Tentative Research on *China's Appearance of Mountainous Region and the Flow of Water* Chart in the Collection of Yale University

Liu Yijie

Abstract: In 1974, Mr. Li Hongqi discovered a set of Chinese ancient charts in Sterling Memorial Library of Yale University. This set of charts, which had been stolen by British during the Opium War in 1841, has aroused interests among domestic and overseas scholars in recent years. And the scholars started a comprehensive discussion about the charts. Through data processing and interpretation, this paper proves that this set of charts was used as the appearance of mountainous region and the flow of water chart during the sailing vessels period. Because the set of charts is collected by Yale University, and was belonged to China, the paper suggests to name it as *China's appearance of mountainous region and the flow of water chart in the collection of Yale University*. Furthermore, this paper compares the charts with *Shun Feng Xiang Song*, the sailing routes book in Ming Dynasty. As a result, the paper believes that the set of charts was the appearance of mountainous region and the flow of water chart absented in *Shun Feng Xiang*

Song. Thus, the paper reveals the secret of how Huo Chang navigated the sailing vessels based on sailing routes books and the appearance of mountainous region and the flow of water chart during the sailing vessels period.

Keywords：Yale University；Li Hongqi；The Appearance of Mountainous Region and the Flow of Water Chart；*Shun Feng Xiang Song*

（执行编辑：周鑫）

海洋史研究（第六辑）
2014 年 3 月第 33～53 页

1840 年前琼州府港口分布与贸易初探

王元林 *

继明代以后，清代海南岛的港口也有很大的发展，特别是清廷在广东设立粤海关，并设琼州总口，为海南的海外贸易发展提供了有利条件。清代，尤其是清代前期，海南岛不仅与内陆贸易往来密切，而且与海外周边国家的贸易往来也相当紧密。

一 清代海南岛港口的分布与变迁

清代，海南岛港口的数量，从总体上看，较明代有所增加，下面概述全岛港口布局及其变迁情况。

（一）琼山县

琼山县位于海南岛的最北端，港口最多，分布最为密集，咸丰年间《琼山县志》记载，清代琼山港口有海口港、神应港、小英港、麻锡港、芒港、东营港、北洋港、新溪港、博茂港、烈楼港、牛始港、白沙港、大林港、沙上港、北港、盐灶港、白庙港、红沙港、丰盈港，[①] 共计达 19 所。与明万历年间 6 所相比，从数量上多出 2 倍之多。

以上港口，在对外交通上均不同程度地发挥作用，其中海口港设有官渡，有炮台防守。北洋港亦为海防要地而设兵防守。新溪港则与文昌县铺前

---

* 作者系暨南大学历史系教授。

① 康熙《琼山县志》卷 1《疆域志》，清康熙四十七年（1708）刻本；乾隆《琼山县志》卷 1《疆域志》；咸丰《琼山县志》卷 11《海黎志一》，1974 年台北影印本。

港相通，海船出入尤其方便，并且有渡船往来。至于烈楼港，更因与雷州半岛徐闻最接近，"自徐闻那黄渡开船，小午可到"①，成为与内陆交通往来的重要据点。

海口港是一个优良港口，其水深，易通船舶，"商船俱入港内湾，安然无虞"②。乾隆四年（1739）以来，该港口开始淤浅，船只出入，只能迂回海面，遇到暴风骤雨更是无处停泊，不免有"鲸波之险"③。乾隆九年（1744），商民陈国安等呈请并出资出力，将海口东西炮台的支沟筑堤堵塞起来，将水改道往西，从海口港出海，乾隆二十三年（1758）竣工，此后则"港水深通船只，出入便易"④。然而好景不长，至咸丰年间，港口又"浮沙壅塞，水浅港狭，舟不能进……舟旅病之"。因工繁费巨，有劝捐修浚，但官民商绅皆不能为。⑤尽管此次捐修不成，此后仍有多次呈请修筑，说明该港口对商旅往来的重要性。

白沙港是另一个重要港口。乾隆六年（1741），为了改善航运，陈国安等倡捐，将白沙村尾疏凿通海，形成一段河狭水急的"沟嘴"，并使海田溪、巴仑河、白沙河与大海连接起来，以利于停泊在白沙港的海舶货物能以小舟小艇驳运往海口、府城，便于商旅往来。⑥由于从乾隆四年起海口港一度淤塞，因而白沙港成为了海口、府城的辅助港口，商贸一度繁荣，白沙门中村建立了东、中、西三条街道。

到咸丰年间，除白沙港"可泊大船数十"、北港"可泊大船二十余只"、小英湾"可泊大船十余只"外，⑦其他诸如海口港、牛始港、大林港、沙上港、北洋港等，都因为淤积沙土，港口狭小不能泊船，⑧影响了琼山县对外交往。

（二）文昌县

文昌县位于海南岛的东北部，其海岸线曲折，有不少良好的港湾。清代

①　康熙《琼山县志》卷1《疆域志》。
②　乾隆《琼山县志》卷1《疆域志》。
③　乾隆《琼山县志》卷1《疆域志》。
④　乾隆《琼山县志》卷1《疆域志》；咸丰《琼山县志》卷8《经政志》。
⑤　咸丰《琼山县志》卷11《海黎志一》。
⑥　道光《琼州府志》卷4《舆地志》。
⑦　咸丰《琼山县志》卷11《海黎志一》。
⑧　咸丰《琼山县志》卷11《海黎志一》。

《文昌县志》记载文昌县有九港四澳，分别是铺前港、清澜港、抱陵港、陈村港、长岐港、赤水港、郭婆港、石栏港、抱虎港、大泽澳、北崎澳、新埠澳和铜鼓澳。① 铺前港、清澜港既是重要的商贸港口，也是海南主要的海防要塞，设炮台防守。铺前港为文昌县咽喉所在，海商帆船多集于此。② 陈村港、长岐港则在潮涨的时候才成港泊舟，潮退则堆沙，沿岸煮盐。③ 一些大澳，由于水深可泊舟，而且地理位置隐秘，常成为海贼倭番出没之处，如大泽澳、北崎澳等。④

据民国时期《文昌县志》记载，在琼海关设立之前，还有一些其他港口与泽澳"阔可泊舟"，发挥着一定作用。南沙港，"原水深口阔，可泊舟，后沙填浅垦为田，外尚可泊舟五六只"。涩渚港，"海湾可泊舟六七只，道光戊申年（1848）海匪进港肆掠商船，乡人惊惶……去港湾半里为三公垅，地高数十丈，可瞭望，原设有望海楼，每匪船至，击鼓会众防御"。塘洪港"可泊舟数只"。小澳塘"可泊舟数只"。大澳、小澳北二里"可泊舟十余只，匪船每泊此伺掠商船，宜防备"。白崎港"可泊舟"。迈犊东、西两港，"距铺前港东南三里，往来铺前、罗豆、锦山等市，商船经由两港"⑤。

（三）会同县、乐会县

会同县位于海南岛东部地区，沿岸有调懒港、鬼颠港、欧村港、望白港、沙茗港、冯家埠、斗牛埠、港门埠、草塘埠等。⑥

会同县东南一带，上至冯家埠，下至潭门，洋面浩瀚，常为海匪之渊薮，商船出入往往遭到劫掠，尤其自乾隆五十年（1785）以来，贼势愈演愈烈，异常猖獗。乾隆五十三年（1788）八月间，有大船数只泊沙茗港，至夜，贼众一百多人自海上岸，大肆焚掠，或抢人家女子，坐价取赎，或劫猪羊，或据炮台等，致使滨海地方日夜不安，奔走不宁，甚受其害。直到嘉庆十五年（1810），贼众才被两广总督百龄招抚。⑦ 总之，清初至嘉庆中期，

---

① 康熙《文昌县志》卷 1《疆域志》，清康熙五十七年（1718）刻本；道光《琼州府志》卷 4《舆地志》。
② 嘉庆《大清一统志》卷 453《琼州府部》，故宫博物院藏道光内府朱格稿本。
③ 康熙《文昌县志》卷 1《疆域志》；嘉庆《大清一统志》卷 435《琼州府部》。
④ 康熙《文昌县志》卷 1《疆域志》。
⑤ 民国《文昌县志》卷 1《舆地志》，1920 年刻印本。
⑥ 乾隆《会同县志》卷 2《地里·堤港埠》，清乾隆三十九年（1774）刻本；嘉庆《会同县志》卷 2《地里·堤港埠》，清嘉庆二十五年（1820）刻本。
⑦ 嘉庆《会同县志》卷 2《地里·堤港埠》。

沙茫港一带常为海贼泊舟登岸之所。调懒港潮涨时则泊舟，潮退时则成为居民溅沙煮盐处。冯家埠因为海澜多，鱼虾所集，为居民捕鱼营生之所。①

乐会县与会同县相接，西北抵会同调懒港，西南则抵万州乌石墩，东南通诸番。其地理位置相当优越，有不少良港，包括新潭港、博敖港、潭门港和排港等。靠近万州的新潭港，可泊大船数十只。博敖港，在新潭港北30里之处，也可泊大船数十只，为本邑咽喉，"亦为各处货品出入之要口"，十分繁荣。② 但是该港巨石林立，"其水道可折而入，非土人习于操舟不能知也"；凡商船进入该港，均需要雇本港小渔艇为之向导。③

（四）万州、陵水县

万州和陵水县位于海南岛东南部，万州东岸一带有港门港、周村港、南港、陂都港、前后澳和东澳港等。④ 其中港门港又名莲塘港，港口二山对峙，舟出入颇险。港上有一石状如船，石上有一番神，商贾往来常奉祀祷告，相当灵验，该神忌猪肉，估计是阿拉伯人所信奉的神。前后澳以及东澳港均是良好的港湾，尤其是东澳港，与陵水县陵水港相通，港域宽阔，客舟往来每经于此。⑤ 乾隆十一年（1746）秋，由于飓风大作，番船大坏，东澳港北等处货物漂流，浮上者数人；二十九年（1764）冬，又有番船坏在东澳港北，活者七十余人，寸板无留，所遗铅铁沉于海底。⑥

陵水县主要港湾有桐栖港、黎庵港、水口港、港坡港、陵水港和赤岭港等。⑦ 桐栖港一名咸水港，又名南山所港，外通大洋，为商船番舶停泊之所。乾隆年间，广州、潮州二府商贾于此运载槟榔、糖、藤等货。每年七月以后，占风不顺，商艘即不出港；粤海关每年派书役征收饷税，二月来，七月去。港内有渔船二十余只，朝出暮归，两岸设立营汛、炮台以备倭，"实陵邑一要区也"⑧。黎庵港港门狭小，商艘不便出入，为私匪出没之所。⑨

---

① 乾隆《会同县志》卷2《地里·堤港埠》。
② 宣统《乐会县志》卷4《海黎略》，清宣统三年（1919）石印本。
③ 宣统《乐会县志》卷4《海黎略》。
④ 道光《万州志》卷3《山川》，1958年广东图书馆油印本。
⑤ 道光《万州志》卷3《山川》。
⑥ 道光《万州志》卷3《山川》。
⑦ 康熙《陵水县志》（不分卷），清康熙二十七年（1688）刻本；乾隆《陵水县志》（不分卷），清乾隆五十七年（1792）刻本。
⑧ 乾隆《陵水县志》（不分卷）。
⑨ 乾隆《陵水县志》（不分卷）。

（五）崖州

崖州位于海南岛最南端，南面面向大海，与东南亚诸国相通，海面二百里许，"处处可以泊船登岸取水，又处处逼近村庄"[1]，成为往来商船的停泊补给处，也有不少海寇湾泊于此，伺机寇掠往来商船或海岸村庄。清代崖州港湾有保平港、大蛋港、禁港、榆林港、三亚港、铁炉港、蕃坊港、临川港、田尾港、高沙港、毕潭港、合口港、头铺灶港、龙栖港、石牛港、抱龙港、罗马港、望楼港、新村港以及乐盘湾、海棠湾、莺歌海湾等。[2]

保平港乃州治要口，与三亚港、榆林港、望楼港等，均是商船密集之处。三亚港，港面阔大，船只出入自如。[3] 三亚港有浮沙一带，以障海潮。渔船入内停泊。冬春渔业极旺，足供给十万人之用。傍岸有晒盐田数十处，亦天然产业。[4]

榆林港是非常优良的海港，在城东一百三十里，"西南与安南之陀林湾对望，约为三百里许，为印度洋所必由之路"。港口"东西宽一千三百尺有余，南北约宽四百尺。水有深至二丈以上者，能容大兵轮十余艘，中小轮船三四十艘"。"港东，均硬地，可造船坞。惟有红沙一线，穿入海中，造成之船，不便入水。"由于此处水土独佳，两岸暗礁都是松质石灰石，易于疏浚；底部为硬泥，轮船便于停泊；而且水中无水虫，不用担心船板被啮蚀。因此，往来轮船多来此取水，常有关船驻港。夏季，商船由南洋返者，必入港报验。沿海地面平坦，南北各二三里，东五十余里，西稍短。零星村落三十余处。有山如屏，障蔽北方。

铁炉港深阔，常泊大船。至于禁港、头铺灶港、龙栖港则开塞无常。而大蛋港由于淤浅，不能泊船。罗马港也因港口时浅时深，只容小船，乘潮方可入。而乐盘湾、海棠湾、莺歌海湾则因为湾阔波静，可泊船只。乐盘湾和莺歌海湾因海滨有石井，满注清泉，水味清甘，乃至船至，常取水于此。[5]

---

[1]　光绪《崖州志》卷 12《海防志三》。

[2]　乾隆《琼州府志》卷 1《山川》，清乾隆三十九年（1774）刻本；光绪《崖州志》卷 2《舆地志》。

[3]　光绪《崖州志》卷 12《海防志三》。

[4]　光绪《崖州志》卷 2《舆地志》。

[5]　光绪《崖州志》卷 2《舆地志》。

（六）昌化县、感恩县

昌化县和感恩县均位于海南岛西部。昌化县一些优良的港口如大员港、小员港，康熙年间淤塞。而沙洲港、蛋场港、南港（即三家港）也因淤浅，不能泊大船。仅余乌坭港、英潮港、大村港发挥作用。①

据乾隆《琼州府志》记载，感恩县有板桥港、南湘港以及大小南港。②板桥港，后改名为石排港，港下有巨石排列湾环海水，一里许可以泊舟。大南港则于嘉庆年间沙涌淤塞。③ 道光年间，唯北黎港、白沙港继续发挥作用，"此港可泊舟，商贩皆贸易于此"；另有白沙港，"东南广、高、琼（山）、文（昌）客船多在此装载货物"④。

（七）儋州

儋州位于海南岛西北部，其西南与北部湾相连，接占城、真腊等国。主要港口有田头港、沙沟港、煎茶港、大村港、大员港、黄沙港、南滩港、禾田港、白马井港、洋浦港及新英港等。⑤

新英港最良。该港南、西、北三面临海，水深可泊大舟。康熙十九年（1680）五月，海寇杨三率巨船数十艘泊新英港内。⑥ 清末，港口南滨多属浮沙，每经大雨后，沙随淡水冲入港内，大小船只容易搁浅。⑦

田头港至禾田港一带数港，清初常受海寇侵扰。禾田港远离州治，海寇更为狂肆。⑧ 黄沙港在道光年间渔船货船极盛，但至清末衰落，船舶寥寥无几。⑨ 清末民初，白马井港阔数十丈，水量深丈余，可停泊轮船战舰，而拖风船可以随时出入。洋浦港周围皆石，水量数丈，凡轮船战舰皆可停泊，可容大小船只数百。⑩

---

① 康熙《昌化县志》卷1《海港》，清康熙三十年（1691）刻本。
② 乾隆《琼州府志》卷1《山川》。
③ 嘉庆《大清一统志》卷453《琼州府部》。
④ 道光《琼州府志》卷4《舆地志》。
⑤ 康熙《儋州志》卷1《形胜志》，清康熙四十三年（1704）刻本；民国《儋县志》卷2《地舆志·海港》，1936年铅印本。
⑥ 康熙《儋州志》卷2《海寇》。
⑦ 民国《儋县志》卷2《地舆志·海港》。
⑧ 康熙《儋州志》卷2《海寇》。
⑨ 民国《儋县志》卷2《地舆志·海港》。
⑩ 民国《儋县志》卷2《地舆志·海港》。

（八）临高县、澄迈县

临高县、澄迈县位于海南岛的北部。乾隆年间，临高县有乌石港、朱碌港、博铺港、博述港、石牌港、黄龙港、博顿港、吕湾港、博白港、新安港和马衮港 11 个港口。[①] 澄迈县港口有东水港、石矍港、泉凿港、颜张港、麻颜港、材坡港和玉抱港等。[②]

澄迈县石矍港四周皆山，形势巍峨合拱，是兵防重地，沿海二三十里地岸平衍，风涛安便，随处随时巨舰可泊。[③] 东水港亦要害之港，兵防要地。该港逼近县城，潮起风生时，巨舰可直抵城下。[④] 顺治年间海寇蔡芳，康熙年间海寇杨二、谢昌等，以及嘉庆年间海寇乌石二等，常于石矍港、东水港等登岸，寇掠当地居民。[⑤]

二　清代海南岛港口发展的特点

（一）港口数量增加，集中分布在岛南北两端，东岸较西岸发达

清代海南岛港口的数量明显比明代多，尤其是南北两端的州县，港口增加不少。下面以道光《琼州府志》所记载港口数量，与明正德《琼台志》所记载进行比较，可以窥见明清时期全岛港口变迁之一斑，实际上，清代海南某些县的港口数量远远不止道光《琼州府志》所记载。

三百余年间，全岛港口的数量由 60 多个发展到近 90 个，增设的、新辟的港口，主要集中在南北两端的崖州、万州和琼山、临高等地（见表 1）。北部的琼山、临高两地与大陆隔海相望，南端的崖州、万州两地与南海诸国相通，从而成为海南岛南北海运的两个重地。明代，海南岛东、西两路港口发展情况相当，但是到了清代，西路港口的发展明显萎缩。东岸港口仍保持发展势头，是因为其地处通往东南亚诸国的必经之路。来自福建、广州的商

---

① 乾隆《琼州府志》卷 1《山川》。

② 康熙《澄迈县志》卷 8《海黎海寇》，清康熙四十九年（1708）刻本；光绪《澄迈县志》卷 5《海黎志》，清光绪三十四年（1908）刻本。

③ 光绪《澄迈县志》卷 5《海黎志》。

④ 光绪《澄迈县志》卷 5《海黎志》。

⑤ 康熙《澄迈县志》卷 8《海黎海寇》；光绪《澄迈县志》卷 5《海黎志》。

船，一般都会沿海南岛东北岸航行，经海南岛的南端，开往安南海岸或其他地区，故沿岸的港口能得以发展。

表 1　明清时期海南港口数量比较

州/县	明正德《琼台志》	清道光《琼州府志》	港口增减
琼山县	6	9	+3
澄迈县	4	3	-1
临高县	6	11	+5
文昌县	8	9	+1
会同县	3	5	+2
乐会县	1	2	+1
儋　州	8	9	+1
昌化县	4	7	+3
万　州	4	3	-1
陵水县	5	6	+1
崖　州	11	16	+5
感恩县	4	9	+5
总　计	64	89	+25

（二）从总体趋势看，清前期港口数量稳步增加，清后期趋于衰落，且港口规模小，航运价值不大

清初，海南岛港口发展稳定，数量增加，不少港口还得到治理。不过，海南岛港口虽然不少，但多数属于小港湾，受海潮、台风影响，港口因海沙经常流动开塞无常，因此，从总体上看，大型的商业航运作用十分有限。陈伦炯对此有如下的评论：

　　琼州屹立海中，地从海安渡脉，南崖州，东万州，西儋州，北琼州，与海安对峙。……自海口港之东路，沿海惟文昌之潭门港，乐会之新潭、那乐港，万州之东澳，陵水之黎庵港，崖州之大蛋港。西路沿海，惟澄迈之马裹港，儋州之新英港，昌化之新潮港，感恩之北黎港，可以湾泊船只，其余港汊虽多，不能寄泊。而沿海沉沙，行舟实为艰险。①

----

① 陈伦炯著，李长傅校注《〈海国闻见录〉校注》，中州古籍出版社，1984，第25页。

清末，除了一些天然的良港依然保持较好的状态外，不少港口因海沙淤浅难以泊大船，甚至连小舟都无法停泊。

三　清代海南岛对国内贸易的发展

清代粤海关税则包括正税、船钞税两项，船钞税中还有附加的加耗和杂项。所谓正税，即是进出口货物税，分为衣物、食物、用品、杂货等项，名目甚多。不同的税口，根据其本身经济特点以及贸易需要，对各项货物有不同的税则规定。《粤海关志》卷 13《税则六》对海南各税口正税的主要税则作了列述，从中可了解到清粤海关设立期间，海南对外对内贸易的大致情况。除此以外，还有很多税则是针对具体货物但未列出来的，就海口正税口而言，有豆、麦、铁锅、皮料等 40 多种，名目相当繁杂。这一时期海南输出的土产以槟榔为多，几乎各口都有出口，且名目众多，包括椰青、椰干、椰咸、椰船等，各自税则不一。船只多往来于广东省会、雷廉、阳江、江门、福建、江南一带，也有洋船出入。货物的输出和输入征税率不同，一般出口货税要比进口货税高，对洋货的征税率也比国货高些。如洋货进出口，每担收银六分四厘；进口一担国货一般仅一分六厘到二分五厘。至于船只方面，对洋船进出口每只征银八两到十六两，而对中国船，最高者每只征银八两。除以上征税外，还有所谓规礼、验航、丈量、放关、领牌、小仓、分头、担头等名目繁多的各种税项。

《粤海关志》卷 10《税则三》反映了清粤海关海南各口大致的税收情况。[①] 从中看出，在此期间海口总关口税额年达 23800 两白银。与其他正税总口相比，除了澳门正税总口每年征银约 29600 两，高于海口外，其他如惠州乌坎正税总口（在陆丰县）1100 两，潮州庵埠总口（在海阳县）4200 两，高州梅菉总口（在吴川县）2300 两，高廉海安总口（在徐闻县）3200 两，都比海口每年征银额少得多。[②] 这反映了海南对国内及国外贸易都比较活跃。

海南岛与内地贸易有以下特点。

（一）以南方为主，远达北方

清代海南与大陆的联系越来越密切，贸易越来越频繁，不仅与南方各省

---

① 梁廷枏总纂，袁钟仁校注《粤海关志》（校注本）卷 10《税则三》，广东人民出版社，2002，第 207～208 页。

② 梁廷枏总纂，袁钟仁校注《粤海关志》（校注本）卷 10《税则三》，第 258～669 页。

有密切的贸易往来，而且贸易远达北方天津、北京等地。粤海关设立时期，海南几乎与广东省内其他各口均有贸易往来，这从各口税则便可知一二。广州府的大关（在广东省城五仙门内）常有贸易船装货前往海南，如是本港船、盐船往海南装货，还规定一次收银七两，此外也有海南船前来购买货物，每船收银一两四钱。① 而广州府其他税口如总巡挂号口、西炮台挂号口、东炮台挂号口（以上三口均在南海县附城）、黄埔挂号口（在南海县）、江门正税口（在新会县）、紫泥挂号口（在番禺县）和虎门挂号口（在东莞县）等均有海南的船只或货物进出口。其中总巡挂号口有琼南进出口的货船，而下琼南船货，每单收银五分，税收比澳门、福建、江南、宁波货船贵约二分。② 虎门挂号口琼南往来装货船收银二两，福南、浙贸易船装货进出，每只收银一两五钱，广、惠、潮贸易船装货进出，每只收银三钱。③ 往来琼南的税收远比其他地方高得多。黄埔挂号口则有海南乌艚船和白艚船出入④，紫泥挂号口则有双桅船往来琼州和省会。而江门正税口则与海南贸易往来最为活跃，不但与海口常有往来，和清澜、陵水、崖州等口也来往密切，而且货物品种繁多。⑤ 海南与惠州、高州、肇庆、潮州、雷州、廉州等府也保持较密切的贸易往来。可见，海南已经在广东形成了较广泛的贸易网络。

此外，海南与福建、江南一带保持良好的贸易往来，琼州的白糖远销至苏州、天津等处。潮州商人在海南与内陆的商贸中起了很重要的中介作用。当时潮阳的达濠港，为"琼南、广、惠往来商船停泊之处"；在潮阳城东的海门城，为全县门户，"为琼南、广、惠、闽、浙、江苏商船往来之要口"⑥。海南商船不仅在潮州进行贸易，潮商亦不断将江南的物品贩运到海南销售，然后从海南收购特产运到北方。每年春季，"租赁艚船，装所货糖包，由海道上苏州、天津"，至秋季则从北方"贩棉花、色布"回广东，运送到雷、琼等府售卖，"一来一往，获息几倍，以此起家者甚多"⑦。潮商通过贸易将海南与我国北方联系在一起。

① 梁廷枏总纂，袁钟仁校注《粤海关志》（校注本）卷 11《税则四》，第 214～216 页。
② 梁廷枏总纂，袁钟仁校注《粤海关志》（校注本）卷 11《税则四》，第 217 页。
③ 梁廷枏总纂，袁钟仁校注《粤海关志》（校注本）卷 11《税则四》，第 223 页。
④ 梁廷枏总纂，袁钟仁校注《粤海关志》（校注本）卷 11《税则四》，第 219 页。
⑤ 梁廷枏总纂，袁钟仁校注《粤海关志》（校注本）卷 11《税则四》，第 221～223 页。
⑥ 嘉庆《潮阳县志》卷 9《险隘》，清嘉庆二十四年（1819）刻本。
⑦ 乾隆《澄海县志》卷 19《海氛》，清乾隆二十九年（1764）刻本。

（二）输出货物以土产为主，输入货物多为日常用品

基于海南本身特殊的地理环境，本岛出产的热带亚热带物产恰好为内陆所需。海口总口出产槟榔、藤丝、椰子、楠木板枋、牛皮、麂皮各种货物，其他九口出产货物均与总口相同。① 当中以槟榔为最大宗，品种也最多。海南出口槟榔主要为椰干、椰咸、椰青、椰玉、枣子槟榔五大品种，输往广东省各地。据《广东新语》记载，心小如香附者叫作椰干，惠州、潮州、东莞、顺德人嗜之；用盐渍过的叫作椰咸，广州、肇庆人特好之；果实未熟者为椰青，琼人更好之；果实成熟的叫作椰玉，也称玉子，则廉州、钦州、新会及粤西人嗜之；果实熟透且干焦带壳的则名为枣子槟榔，乃高州、雷州、阳江、阳春人嗜之。海南槟榔每年"售于东西两粤者十之三"，而其他十分之七则主要输往国外。② 由于货物大宗，所以有专门的榔船往来于主要的口岸从事槟榔贸易。

椰子也是海南输出的主要物产，椰壳、椰棕以及各种椰器深受内陆欢迎。至于木料则有乌木、楠木、杉木板枋以及杂木各寿枋等；藤料则主要是黄白藤和土藤丝。③ 牛皮也是海南的特产之一，康熙四十二年（1703）创建于海南的鳌峰会馆，就是由各皮行筹集捐款建立的，成为专门贩卖牛皮的一个同业公会。④ 除此之外，海南其他特色果物如菠萝蜜、各类海产也是海南重要的输出品。

内陆供应给海南的日常用品，根据《粤海关志》所列各种税则，主要有铁锅、缸瓦、土碗、茶酒杯、草席、竹箅、鞋箅、杂货箅、线面箅、灰面箅、线香箅、藤帽、草竹帽、木屐、雨伞等。清末，博敖港从南洋、中国香港、中国澳门等处输入的货物是水油，由江门输入的是大宗的纸料、爆竹、布匹等物，由潮州输入的是瓷器，由高州、廉州输入的是埕罂、水缸等物。⑤

四　海南岛与国外贸易往来

清初废除海禁之后，对外贸易趋于活跃，海南岛与日本、东南亚国家的贸易往来也有了一定的发展。

---

① 梁廷枏总纂，袁钟仁校注《粤海关志》（校注本）卷 9《税则二》，第 197 页。
② 屈大均：《广东新语》卷 25《木语》"槟榔"条，第 629 页。
③ 梁廷枏总纂，袁钟仁校注《粤海关志》（校注本）卷 13《税则六》，第 272 ~ 276 页。
④ 参见〔日〕小叶田淳《海南岛史》，张迅齐译，学海出版社，1979，第 253 页。
⑤ 宣统《乐会县志》卷 4《海黎略》。

（一）对日本贸易

据小叶田淳研究，顺治元年（1644）时粤西、海南一带局势不稳，南明与清军反复进行战争，但仍然有海南岛商船出发前往日本长崎进行贸易。[①] 康熙年间有更多的中国商船从海南岛出发到日本长崎做生意（见表2）。

表2 《华夷变态》所载康熙二十六年至康熙四十六年中日贸易情况

年　代	人　物	事　　件	资料出处
康熙二十六年（1687）	船主朱仲杨，出生于浙江	十年以前，因为经商，所以到琼州居住，两年前造船。前年想东渡日本，没有达到目的，后来又装载沉香等许多土产，在七月十日从海南开船，一路到达日本	《华夷变态》卷13之上
康熙二十六年（1687）	正船主方赞官、副船主叶阳官	一同在厦门运货，正、副船主当时是船上的客商，这条船先到福建运货，再开到海南，于次年五月二十二日，再从海南出发开到日本	卷14之下
康熙二十七年（1688）	黄平官，曾在暹罗运货	船从厦门开到海南，就在海南装货，五月十九日，开船到日本	卷14之中
康熙二十七年（1688）		在海南装载少量的货物，五月二十五日开船，六月十一日到台湾寄港，改装砂糖、鹿皮等货。七月三日开船，直航日本	卷15之三
康熙二十九年（1690）	船主游傅李	在福州装运货物，当时以船主的身份到海南，船是初航。在海南装上生姜四十多斤，还有沉香、鹿皮、腊蜜、牛角皮、黑糖、药种等土产，五月二十二日开船到日本	卷17之三
康熙三十三年（1694）		船在暹罗运货，潮州所得情报说有一艘货船从海南来到日本，实际上这一年根本没有船前来	卷21之中
康熙三十四年（1695）	船主汪峻干	十二月，船从宁波开往海南，买卖完毕，六月十八日从海南开船，同月二十九日在普陀山停泊。装载一些丝和零货后，在七月十日开船。那只船是第一次来。船主是从台州经普陀山到日本的船客	卷23之下
康熙三十五年（1696）	船主黄益官	正月间，有一艘船从宁波出发到海南交易，五月二十九日出发，六月十八日船在浙江普陀山停泊，将购买妥当的丝、零货等装好，同月二十六日开船到日本。船主还曾于前年在福州沙埕装载货物，运到日本交易，此次又以船客身份到日本来接洽生意	卷22之上

[①]　参见〔日〕小叶田淳《海南岛史》，张迅齐译，第274页。

续表

年　代	人　物	事　件	资料出处
康熙三十五年（1696）		三月从厦门出发，到海南，买卖完毕，五月十六日又从海南开船，因为逆风，六月十六日船停靠萨摩岭，以后再开向长崎。船主曾于康熙二十四年正月从厦门坐船到暹罗，他在暹罗办好货物以后，就到日本，那时候他是船上的副老大，船还是当时那一只	卷23之上
康熙三十六年（1697）		康熙三十五年从海南出发的时候，在海南甲子所的海面上遇到龙卷风，船破不能行，就在甲子所借小船装运残存的货物，船到宁波以后借用大船，再招揽些客商货物，在正月十四日出发。船主施辑侯，曾驾舟到广东的高州办货，这次航行的船，和康熙三十五年到普陀山的船是一样的	卷24之上
康熙三十六年（1697）		四月十九日从海岸出发，五月三日船停靠福州的猴屿，装载一批丝、零货，五月二十日开船到日本。船主庄运卿到福州办货以来，一直是船老大，副老大黄哲卿到福州办货的时候，还是一名船客，这次他是第一次开到日本的船	卷24之中
康熙三十八年（1699）	船主凌尧文	二月上旬，从南京到台湾购买白砂糖。三月中旬到海南，改购那里出产的山货、杂货。七月六日开船，因为逆风，八月十二日在种子岛抛锚停泊，然后开向长崎，船主凌尧文是新人，船也是初次出航	卷26之下
康熙四十年（1701）		康熙三十九年春，从宁波到海南，办妥货物以后，在同年六月开船，船到海口，遇到大风，船不幸破损，四十年六月八日，将破船重新打造，再开船，到普陀山海面上，船桅又被狂风吹折，被迫到松下门停泊，在那里修调船桅，风色一直不好，所以延到十月八日才开船到日本。船主钱君特及这条船都是新来的	卷28之下
康熙四十一年（1702）		康熙四十年十月来船，日期已经太迟，生意没有做成，回到宁波，于四十一年正月的时候，再到日本	卷29之上
康熙四十五年（1706）	船主吴尔杨	在五月十八日从海南出发到日本，该船曾在宁波载货物去过日本	卷32之下
康熙四十六年（1707）		船从上海到海南，在海南采购货物，五月二十八日船从海南开回上海，招载客货以后，在七月十一日出发到日本	卷32之下

资料来源：小叶田淳：《海南岛史》，第274～278页。

由表 2 可见，康熙年间海南与日本长崎的通商贸易，其中既有直接从海南岛前往日本贸易的商船（更多的是在海南采购货物），也有辗转到宁波、福州、厦门、上海、南京等沿海城市通商购物；或是在寄泊港（如台湾），顺道添办一些砂糖、鹿皮等货物，然后再前往日本贸易。由于海南各类土产备受海外欢迎，而丝绢这种与海外贸易的大宗物品，则需要到内陆补充；此外，其他一些零货，也需要由内陆各港埠提供，所以为了保证货源，获取更多利润，大多数商船会在海南、内陆采购足够商品后，再起航前往日本贸易。

海南与内陆的商品贸易经由商人的中转买卖，也得以迅速发展。不少商人除了购买足够的海南土产到日本贩卖外，还贩卖在内陆有市场的商品，在内地转手赚取更多钱财，再以所得购买丝绢、零货等物，转运到日本贩卖。同样情形，内陆商人也有先把货物贩卖到海南，继而购买海南土产，转运到日本进行贸易。这样，海外贸易满足了三地的贸易需求，也加速了三地之间的贸易发展。当时海南与日本直接贸易的商品主要为当地的热带和亚热带土产，包括沉香、乌木、攀枝、玳瑁、槟榔、椰子、菠萝蜜、车藁、花梨木、藤等物品。

（二）与其他国家的贸易

海南与东南亚国家也有密切的商业联系。英国人库劳福特曾于 19 世纪前期来东南亚一带游历考察，其游记中有关于海南对外贸易的重要资料：

> （中国）与印度支那保持交通的港口，广东省有 5 处，即广州、潮州、南澳、惠州、徐闻，还有属于海南岛的各个港口，以及福建省的厦门、浙江省的宁波和江苏省的苏州……价格最高的货物由厦门输入，主要是刺绣丝织物和茶叶；价格最低廉的货物来自海南岛。[①]

库劳福特的书中还记载了 19 世纪前期海南与越南各港口贸易的情况（见表 3）。

---

① John Crawfurd, *Journal of an Embassy to the Courts of Siam and Cochin China*, London, Oxford University, 1967, pp. 511 - 512.

表3　19 世纪前期中国商船在越南各港口贸易的情况

越南地名	西贡	会安	顺化	东京	其他
海南船只数（只） 每艘载货量（担）	15～25 2000～2500	3 2500		18 2000	
广东船只数（只） 每艘载货量（担）	2 8000	6 3000		6 2000～2500	
厦门船只数（只） 每艘载货量（担）	1 7000	4 3000		7 2500	
苏州船只数（只） 每艘载货量（担）	6 6000～7000	3 2500		7 2500	

资料来源：John Crawfurd, *Journal of an Embassy to the Courts of Siam and Cochin China*, p. 78。

可见，当时海南和西贡（今越南胡志明市）、会安（今越南广南省会安）、东京（今越南北部一带）三地都有密切的贸易往来。海南与东京的贸易往来，在粤海关设立时期就已存在，其时，"凡东京进出货物挂号并原拆单，则每担收银七厘"。广东、厦门、苏州、海南四地的船只也到上述地方贸易，其中到西贡贸易的船只合计有 30 只，而海南有 15～25 只，占了一半以上；到会安的共计有 16 只，海南约占 1/5；到东京的则共计有 38 只，海南约占一半。由此可见，19 世纪前期海南与印度支那以及越南的贸易还是相当活跃的。

根据一些外国资料，海南有不少帆船开往暹罗、新加坡等地进行贸易，其中每年开往暹罗者约 50 艘，开往安南者 43 艘；仅此两项已使中国直接与各国贸易船只增至 315 艘，比中国其他地区海外贸易的帆船总数 222 艘多得多。[1] 其中，暹罗与海南的贸易更为活跃。

象暹罗这样一个富庶的国家，给商业活动提供了广阔的场所……他们（中国商人）的帆船每年在二、三及四月，从海南、广州、汕头、厦门、宁波、上海等地开来。[2]

到暹罗去的航途上一定在占城、柬埔寨等海岸采办造船材料，再到

---

[1]　B. P. P., *First Report from the Select Committee of the Commons on the East India Company*, *China Trade*, *1830*, p. 629, Evidence by J. Crawfurd, Esq. 转引自姚贤镐《中国近代对外贸易资料（1840～1895）》第一册，中华书局，1962，第 59 页。

[2]　Charles Gützlaff, *The Journal of Two Voyages Along the Coast of China*, *in 1831 and 1832*, pp. 44－47，转引自姚贤镐《中国近代对外贸易资料（1840～1895）》第一册，第 51～52 页。

盘古购买附属品，以便打造船只，一只沙船只要两个月就可以打造完成，帆、铁锚都由他们自己的手所造成的。于是几艘沙船就载回一批可以在广东或者海南出售的货物，沙船上载回的货物一齐卖掉以后，所得利益，就公平的分配给一同前往造船购物的人，有时候，别的沙船也装着米或者制造肥料的骨类开到海南来。①

1819 年新加坡开埠后，海南帆船陆续从文昌的清澜港或海口港起航，运载商品到新加坡、槟榔屿等地。新加坡学者韩山元在《琼州人南来沧桑史》中称：

> 1842 年《南京条约》签订后，海禁逐步解除。在此之前，已有海南人来马六甲、槟城定居，但来新加坡的不多，虽有海南商人经常乘帆船南来进行贸易，但他们只在新加坡作短暂逗留就回国。②

据库劳福特估计，19 世纪前期，中国对外贸易船只吨数有 70000 吨，其中海南岛有 10000 吨，③ 可见当时海南海外贸易之繁盛。

（三）海南岛对外国飘风船只的处理

清代有不少外国船只遭风遇溺来到海南岛，按照规定，地方政府需要给予适当救助，处理好有关事项。康熙四十七年（1708）三月四日，礼部抄出《两广总督〈准礼部咨〉题本》中述道：

> 据广东巡抚范时崇疏称，暹罗国王向化输诚，遣使赍表文、方物三十六样入贡，抵省安奉，其压舱货物尚在琼州，惟载象一船遇风飘散，查探无踪。④

---

① *China Review*，Vol. 1，pp. 90 - 91，转引自小叶田淳《海南岛史》，张迅齐译，第 280 页。
② 〔新加坡〕韩山元：《琼州人南来沧桑史》，《新加坡琼州会馆庆祝成立一百三十五周年纪念刊》，新加坡：琼州会馆，1989，第 263～264 页。
③ R. M. Martin，*China，Political，Commercial and Social*，Vol. Ⅱ，p. 137，转引自姚贤镐《中国近代对外贸易资料（1840～1895）》第一册，第 63 页。
④ 《明清史料》（庚编·下册）第六本《两广总督〈准礼部咨〉题本》，中华书局，1987，第 1062 页。

康熙五十七年（1718）七月三日，兵部抄出广东广西总督杨疏，言有柔佛国（今马来西亚柔佛地区）人二十五名海上遇风漂流至澄迈县苍眼湾，并有三只小船漂流至琼州府感恩港。①

据会同总督于乾隆二十七年（1762）三月七日案记：

> 暹罗国正贡船至新宁县茶湾地方，副贡船在七洲洋面被风沉溺，先后檄行地方官将沉失物件打捞，务获表文，捧护登岸，并未沉失其贡物，内漂失龙涎香、桂皮、豆蔻儿、茶皮、树胶香五件。②

船只遭风遇溺至海南的事件常有发生。这些船只不乏进贡之船，但也有不少冒充贡船的私商船只，对这些船只的处理需要格外谨慎。就《两广总督〈准礼部咨〉题本》反映的案例而言，时暹罗贡使先将其压舱货物放置琼州，后则载象一船进贡，结果却遭风漂散。因能奉上"表文"，暹罗贡使则不惜承担"象失"的责任，而且其压舱货物"如彼愿自出夫力带来京城贸易，听来贸易，如欲往彼处贸易，著该督抚选委贤能官员监看贸易，其交易货物数目及监看官员职名另造清册报部"。可见，区别真假贡使，则视其有无表文为准。但因路途险阻，也常有遇溺失"表文"之事，正因如此，不可避免有番商以此为借口，骗说自己乃是误失"表文"的贡使，以获取诸多利益。

对于漂流至海南岛的番船，清廷对其的查验工作相当严谨，处理方式十分考究。雍正六年（1728）十二月，由琼州镇差委千总曹国标押送至广州府的五名漂流至琼山的彝人，被进行了详细的审讯，审讯内容包括国籍、何年何月船只漂流至何处及其后的打算等。据暹罗国番陈宇船上的水手通事林宣供说，其五人中，咙、吗林二人是西洋莫来由人，伊什哥、安迤、密喀儿三人则是西洋弥尼喇人，他们自弥尼喇开船前往噶喇吧（今印度尼西亚雅加达市），约行十天后遭风打破船只，漂流一个多月至海南感恩县。船上共有三十五人，船主叫吟，已死三十人，仅剩五人，船上仅有黄藤、海参，并无他货，船上亦无客人。船已坏不能回去，情愿卖船买些衣裳等。其后将此记录在案，至由署抚部批，继至布政司查议，经多番查认，确认伊什哥等三

---

① 《明清史料》（庚编·下册）第六本《广东总督揭帖》，第 1067 页。
② 《明清史料》（庚编·下册）第六本《礼部〈为准内阁片〉移会》，第 1118 页。

个人实际是吕宋（今菲律宾）人，其他则无异。然后给予各人口粮，并安排他们搭乘暹罗船，然后转船归国。①

清朝对遭风至岛的番人番船的处理十分重视，政府对各遇难番人周到的抚恤，体现了"天朝恤外藩之意，至为详备"②，同时彰显了帝国风范。

五　海南岛周边海域的海盗活动

清代，海南岛海寇活动依旧猖獗，不少沿海港口成为寇盗的登岸之所，而沿海村庄往往成为劫掠的对象。下面是地方志记载的主要事件。

顺治十六年（1659）三月，杨二、杨三入崖州番人塘大掠，"掠牛畜稻米无算"。

顺治十八年（1661），杨二、杨三再次泊舟崖州海岸，伺机登岸掳掠，掳行至海湾的男妇十数人，其后还获黎妇十多人，"黎人以牛米赎，老羸者放还，壮者不释"；同年十月，贼以二十余船寇儋州，至十一月，辗转返回崖州，夜袭沿港番人塘等村，掠男妇三百余人，"令以金帛牛酒赎，不能赎者杀之，计杀百余人，海岸为赤"③。

康熙元年（1662），海寇杨三集结数十艘船到铺前掠劫了五百多人，次年海寇杨三再次驾巨船入清澜掠劫米船。

康熙四年（1665）六月七日午后，海寇驾船十三艘，乘西风潮涨，在蛋场登岸，劫掠村落，掳走四人。次日，官兵赶到，贼众乘潮退满载而去。

康熙十八年（1679），海寇头目杨二驾船入石礁港，由颜张港登岸，聚众劫掠海滨一带，"财帛搜刮无遗，子女掳掠殆尽，饱其所欲而去，又以舟重难行，被掳子女，许父母亲戚持金往赎，否则投之海"。

康熙十九年（1680）冬，海寇杨二因为前番得逞，再次纠集谢昌等人，抵达铺前，掠夺文、琼等地。次日二月，攻破海口所，三月三日飞船百余艘，自东水港抵达蛋场，守城官兵逃跑，全城尽为之所蹂躏，城乡各处只见破屋坏垣，人号鬼哭。

---

① 《明清史料》（庚编·下册）第六本《广东总督揭帖》，第 1068 ~ 1069 页。
② 《明清史料》（庚编·上册）第三本《道光年各部造送内阁清册（节录外国事件）》，第 613 页。
③ 光绪《崖州志》卷 12《海防志二》。

康熙三十九年（1700）十二月，有贼船三只，泊黄流海岸，掳掠妇女十余口，"所掠妇女，皆许以银赎"。

康熙四十二年（1703）十二月，有贼船三只，泊崖州三亚港，其贼上村掳民财。

嘉庆二年（1797）夏，张保仔寇铺前、清澜两港，劫掠村庄、商船，掳人勒索。

嘉庆十四年（1809）八月七日午时，海寇乌石二等飞船数十只，自大海突入石礴港登岸。

嘉庆十五年（1810）五月一日，海北等大小海寇集结一百多艘船，飞入石礴、玉抱、麻颜等港口，复抵临高海滨登岸，焚毁、掳人和掠物无数，横行几十里。①

分析以上海盗活动，有以下几个主要特点。

（一）海岛南北两端是受到海盗侵扰、掳掠最为频繁的地带，主要是因为这两地商贸较为活跃，过往商船较多，而可供寄泊、樵汲、换购货物的港口也比较多。另外，海盗比较容易利用风潮，迅速登岸逃脱。

（二）海盗对海南的寇掠主要集中在顺治、康熙、嘉庆年间，海寇多是当时规模较大的海盗集团，如杨二、乌石二（麦有金）、张保仔（张保）等。其中以杨二集团寇掠海南次数最多，规模较大，行动也迅捷。其船只多则二十多艘，少则十来艘。寇掠范围广泛，常在西部的东北沿岸与南部海岸之间辗转劫掠商船，或登岸寇掠沿岸村庄。

（三）寇掠对象多是当地居民及重要的财物，如牛、稻米、金帛等。牛、稻米是当时海南重要的商货，必然成为海盗眼中的"珍品"。至于掳掠人口，除了为求换得赎金及所需物品外，不少人被贩卖到海外。海南海盗对人口、财物的掳掠以及勒赎银货，可以看作是一种变相的商贸经济活动，但是其寇盗性质是主流，对海南经济贸易的正常发展具有明显的破坏作用。

总而言之，清代海南港口在数量上增加了不少，与内陆以及东南亚联系比较密切的南北部港口发展势头良好。海禁开放之后，清政府在广东设立粤海关，在海南设立一个总口、九个小口，为海南海外贸易的进一步发展奠定

---

① 根据康熙《澄迈县志》卷8《海黎海寇》、乾隆《琼州府志》卷8《海黎志》、光绪《澄迈县志》卷5《海黎志》、光绪《崖州志》卷12《海防志二》、民国《文昌县志》卷7《海黎志》等整理所得。

了良好的基础。

清代海南除了继续保持和内陆南方地区的贸易往来外，还与北方一些地区有贸易关系，与东南亚的贸易关系也相当密切。康熙年间，海南与日本的贸易更是进入了一个全盛时期。

A Preliminary Study on Ports Distribution and the Trade of Qiongzhou in the Qing Dynasty：
before 1840

Wang Yuanlin

Abstract：As the number of the Qiongzhou ports increased in the Qing Dynasty, the concentrated on being distributed in the north and south ends of Hainan Island, where the east coast better than the west. Especially, the ports that close contact with Chinese mainland and Southeast Asia developed well. The ban on maritime trade was abolished in the age of Kangxi. Qiongzhou set up a total port and nine small ports, which laid a good foundation for the further development of the internal and external trade of Qiongzhou. Internal trade in Hainan in the Qing Dynasty continued to trade with inland southern region, in addition, they also had close trade relation with some north areas. Closer trade relations were set up between surrounding areas abroad, specially with Japan, and entered a golden age in Kangxi years.

Some questions were discussed in the paper about Hainan before 1840, such as the ports distribution, geographical features, the internal and external trade tariff, domestic and foreign trade country, region to be addressed. Further more, how to deal with the foreign wrecked ships and the Japanese pirate business activities was also discussed in the paper.

The Qing government attached great importance to foreign people and boats that arrived the island by wind. In fact, it was as a safeguard against the treacherous businessman and rovers of collusion avoid trade and rob. The thoughtful pension for the victims foreigners is the heavenly shirt outlying meaning to the detailed preparation of embodiment, in order to highlight the Empire style.

Although the active piracy of Hainan province in the Qing Dynasty had a certain commercial properties, but relatively speaking, the thief properties dominated. Pirates were in and out of Hainan Island frequently, and looted passing ships and local people. All in all, there was no doubt that it was a great destruction to the normal development of Hainan economic production and the overseas trade.

Keywords: The Qiongzhou Authorities; Ports Distribution; Trade

（执行编辑：王潞）

海洋史研究（第六辑）
2014 年 3 月第 54～79 页

清初广东对日本贸易

——以《华夷变态》为中心

焦　鹏[*]

广东地处沿海，自古以来海上对外贸易非常发达。明初的海禁政策对海外贸易影响较大，明代中期以后，随着政局的变化，海上对外贸易慢慢发展起来，对日贸易随之有了发展。明末，由于日方的鼓励政策，以及赴日贸易丰厚的利润，广东商人纷纷赴日贸易，到清初海禁之前，广东有相当数量的商船赴日。学界对此作了一些研究[①]，但是还没有全面反映清初广东对日贸易的实际状况。由于中日双方贸易政策的变化，清初广东对日贸易有非常大的起伏。许多学者的研究指出这种起伏是对日贸易基地北移的趋势[②]，但是没有作出相关细致的研究，如北移的演变过程是怎样的，受到了哪些因素或是政策的影响，都没有详细探讨。笔者曾经就此作过研究，但也是推论，没有作出细致的分析。[③] 其实，这种变化是受到中日双方贸易政策的影响，是

* 作者系暨南大学香山文化研究所讲师，历史学博士。
　本文系教育部行动计划司局专项课题"明清东南海洋经略与海疆社会"资助。

① 黄启臣、庞新平：《清代活跃在中日贸易及日本港市的广东商人》，载张伟保、黎华标主编《近代中国经济史研讨会 1999 论文集》，香港：新亚研究所，1999，第 156～161 页。黄启臣：《明中叶至清初的中日私商贸易》，《黄启臣文集》，香港天马图书有限公司，2003，第 300～363 页。焦鹏：《清初潮州的对日海上贸易》，载《潮学研究》第 13 辑，汕头大学出版社，2006，第 67～97 页。荆晓燕：《明朝中后期广东地区的对日走私贸易》，《青岛大学师范学院学报》2011 年第 4 期。

② 魏能涛：《明清时期中日长崎商船贸易》，《中国史研究》1986 年第 2 期；吴松弟：《明清时期我国最大沿海贸易港的北移趋势与上海港的崛起》，《复旦学报》（社会科学版）2001 年第 6 期。

③ 焦鹏：《清初沿海贸易格局的演变与乍浦港之兴起》（未刊稿）。

沿海贸易格局演变中的重要一环。日本《华夷变态》①中有丰富的广东商船赴日贸易的史料，笔者以此为中心，结合中日双方的贸易政策，分析清初广东对日贸易的演变。

关于广东对日贸易，笔者认为除了自广东各港出发的商船之外，还应当包括外地到广东带货前往日本的商船，尤其是从事东南亚—广东—长崎贸易的商船，"迁海"时期台湾郑氏到广东置货的赴日商船，以及失风漂流到日本没有被计算番数的商船都应当计算在内。这样才能看出广东对日贸易的全貌。

一　明末到康熙二十三年的广东对日贸易

有关广东对日贸易最早的史料是郑舜功在《日本一鉴》中提到的：

> 夫广私商始自揭阳县民郭朝卿，初以航海遭风漂至其国，归来亦复往市矣。②

由此可见，明代中后期就有广东商人到日本贸易。明末，由于明朝实行海禁，日本德川幕府建立之后，幕府难以与明建立正常的贸易联系，幕府转而鼓励中国商人赴日，给予商人朱印状，作为保护他们赴日贸易的凭证。日本庆长十五年庚戌（明万历三十八年，1610），德川幕府给予广东商人朱印状：

谕明广东商主书

> 维时孟秋之初旬，广东府商士来而就侍臣告曰，来岁春夏之间，可渡商船于吾邦，市易相博，无奸邪之虑。有公平之利者，愿赐印纸，以故闻予，远者来近者悦，是仁之政也。依恳求特下印札，来岁彼商船到着吾邦，则国国岛岛浦浦，任商主心，可得买卖之利。若奸谋之辈，枉罩不义者，随商主诉，忽可处斩罪。吾邦之诸人等宜承知敢勿违失矣。
>
> 时庆长十五年庚戌孟秋日③

---

① 有关《华夷变态》的介绍请参见王勇、孙文《〈华夷变态〉与清代史料》，《浙江大学学报》（人文社会科学版）2008 年第 1 期。

② 郑舜功：《日本一鉴》，民国二十八年（1939）排印本。

③ 《通航一览》第五，卷二百十九，国书刊行会，1913，第 498 页。

由上述史料可以推测，由于幕府出台的保护政策，广东商人赴日贸易在日本庆长十六年（1611）之后大幅增加。岩生成一研究了1648～1673年的广东赴日商船数量（见表1）。

表1　1648～1673年赴日商船

年份	广东	潮州	海南	高州	总计
1648				2	2
1651	1	1		1	3
1653		1			1
1659		1			1
1661			5		5
1664	18				18
1665	3				3
1666	2				2
1671	1				1
1672	2				2
1673	3				3
合计	30	3	5	3	41

资料来源：岩生成一：《近世日支贸易に关する数量的考察》，《史学杂志》第62编第11号，昭和二十八年（1953年）11月，第12～13页。

结合日方《华夷变态》等史料，笔者在岩生成一研究的基础上，统计了1674～1683年开海之前赴日广东商船数目（见表2）。

表2　1674～1683年赴日广东商船

时　间	船番号	出发地	出发时间	到达时间	船头	搭乘人数	备注
康熙十三年（1674）	五番广东船			六月六日			张滔船报告说4艘赴日商船
	拾壹番广东船			七月十五日			
	拾四番广东船			七月十六日			
康熙十五年（1676）	六番潮州船			六月四日			
	廿壹番广东船			八月五日			
康熙十六年（1677）	潮州船			七月七日			
康熙十七年（1678）	七番广东船			七月十日			

续表

时　间	船番号	出发地	出发时间	到达时间	船头	搭乘人数	备注
康熙十八年 （1679）	广东船						
	拾六番思明州船	广东	六月廿二日	七月廿七日			
康熙十九年 （1680）	拾七番广东船	广东		七月廿二日	王德官		
	对马漂着广东船	广东	七月四日	八月四日	史岳官		
康熙二十年 （1681）	壹番东宁船		三月五日	五月廿二日	陈檀官		
	六番东宁船						
	七番东宁船						
康熙二十一年 （1682）	广东船						
	五番广东船	暹罗	去年五月十九日	五月廿六日			
	七番广东船						
	九番暹罗船						
康熙二十二年 （1683）	二番广东船						
	拾壹番大泥船						
	拾五番广南船						
	拾六番广南船						
	拾九番暹罗船						
	贰拾二番暹罗船						
康熙二十三年 （1684）	三番广东船	广东	六月廿四日	七月十七日			
	五番广东船	广东	六月廿五日	七月十七日			
	六番广东船			七月十七日			
	七番广东船			七月十七日			
	九番广东船		六月廿四日	七月十八日			
	拾五番六昆船						
	拾六番咬留吧船						
	贰拾三番高州船	高州	六月十二日	九月八日			

这个时期正是清廷为了对付台湾郑氏，实行迁海、海禁政策的时候。学界对于海禁时期的海外贸易作过一些研究，[①] 从赴日广东商船船头报告可知，有的商船是平南王尚氏家族派出的，也有潮州总兵刘进忠派出的，也有

[①]　相关研究请参见顾诚《清初的迁海》，《北京师范大学学报》（哲学社会科学版）1983 年第 3 期；李东林：《清初广东"迁海"的经过及其对社会经济的影响——清初广东"迁海"考实》，《中国社会经济史研究》1995 年第 1 期；冯立军：《清初迁海与郑氏控制下的厦门海外贸易》，《南洋问题研究》2000 年第 4 期。

当时潮州著名人物许龙派出的。

　　东南亚各地口岸的中国赴日商船也会在广东各港口停留，出售自东南亚各港口带来的货物，再在广东口岸购买日方所需的货物赴日；或是直接在广东口岸购买丝货等商品，再次赴日。值得注意的是迁海对于郑氏贸易的打击成效，康熙十九年（1680）、二十年（1681）、二十一年（1682）的上述商船，不得不在广东沿海口岸向内地商人私下购买货物，遭受清朝官兵追击。如康熙二十年（1681）东宁船：

　　　　去年自长崎归帆之拾七番船头名为王德官之广东船原是东宁派出之船。去冬，运载大量银两前往广东。在广东载客数量较大，当时自广东前往长崎之客多。五月，船头在广州城内购买丝织品之时，大清兵船数百艘出现，船头即是逃走，清兵追赶。无奈逃到海上，船中之人货俱在，南风起，回到东宁。……广东出发之船，当年减少是可见的。①

又如康熙二十一年（1682）：

　　　　平南王收下从事商卖之官沈上达，累年派出商船赴日贸易。因是叛逆者之党徒，于去年十月被杀。其次，前年拾七番广东船头王德官，是东宁方面派出之人，前往广东。因是故地派往广东之商船，往日本贸易，是东宁方面之船，广东之代理守护发出追捕令，要承受流徙之罪。又留子官，买前年曾一官之船，以船头前往广东，去年到长崎，这是东宁方派出之船，在广东遭遇斩刑。②

　　东宁商船以及广东商船的报告，说明清廷的海禁政策已经奏效，使得郑氏的商船不得不冒险进入广东沿海获取赴日商品。

二　康熙二十四年以后的广东对日贸易

　　康熙二十三年（1684），清朝发布开海令，允许商人出海贸易。③ 中国

---

①　《六番七番东宁船之唐人共申口》，林春胜、林信笃编《华夷变态》卷9，东洋文库，1958，第328～329页。

②　《广东船之唐人共申口》，《华夷变态》卷9，第338页。

③　《清圣祖实录》卷116，康熙二十三年条，中华书局，1986，第212页。

商人赴日贸易合法，许多中国商船赴日贸易。广东商人也参与其间。笔者整理了康熙二十四年至康熙五十三年（1685～1713），日本发布《正德新令》之前的广东商船史料（见表3）。

表3 1685～1713年赴日广东商船

时间	船番号	出发地	出发时间	到达时间	搭乘人数	船头	备注
康熙二十四年（1685）	拾七番咬留吧船	咬留吧	四月廿五日	七月三日			
	贰拾壹番广东船	广东		六月廿八日		周四官	
	贰拾贰番广东船	广东		七月十日		戴顺官	
	贰拾七番马六甲船	马六甲	四月十二日	七月十五日			
	五拾八番广东船						
康熙二十五年（1686）	五拾八番马六甲船	马六甲	四月三日	五月廿三日			四月廿八日到广东港口停船
	七拾五番潮州船	潮州	六月三日	七月十二日			
	七拾八番广东船	广东	六月廿一日	七月十二日			
	八拾壹番广东船	广东	六月二日	七月十三日			
康熙二十六年（1687）	三拾壹番高州船	高州	二月十八日	三月九日	43	林隆官	
	四拾四番高州船	高州	去年十月五日	四月十二日			海上数度遇恶风，正月五日入厦门停船，因是故乡，稍作停留，二月十一日，自厦门出帆，三月廿四日到普陀山，补给水薪等，廿八日自普陀山出帆
	九拾六番潮州船	潮州	五月廿一日	六月十二日	85	李太官	
	百壹番广东船	广东	六月朔日	七月三日		曾耀官	
	百贰番广东船	广东	六月十日	七月三日	105	谢春官	
	百五番高州船	高州	六月三日	七月十三日	56	林瑞兴	
	百拾贰番广东船	海南	七月十日	七月晦日	66		
	百拾七番广东船	南澳	七月十六日	八月九日	76	吕宇官	
康熙二十七年（1688）	八番潮州船	潮州	二月廿二日	四月十日	44	陈于龙	三月廿七日到普陀山寄船，补给水等，廿八日自普陀山出帆
	拾七番广东船	广东	五月八日	五月廿五日	42	陈胜官	
	贰拾壹番高州船	高州	三月十六日	五月晦日	40	董宜日	五月二日到厦门寄船，八日自厦门出帆

续表

时间	船番号	出发地	出发时间	到达时间	搭乘人数	船头	备注
康熙二十七年（1688）	贰拾四番高州船	高州	四月十八日	五月晦日	43	黄文观	
	三拾五番高州船	高州	五月六日	六月朔日	61	朱仲扬	
	四拾五番海南船	海南	五月廿二日	六月九日	47	方赞官	
	七拾九番广东船	广东之城下	五月九日	六月十一日	88	谢春官	
	八拾贰番广东船	揭阳	四月廿二日	六月十三日	37		
	八拾五番广东船	广东之城下	四月廿四日	六月十三日	72	许二舍	
	送回漂着日本之船	广东之城下（黄埔口）	五月廿四日	六月十五日		余通复	
	八拾七番潮州船	潮州	六月朔日	六月十五日	68	傅金官	
	八拾八番广东船	广东之城下	五月廿四日	六月十五日	51（10）	余通复	
	九拾番潮州船	潮州	五月廿八日	六月十六日	78	李太官	
	九拾三番广东船	潮州	五月廿六日	六月十八日	39	姚桂官	
	九拾四番广东船	南澳	六月四日	六月十九日	58	李子官	
	九拾五番潮州船	潮州	六月三日	六月十九日	40	杜二官	
	九拾六番潮州船	南澳	六月四日	六月十九日	70	吕宇官	
	百拾贰番广东船	南澳	六月二日	六月廿二日	51	叶世文	
	百拾七番高州船	高州	四月廿八日	六月廿三日	53		
	百三拾贰番广东船	广东之内十二门	四月廿八日	七月二日	33	钱一官	
	百四拾番广东船	广东城下	六月廿日	七月八日	37	曾允官	
	百四拾贰番潮州船	潮州	六月廿八日	七月八日	47	林印	
	百四拾六番广东船	广东城下	五月廿日	七月九日	60	吴尚观	
	百四拾七番广东船	广东城下	五月廿七日	七月九日	62	曾耀官	
	百五拾壹番广东船	广东	六月十一日	七月九日	69	黄虎官	
	百五拾六番广东船	广东	五月八日	七月十二日	25	周隆官	
	百六拾壹番海南船	海南	五月廿三日	七月十四日	32		因船上海南货物少，六月十一日到台湾寄船，稍稍加载砂糖、鹿皮等货，七月三日自台湾出帆

续表

时间	船番号	出发地	出发时间	到达时间	搭乘人数	船头	备注
康熙二十七年 （1688）	百六拾四番广东船	广东城下	六月廿五日	七月十四日	32	周长官	
	百七拾六番潮州船	潮州	五月廿六日	八月二日	27	林砥卿	
	百八拾八番广东船	广东城下	七月八日	九月十一日	62	李才官	
康熙二十八年 （1689）	四拾七番广东船	广东城下	四月廿六日	六月二日	63	李才官	
	四拾九番广东船	广东城下	四月廿六日	六月五日	64	曾耀官	
	五拾番广东船	广东城下	四月廿六日	六月五日	67	吴尚官	
	五拾九番潮州船	潮州	五月廿六日	六月十四日	89	蔡赐爹	
	六拾番潮州船	潮州	五月廿六日	六月廿五日	69	吕宇官	
	六拾壹番潮州船	潮州	五月廿六日	六月廿五日	43	王五官	
	六拾贰番高州船	高州	六月八日	六月廿八日	47	颜荣官	
	六拾三番广东船	广东城下	六月八日	七月朔日	79	洪社	
	六拾八番广东船	广东城下	七月二日	八月四日	58	傅金官	
	日向破船之高州船	高州	五月廿一日	八月廿四日	78	许彩士	
	七拾八番高州船	高州	七月二日	八月廿四日	40	王上聪	
康熙二十九年 （1690）	拾三番广东船	温州	二月十七日	二月廿三日	40	王上聪	我等之船，去年自广东出帆，为八月廿四日到贵地之七拾八番船。因船数以及商卖割符的限制而返回，其时在海上遇恶风，船具损坏，无法回广东，无奈到浙江之温州寄船，修理船具
	五拾三番高州船	高州	五月二日	五月廿三日	39	黄文官	
	五拾四番高州船	高州	五月二日	五月廿三日	38	林武官	

续表

时间	船番号	出发地	出发时间	到达时间	搭乘人数	船头	备注
康熙二十九年（1690）	六拾六番潮州船	潮州	五月廿四日	六月廿五日	65	品（吕）宙官	
	七拾番广东船	广东之城下	五月十四日	六月廿七日	62	吴尚官	
	七拾贰番潮州船	潮州府	五月廿八日	六月廿八日	80	李太官	
	七拾三番广东船	海南	五月廿二日	七月朔日	43	游传孚	
	七拾六番潮州船	潮州	六月九日	七月二日	49	陈龙官	
	七拾九番广东船	广东本城下	六月十九日	七月六日	53	黄贤因	
	八拾三番潮州船	潮州府	六月九日	七月七日	58	王龙官	
	八拾五番广东船	广东城下	六月廿二日	七月十五日	55	傅金官	
康熙三十年（1691）	五拾八番潮州船	潮州	五月廿日	五月廿九日	66	陈攀官	
	五拾九番广东船	广东本城下	四月廿日	五月廿九日	60	张元官	
	六拾番广东船	广东本城下	五月廿一日	六月五日	85	王仕官	
	六拾八番高州船	高州	五月十五日	六月廿四日	35	姚阮卿	原宁波船
	七拾六番广东船	广东之本城下	五月十二日	七月三日	44	时升如	
	七拾八番高州船	高州	五月廿日	七月三日	48	郑泽官	
康熙三十一年（1692）	拾番高州船	高州	去年七月十四日	三月五日	76（12）	游传孚	八月四日，在福州之海山，遇风破船。我等此次乘坐之船是在福州所借。正月二日自福州出帆，晦日到宁波，二月朔日，自宁波出帆，十五日到普陀山寄船，等待货物。廿五日自普陀山出帆
	三拾番高州船	高州	五月六日	五月廿四日	40	黄文官	
	三拾三番广东船	广东之本城下	五月十九日	六月二日	89	王德官	
	三拾五番广东船	广东之本城下	五月十八日	六月六日	71	张缙官	

续表

时间	船番号	出发地	出发时间	到达时间	搭乘人数	船头	备注
康熙三十一年（1692）	三拾六番广东船	广东之本城下	五月廿二日	六月十五日	62	黄二官	
	四拾六番高州船	高州	六月二日	六月廿六日	39	姚阮卿	
	五拾贰番高州船	高州	五月廿日	七月二日	39	林宝官	
	六拾番高州船	高州	五月廿四日	七月八日	46	徐佛官	
康熙三十二年（1693）	四拾四番潮州船	潮州	五月十八日	七月朔日	48	张五官	
	五拾四番广东船	广东之本城下	五月十六日	七月四日	63	吴德官	
	五拾六番潮州船	潮州	六月十八日	七月八日	53	张赐官	
	六拾壹番高州船	高州	五月十八日	七月十日	35	王子美	
	六拾贰番潮州船	潮州	六月十日	七月十日	96	吕宙官	
	六拾三番高州船	高州	五月十八日	七月十日	33	施缉侯	
	六拾九番潮州船	潮州	七月朔日	七月十八日	69	吕宇官	
	七拾番高州船	高州	五月十八日	七月十日	41	吴公盛	
康熙三十三年（1694）	拾七番高州船	普陀山	正月十一日	正月廿二日	44	吴公盛	
	五拾番广东船	广东之本城下	五月廿五日	闰五月廿六日	62	黄二官	
	五拾贰番潮州船	潮州	闰五月八日	闰五月廿八日	63	戚裕官	
	五拾四番潮州船	潮州	闰五月九日	六月七日	72	徐佛官	
	五拾八番潮州船	潮州	闰五月廿八日	六月廿三日	105	吕宙官	
	五拾九番潮州船	潮州	六月十日	六月廿五日	70	吕宇官	
	六拾番广东船	广东之本城下	闰五月六日	六月廿六日	73	时升如	
	七拾番高州船	高州	闰五月十三日	七月十二日	48	林腾学	
康熙三十四年（1695）	三拾六番广东船	广东之本城下	五月廿五日	七月廿八日	42	麦灿宇	
	五拾番广东船	广东之本城下	六月十五日	九月朔日	74	许相官李乔公	
	五拾贰番广东船	广东	六月十八日	九月朔日	46	林三官	
	五拾六番潮州船	潮州	七月十六日	九月十七日	64	熊幼安	
康熙三十五年（1696）	三拾九番海南船	海南	五月十六日	六月晦日	48	苏贵官	
	四拾贰番高州船	高州	五月十六日	七月二日	33	朱克熙	
	四拾三番海南船	海南	五月廿九日	七月三日	37	黄益官	
	五拾六番潮州船	潮州	六月十五日	七月十二日	39	许相官	

续表

时间	船番号	出发地	出发时间	到达时间	搭乘人数	船头	备注
康熙三十五年（1696）	五拾七番潮州船	潮州	六月十三日	七月十二日	33	林克仁	
	六拾七番广东船	广东之城下	六月十六日	七月十三日	56	马阶六	
	七拾番海南船	海南	六月十八日	七月十五日	49	汪俊于	
康熙三十六年（1697）	拾九番台州船	台州	去冬十二月廿九日	正月九日	32	陈日新	我等去秋自广东之高州出帆，欲往贩贵地。在浙江之台州海上遭逢大风，所乘之船破，为了救命，舍弃大多数货物，乘坐之人因相互救助，无人溺死。其后在台州滞留，重新招徕客货
	贰拾壹番宁波船	宁波	正月四日	正月十一日	39	施缉侯	我等去秋自广东之海南出帆，欲往贩贵地。在广东之甲子所海上遭逢龙卷风破船，为保命，舍弃大半货物，乘坐之人因相互救助，无人溺死。在甲子所借小船，将所剩货物运到宁波。在宁波借大船，招徕客货
	贰拾贰番普陀山船	普陀山	正月三日	正月十一日	50	何维周	我等之船，去夏自广东之海南出帆，到普陀山寄船，加载客货，为七月到贵地之七拾番船。因商卖不能进行，只好原船带货返回。无奈到普陀山停船

续表

时间	船番号	出发地	出发时间	到达时间	搭乘人数	船头	备注
	贰拾六番广东船	广东之城下	去冬十二月四日	正月十二日	48	陈四官	正月四日到普陀山寄船,用事相调,同日出帆
	三拾三番潮州船	潮州	正月二日	正月廿日	59	林景学、李二官	积返之船直接回潮州停船,加载一些货物
	五拾九番潮州船	潮州	四月二日	五月廿六日	38	徐德官	四月十八日,到普陀山寄船。潮州出产山货,不出产丝织品。在普陀山停船之时,加载丝织品,当月十五日自普陀山出船
康熙三十六年(1697)	六拾贰番高州船	高州	三月廿九日	五月廿八日	33	王十官	五月九日,到宁波。十三日,自宁波出船。高州为广东管辖,因是边海之地,山货、药材之类出产较多,丝织品等缺乏,所以此次去宁波寄船,购买丝织品等
	六拾五番高州船	高州	四月十六日	五月廿八日	33	林孟官	五月十五日,到宁波寄船。稍稍加载丝织品,十六日自宁波出帆
	六拾六番高州船	高州	四月十日	五月廿八日	37	郑日章	五月七日到普陀山寄船,购买当地之丝织品,九日自普陀山出帆
	七拾壹番潮州船	潮州	五月朔日	六月朔日	103	吕宙官、林友官	五月十五日,到厦门寄船,加载当地出产之砂糖等货。廿日出帆

续表

时间	船番号	出发地	出发时间	到达时间	搭乘人数	船头	备注
康熙三十六年（1697）	七拾贰番潮州船	潮州	五月五日	六月二日	54	陈龙官	
	七拾九番广东船	广东之城下	五月朔日	六月五日	60	陈祖官	五月十六日到舟山寄船，在当地稍稍加载货物，廿六日自舟山出帆
	八拾贰番广东船	广东之城下	五月十日	六月七日	42	陈添官、吴卯官	
	九拾九番广东船	广东之城下	五月十五日	七月三日	51	钱敏官	洋中遇风，损坏帆柱，六月二日，到普陀山寄船，修理帆柱。十五日，自普陀山出帆
康熙三十七年（1698）	贰拾三番宁波船	广东	去冬十一月十五日	正月十八日	59	蔡二使	我等之船，去冬十一月十五日自广东出帆，十二月廿一日到浙江之宁波停船，在宁波招徕客货
	三拾九番高州船	高州	五月廿二日	六月廿四日	67	苏贵官、杨润官	我等之船，去冬十二月自厦门前往广东之高州，在当地购买出产之山货等
	四拾九番高州船	高州	七月朔日	八月十五日	36	林克礼	七月廿日，到普陀山寄船，加载丝织品，当月八日自普陀山出帆
	六拾七番高州船	高州	六月十日	九月晦日	46	李才官	六月廿三日，到宁波寄船，加载货物，七月十八日自宁波出帆

续表

时间	船番号	出发地	出发时间	到达时间	搭乘人数	船头	备注
康熙三十八年（1699）	三拾五番高州船	高州	五月二日	七月十三日	56	欧鼎官	我等之船，原为宁波船。二月因商卖前往广东之高州。欲待商卖完成，前来贵地。在那里停船，高州出产之货物紧缺，高州海边流贼起，引起骚动，难以购买货物，五月二日，唐人56人，自高州出船。六月二日，到台湾寄船，购买当地出产之砂糖、鹿皮等货，十六日，自台湾出船
	六拾六番海南船	海南	七月六日	闰九月十四日	39	凌尧文	我等之船，原自南京出发，二月上旬至台湾，稍稍购买白砂糖，三月中旬前往广东之海南，加载当地出产之山货
	七拾番高州船	高州	七月十日	闰九月廿八日	69	许斌官	洋中遭逢大风，船具损坏，七月十五日到普陀山寄船，修理船具
康熙三十九年（1700）	贰拾九番高州船	高州	五月廿八日	九月九日	36	林克礼	
	三拾贰番高州船	高州	六月四日	九月十四日	38	高允焕	
康熙四十年（1701）	三拾七番高州船	高州	五月十八日	七月廿三日	38	林克礼	六月廿五日到普陀山寄船，用事相调，七月二日自普陀山出帆

时间	船番号	出发地	出发时间	到达时间	搭乘人数	船头	备注
康熙四十年（1701）	四拾三番高州船	高州	六月二日	八月八日	47	林亦秦、张体吉	七月十五日到宁波停船，增添客货，廿二日，自宁波出帆
	六拾三番海南船	海南	六月八日	十月廿六日	60	钱君使	
康熙四十一年（1702）	六番宁波船	宁波	正月三日	二月五日	61	钱君使	我等之船，原海南船。去年十月到贵地，渡海时节迟滞，商卖难以完成，无奈返回，直接进入宁波停船
	四拾四番广东船	广东之城下	五月廿六日	六月十日	59	吴喜官	
康熙四十二年（1703）	五拾五番广东船	广东之城下	四月廿八日	五月廿四日	41	吴兴官	
	五拾七番广东船	广东城下	四月廿一日	五月廿七日	54	吴喜官	
康熙四十三年（1704）	三拾四番广东船	广东之城下	五月十六日	六月六日	46	吴兴官	
	三拾五番广东船	广东城下	五月十六日	六月六日	42	吴禄官	
康熙四十五年（1706）	五拾壹番广东船			六月二日			
	五拾贰番广东船			六月三日			
	九拾五番海南船	海南	五月十八日	七月廿三日	39	吴尔扬	
康熙四十六年（1707）	四拾七番广东船	广东	五月十三日	六月五日	66(1)	吴嘉欢	
	七拾三番海南船	海南	五月廿八日	七月十三日	59	郭初官	我等之船，自南京之上海兴贩广东之海南，购买当地土产，在海南胁凑停船，五月廿八日自彼地出帆，六月十五日到上海，又招徕客货

续表

时间	船番号	出发地	出发时间	到达时间	搭乘人数	船头	备注
康熙四十七年（1708）	六拾贰番广东船	广东城下	四月廿二日	五月十七日	62	吴嘉欢	
	六拾七番广东船	广东城下	四月廿八日	五月廿一日	75	李韬士	
	六拾九番广东船	广东	四月廿八日	五月廿一日	82	王定官	
	七拾番广东船	广东城下	四月廿八日	五月廿二日	75	黄攀官	
康熙四十九年（1710）	三拾番广东船	广东	五月晦日	六月廿七日	81	黄习官	
	三拾壹番广东船	广东城下	五月十八日	六月廿九日	74	吴嘉欢	
	四拾番广东船	广东城下	五月十八日	七月十九日	61	钟初官	
康熙五十年（1711）	三拾八番南京（海南）船	海南	五月十一日	六月九日	37	陈尔济	
	四拾四番广东船	广东之城下	五月廿二日	六月廿九日	63	李韬士	
	平户破船之广东船	广东	五月廿一日	七月	52	吴喜观	
	四拾九番海南船	海南	七月朔日	七月八日	43	董宜日	我等之船，去年十二月自宁波到海南，装载当地货物，五月到宁波
康熙五十二年（1713）	四番广东船	广州	五月十八日	闰五月	85(4)	吴文采、李韬士	送来日本人4人
	广东船	广州				鲍允谅	送来日本人6人

　　资料来源：《华夷变态》《享保时代の日中关系史料一》。表中"搭乘人数"一栏处"（　）"内数字表示搭乘的日本人或东南亚人人数。

　　由表3看出，康熙二十四年（1685）到二十六年（1687）广东商船赴日数量不是太多，广东商船赴日数量最多的是在康熙二十七年（1688）。在表中也可看到广东商船多在福建厦门、浙江普陀山等地停留。康熙三十年（1691）之后，广东商船赴日数量逐渐减少，而且商船也开始在江浙港口停留。康熙三十六年（1697）之后，赴日商船几乎全部在江浙口岸停泊。东南亚各港出发赴日商船不再在广东口岸停泊。

康熙二十四年（1685），广东商船赴日数量远远低于江浙商船，可能与清廷刚刚发布开海令，江浙口岸的地理优势显现出来有关。广东商船船主曾经报告说：

> 只要交纳税银，商船就可以自由出入各个港口。因此，商船能够自由出入南京、浙江两地，商人可以直接到当地购买土产和丝织物。因而到南京、浙江的船只就多。广东今年比去年船只少，是因为南京、浙江有各种丝织物，很多商人愿意到那里买货。远地如广东到那里购买就处于劣势，因此发出的船只就少。特别是从福州、泉州、漳州、厦门等地到南京、浙江，广东与之相比，由于路远，始终处于劣势。在上述四地之中，福州、厦门两地有来自东宁之鹿皮、砂糖，两地船只装上来自东宁的砂糖、鹿皮，再到浙江装载丝织物……装载鹿皮、砂糖的船只多数由地方官员派出。因此，福州、厦门两地派出的船只数量就非常多。①

明末，朝廷不准商人对日贸易，地理位置接近日本的江浙地区与日本不能直接贸易，必须转到闽粤港口出发。清廷迁海令的实施更使得江浙地区难以直接对日贸易，日方需要的丝织品等货物很多是通过陆路运到闽粤各地，赴日商人采购后运送到日本。开海之后，商船直接到江浙地区采购，距离日本较远的广东就处于不利的地位了。上述广东商船船主的报告反映了这一变化。康熙二十七年（1688）是中国商船赴日数量最多的年份，广东商船有32艘到达日本，像揭阳这样不太重要的港口也有商船赴日。由于中国商船数量太多，日本遂于当年（日本贞享四年）发布限制令，规定商船载货的数量，希望限制中国商船赴日。但是因为日本商人对中国货物的需求，限制令没有起到应有的效果。

广东商船逐渐在江浙港口停泊，康熙三十六年（1697）以后赴日商船大多在江浙的普陀山、宁波停泊，采购丝织品。这是受到产品产地的影响，这个时期日本方面对中国丝织品的需求非常大。广东地区的丝织品远远不能满足商人的需要。康熙三十八年（1699）之后，广东商船赴日数量减少，这是受到清廷办铜政策的影响，商船很多转往江浙口岸。康熙三十八年，内务府商人加入办铜行列。他们与江宁织造曹寅等人在苏州采购洋铜，使得商

① 《贰拾番广东船之唐人共申口》，《华夷变态》卷10，第476~478页。

人逐渐往江浙地区集中。①

广东四个港口赴日贸易情况也发生变化，一些港口逐渐没有商船赴日。

潮州。潮州在清初即有商船赴日，康熙二十三年之前陆续有商船出发赴日。康熙二十四年之后最多的时期一年有6艘商船赴日。但是随着中日双方贸易政策的变化，到康熙三十六年，潮州不再有商船赴日。②

海南。商船自海南赴日也是出现在清初。康熙二十三年之前也陆续有商船自海南出发赴日。商人中既有海南本地人，也有赴海南贸易的外地人。康熙三十八年之后，海南船中有一些福建、江浙一带的商人到海南贸易，采购赴日商品。

高州。高州在清初即有商船赴日。康熙二十三年之前陆续有商船出发赴日。康熙三十六年之后，有些赴日高州船在江浙港口增购丝织品。由于《华夷变态》记载不完整，康熙四十年之后，高州船没再出现。

广州。广州在《华夷变态》中记载为"广东之城下"。自清初以来，一直有商船出发赴日。

三　广东—东南亚—长崎三角贸易格局的变化

从上述表中可看出，在康熙开海令之前一直从事广东、东南亚、长崎三角贸易的东南亚各地商船，在康熙二十五年之后，不再到广东各港口停船，这一方面是受到清朝开海令的影响，在江浙一带更容易获得商品；另一方面更受到粤海关关税政策的影响。粤海关对于进出口岸的商船征收双重税：如康熙二十五年拾五番普陀山船，原是广东船，因为货物银额超过长崎的规定，只好将货物带回而在普陀山停船，没有回广东，是因为康熙二十四年夏天自广东口岸出口时已经缴纳税银，再回广东的话要重复缴纳一次税银，只好不回广东。③同年之五拾八番马六甲船因为日方的贸易新政策而不能交易，只好原船带货物回去，因为广东海关规定带货物入口岸必须缴纳税银，只好回马六甲。④同年七拾七番柬埔寨船报告说，二十四年夏天自广东出帆

① 焦鹏：《清初沿海贸易格局的演变与乍浦港之兴起》（未刊稿）。
② 相关分析见笔者的研究。焦鹏：《清初潮州的对日海上贸易》，《潮学研究》第13辑，汕头大学出版社，2006，第67~97页。
③ 《拾五番普陀山船之唐人共申口》，《华夷变态》卷11，第554~555页。
④ 《五拾八番马六甲船之唐人共申口》，《华夷变态》卷11，第590~591页。

到长崎贸易，不料在福建近海遭遇龙卷风，大部分船具损坏，无法前行。无奈，只好自广东外海回帆。因自广东出帆之时货物已经缴纳税银，再次带这些货物回港还得缴纳税银，因而无法回广东口岸，只好回到柬埔寨。① 同年之七拾九番普陀山船也在报告中说，因为广东新的缴纳税银之规定，无法招徕到客货，就没有回广东，而是在普陀山停船。② 八拾壹番广东船说因为新的规定，不能招徕到客货。③ 七拾八番广东船也称，新的规定使他们无法在广州招徕到客货。④ 从东南亚出发的商船本来是到广东口岸装载一些货物前往日本，结果在他们进入口岸之时，征收进口税，在他们出口岸之时再征收出口税，他们不愿意承担双重税额，所以，自康熙二十六年之后从东南亚出发的商船不再到广东各口岸停船。

四　康熙五十四年之后的广东商船

日本方面因为银、铜的大量外流，影响到国内的经济发展，遂于日本正德五年（清康熙五十四年，1715）发布贸易限制令（《正德新令》），限制中国商船赴日贸易。《正德新令》颁布之后，对于所谓赴日贸易的广东商船，笔者根据《华夷变态》和《唐船进港回棹录》相关记录，整理如下（见表4）。

表4　1715～1733年赴日广东商船

时间	船番号	出发地	出发时间	到达时间	船头	搭乘人数	备注
康熙五十四年（1715）	三番广东船			七月四日	吴喜观		
康熙五十五年（1716）	广东船	广东之城下	正月三日	二月廿三日	李韬士	46	二月五日在宁波外海寄碇。七日出发。无牌，不能交易
	三番广东船	广东之城下	六月二日	七月廿五日	吴喜观	59	我等之船，当年闰二月十七日自贵地归帆，四月四日到广东。出产之货物相调

① 《七拾七番柬埔寨船之唐人共申口》，《华夷变态》卷11，第613～614页。
② 《七拾九番普陀山船之唐人共申口》，《华夷变态》卷11，第614～615页。
③ 《八拾壹番广东船之唐人共申口》，《华夷变态》卷11，第617～618页。
④ 《七拾八番广东船之唐人共申口》，《华夷变态》卷11，第614页。

时间	船番号	出发地	出发时间	到达时间	船头	搭乘人数	备注
康熙五十六年 (1717)	壹番广东船	九山	七月廿九日	八月七日	陈祖官	46	我等之船，原自广南出帆。七月十三日到贵地，因无信牌，不能交易。……之后再次申请信牌，王上怜悯商等，给予广东牌，当年运载广东出产之货物。七月廿四日归帆。其时顺风，廿九日，到达普陀山之外海九山。广东出产之货物难以购买，宁波普陀山因大风难以过去，陈益娘船到九山，他是我的朋友。……陈益娘船上载有广东出产之药材，稍稍转卖于我等
	三番广东船	广东之城下	五月廿八日	八月十七日	李亦贤	47	七月十三日，到普陀山寄船。领取信牌
	七番广东船	宁波	八月四日	八月廿一日	陈启瀛	40	在当地装载广东出产之货物，是广东派出之船。八月七日，到普陀山寄船，九日自普陀山出船
	贰拾壹番广东船	广东	八月朔日	九月廿九日	鲍允谅	42	本船之财副徐舜佐，原是其商伙，因为商卖，先到广东，购买出产货物。八月七日，到普陀山寄船。徐舜佐知鲍允谅在宁波等待。由宁波运来稍稍货物，由鲍允谅为船头，十日自普陀山出船
	三拾番广东船	上海	十月三日	十月十二日	吴喜观	50	在上海，购买广东出产之货物
康熙五十七年 (1718)	拾四番广东船			三月十二日	吴廷珍、吴子云		
	拾八番广东船			六月六日	陈启瀛		
	贰拾六番广东船	宁波	八月朔日	九月五日	李亦贤	54	装载广东出产货物，八日到普陀山寄船，用事相调，十七日，自普陀山出帆

续表

时间	船番号	出发地	出发时间	到达时间	船头	搭乘人数	备注
康熙五十七年（1718）	三拾七番广东船	上海	十二月五日	十二月十二日	吴喜观	49	我等之船，去年自贵地完成商卖，六月十一日，自贵地出帆，前往广东，这时节恶风难以回广东，只好到南京之上海停船，在那里购买广东出产货物
	三拾九番广东船	上海	十二月朔日	十二月十七日	徐舜佐	49	我等之船，在南京之内上海购买广东出产之货物
康熙五十九年（1720）	壹番广东船	上海	去年十二月十五日	二月朔日	吴喜观	51	我等之船，去年七月廿二日自贵地归帆，前往广东，因风不顺，八月廿七日进入上海停船。在那里卖掉所载铜以及水产品等货，其后因购买广东出产之货物，派人陆续运送货物，在上海装载货物
	三番广东船	上海	正月十日	三月廿一日	李亦贤	49	我等之船，前年在贵地商卖完成，同年十二月廿四日归帆，其时节风不顺，无法前往广东，翌年正月七日到宁波停船。停船之时，向广东派遣人，购买出产货物，运回宁波，作为渡海之资本。去年七月十八日自宁波出帆，前往普陀山等候季风，八月十八日，自普陀山出帆
	拾壹番广东船	上海	六月六日	六月十八日	郭亨统	52	我等之船，去春在贵地完成商卖。十二月廿三日在贵地出帆，前往广东，在洋中遭遇逆风，无奈于正月进入南京之内上海停船，在当地卖掉所载货物
	贰拾六番广东船	上海	六月十八日	六月廿七日	施翼亭	44	我等之船，在南京之上海购买广东出产之货物

续表

时间	船番号	出发地	出发时间	到达时间	船头	搭乘人数	备注
康熙六十年（1721）	四番广东船	上海	三月十二日	四月十六日	王慕庵	38	我等之船，为南京之上海出帆之船。船头王慕庵，为四年以前拾八番广东船头陈启瀛船之财副。然而，去年二月与陈启瀛欲同往广南购买货物之时，由于风不顺，又是大船缘故无法前往。七月在上海停船。陈启瀛因事回归家乡潮州。其所领新加信牌转与王慕庵，更换所乘之船，十月，自上海出船，洋中遇逆风，折断帆柱，危机之时，舍弃货物，逐渐进入浙江温州，又更换船只
	十一番广东船			六月十六日	吴晋三		
	贰拾壹番广东船	宁波	六月廿八日	七月十六日	吴克修（吴光业）	48	
	贰拾五番广东船	厦门	二月廿八日	八月十三日	吴子云	51	我等之船，为去年到贵地之船。去年六月四日自广东出船，七月八日洋中遇风，折断帆柱，进入福建之厦门，更换帆柱、修理船只，因风不顺，难以出船，在当地停船
康熙六十一年（1722）	拾七番广东船	舟山	六月廿日	七月廿七日	郭亨（亨）统	52	我等之船，在浙江之舟山停船，遣人赴广东购置货物，自广东用船运载回舟山。廿五日，到普陀山寄船，用事相调，即日自普陀山出帆。洋中遇风不顺
	拾九番广东船			十二月二日	费元佐		
雍正元年（1723）	贰番广东船	广东	四月十八日	五月廿八日	李亦贤	47	五月十八日，到普陀山寄船，廿日，自普陀山出帆
	拾四番广东船	普陀山	六月廿六日	七月四日	吴晋三	54	我等之船，因为购买广东货物，去冬在普陀山停船，遣人赴广东，购买当地货物，运回普陀山
	贰拾八番广东船	上海	十一月廿五日	十二月十三日	郭亨统	44	

续表

时间	船番号	出发地	出发时间	到达时间	船头	搭乘人数	备注
雍正三年（1725）	十番广东船			五月十二日	郭利杰、陈长瀚		
	十二番广东船			五月廿八日	李亦保		
	拾三番广东船	宁波	四月廿九日	六月四日	费元佐	42	五月八日，到普陀山寄船待风。廿一日，出帆
	拾六番广东船	广东	六月十日	七月九日	郭亨统	52	
	二十二番广东船			十一月二日	黄瑞周、汪虞上		
	二十四番广东船			十一月七日	郭裕观（郭亨统）		
雍正四年（1726）	三番广东船			二月二十八日	李亦保		
	拾五番广东船			七月二十五日	郭亨统		
	三十三番广东船			十一月廿八日	朱允傅、李亦保		
	四拾贰番广东船	乍浦	十二月十日	十二月晦日	费元作（佐）	50	我等之船，在宁波之乍浦装载广东出产之货物。到普陀山寄船，十八日出船
雍正五年（1727）	七番广东船			二月九日	郭利磻		
	九番广东船	上海	二月十四日	三月十五日	黄瑞周	42	我等之船，在南京之上海装载广东出产之货物
	拾九番广东船	普陀山	六月十七日	六月廿日	李亦达	44	我等之船，在浙江之普陀山装载广东出产之货物
	廿六番广东船			七月十四日	郭利杰		
	三拾番广东船			九月十一日	郭利磻		
	三拾四番广东船			九月十八日	吴晋三		

续表

时间	船番号	出发地	出发时间	到达时间	船头	搭乘人数	备注
雍正六年（1728）	拾四番广东船			六月十三日	郭利杰		
	二拾番广东船			十一月廿五日	周歧兴、朱连城		
雍正七年（1729）	一番广东船			正月十三日	沈映发		
	二拾一番广东船			十一月四日	黄瑞周		
	二拾五番广东船			十一月十八日	李伯瑜		
	三拾番广东船			十二月十二日	郑（郭）利磻		
雍正八年（1730）	三拾四番广东船			十月廿二日	陈元璞、李允选		
	三拾六番广东船			十一月廿九日	邱永泰		
雍正九年（1731）	二番广东船			正月十一日	庄克弘		
	四番广东船			正月十三日	黄瑞周		
	三拾四番广东船			十一月廿六日	沈映发		
雍正十年（1732）	二十三番广东船			五月七日	陈伯周、许启宇		
	二十七番广东船			六月廿八日	李伯瑜、许伯兼		
	三十四番广东船			十一月廿六日	郭利磻、梅义选		
雍正十一年（1733）	二十六番广东船			十二月廿五日	龚恪中、龚起中		

根据表4，从广东港口出发的商船只有康熙五十四年的三番广东船、康熙五十五年的三番广东船、康熙五十六年的三番广东船和贰拾壹番广东船、雍正三年的拾六番广东船，其余大部分商船是自江浙一带的港口上海、宁波、乍浦等地出发的。商人在口述时特别强调在出发地购买广东出产之货物。这是因为《正德新令》规定商人必须按照信牌上规定的港口运载当地的货物到日本贸易，否则将永远不能再到日本贸易。[①] 商人如果回广东采购货物，时间上比较长，而且季节上有时不一定适合回程广东，所以商人才会报告说在江浙地区采购广东出产货物。这也是一个发展的过程，起初几年的广东船还是自广东出帆，之后，随着长崎方面没有处罚在江浙采购货物的广东商船，许多广东商船也就不再回广东采购货物，而是就近在江浙一带采购。从这个意义上说，康熙五十七年之后，所谓广东商船只是一种称谓，而不是指自广东出发，广东直接对日贸易基本结束了。

《正德新令》客观上使得广东与江浙一带的海上贸易有了进一步发展，一部分退出中日贸易的商人转而从事江浙一带与广东的海上贸易。因为有了市场的需求，拿到信牌的商人从事中日贸易，但是他们不愿意再耗费时日，远赴广东等地采购货物。而拿不到信牌被迫退出中日贸易的商人，则从广东等地采购货物到江浙口岸，满足赴日商人的需要。例如，康熙五十六年壹番广东船的报告就透露出一些信息，即船主回到普陀山，是他的朋友卖货给他，使得他能够再次赴日贸易。

康熙五十五年，清廷鉴于内务府商人办铜拖欠，已经严重影响到北京户、工二部铸钱，遂改变办铜政策，要求八省巡抚办铜。巡抚派官员带银两到江浙一带寻找有信牌的商人，给予其赴日办铜的本钱，这对于商人影响非常大。[②] 赴日商人很多是小本买卖，本钱较少，[③] 官员给商人提供赴日贸易的资金，使得商人愿意到江浙一带停船。广东商船也因此而改变贸易路线。

结　　论

广东自明末以来一直与日本有贸易往来，由于政府的政策，因而广东具

---

① 大庭脩编《享保时代の日中关系史料一》，关西大学出版部，1986，第108～109页。

② 焦鹏：《清初沿海贸易格局的演变与乍浦港之兴起》（未刊稿）。

③ 朱德兰：《清开海令后的中日长崎贸易与国内沿岸贸易（1684～1722）》，载张炎宪主编《中国海洋发展史论文集》（三），台湾"中研院"三民主义研究所，1988，第386～387页。

有一定的优势，赴日商船数量较多。清初颁布禁海令时，这种优势继续存在。而沿海官吏也利用海禁政策派船赴日贸易获利。开海之后，地理位置靠近日本的江浙地区的地理优势显现出来，广东商船则处于不利境地。日本的贞享令企图限制中国商船，但是没有起到相应的效果。由于日方对丝织品的需求，一些广东商船不得不到江浙口岸停靠。康熙三十八年清廷办铜政策的变化，使得许多广东商人转到江浙地区出发赴日，不再从广东各口岸出发，广东直接对日贸易中断。由此可以看出，讨论中日贸易，一定要考虑中日双方各自国内政策对贸易的影响。

Guangdong Trade with Japan in the Early Qing Dynasty

Jiao Peng

Abstract: Guangdong trade with Japan started in the middle period of Ming Dynasty. During the late Ming to the early Qing, Guangdong merchant ships began to increase, maintaining a large scale, due to the Japanese shogunate's encouragement. However, some merchants gradually began to choose Zhejiang ports to Japan for the impact of geographic and seasonal factors, specially for the foreign policy of the Qing and Japanese government. Until the late Kangxi, the trade of Guangdong merchants directly to Japan completely interrupted. The article thus explains that we should pay attention to the discussion of the impact of policies and systems in the Sion-Japanese trade.

Keywords: Guangdong Trade with Japan; the Early Qing Dynasty; Foreign Policy; Japanese Shogunate

（执行编辑：陈贤波）

海洋史研究（第六辑）

2014 年 3 月第 80~91 页

19 世纪初期美国商船的广州贸易

松浦章[*]

绪　言

18 世纪二三十年代，荷兰、法国、丹麦等欧洲国家所设立的东印度公司纷纷派遣船只前往亚洲，大约半个世纪之后，美国才派出商船航驶到中国。[①]

1775 年 7 月美国独立后，于 1784 年（清乾隆四十九年）派出第一艘开往中国广州进行贸易的商船。山茂召（Samuel Shaw）搭乘最早航驶至广州进行贸易的美国船，并将其航海经历记述于日记之中，云 "中国皇后"号（"The Empress of China"）于 1784 年 2 月 22 日从纽约扬帆入海，绕过好望角，穿行巽他海峡，经由澳门于 8 月 28 日晨抵达广州黄埔港。[②] 山茂召乃有教养之人士，曾效力于军队。该船所载货物主要为人参（由药用人参所制成的药品）。[③] "中国皇后"号吨位为 360 吨，船长为 John Green（1736~1796），于 8 月 28 日抵达广州，在广州停留四个月，于 12 月 27 日返航。其装载的货物计有棉花 316 担，销售额为白银 3160 两；铅 476 担，销售额白银 1904 两；胡椒 26 担，销售额白银 260 两；骆驼毛织物 1270 反（译者按："反"为古时布匹计量单位），销售额白银 45720 两；毛皮制品 2600 反，销售额白银 5000 两；人参 473 担，销售额白银 80410 两，总计白

---

[*]　作者系日本关西大学亚洲文化研究中心主任、文学部教授，译者林敏容系关西大学大学院博士生。

[①]　豊原治郎：《アメリカ商品流通史论》，东京：未来社，1971。

[②]　Josiah Quincy ed., *The Journals of Major Smuel Shaw*, *First Voyage to Canton*, p. 133, p. 163.

[③]　Kenneth Scott Latourette, *The History of Early Relations between The United States and China*, *1784 – 1844*, Yale U. P., 1917, Reprinted 1964, pp. 14 – 15.

银 136454 两。① 人参约占总销售额的 59%。

"中国皇后"号于广州购入的商品有红茶 2460 担，值白银 49240 两；绿茶 562 担，值白银 16860 两；南京棉布 24 担（864 反），值白银 362 两；瓷器 962 担，值白银 2500 两；丝织物 490 反，值白银 2500 两；肉桂 21 担，值白银 305 两，合计白银 71767 两。② 贸易总额中红茶占 68.61%，绿茶占 23.49%，中国茶叶总计占 92.1%。在这期间，美国与英国皆对购入中国茶叶抱有强烈的兴趣，茶叶在美国从中国购入的商品中占有较大比重。

一 1804～1819 年美国商船的广州贸易

关于 19 世纪初期从美国开往广州的商船数量，英国档案《上议院特别选举委员会 1820～1821 年东印度公司中国贸易报告暨备忘录》的附录（F）有详细记录。该附录包含 1804～1819 年驶抵广州海港的美国商船，以及在广州结束贸易后返航的美国商船的数量、总吨数、贸易额及主要货物目录。③

美国商船带到广州的货物主要有人参、海獭皮、海豹皮、河狸皮、檀木，其中海獭、河狸、海豹的毛皮占极大比重。这类皮货主要供给中国中北部地区的居民作为御寒用品。美国的人参在中国被称为"洋人参"或"洋参"，其中有一部分亦被携入日本。

美国商船在与广州的贸易中主要购入"武夷、功夫、小种、白毫、熙春骨、熙春、雨前、珠茶"等各种茶叶，此外还购入南京棉布，由此可见中国棉布之重要性。以下表 1、图 1、图 2 所示，为 1804～1819 年美国商船赴广州贸易之情况。

---

① H. B. Morse, *The Chronicles of the East India Company Trading to China*, *1635 – 1834*, Vol. Ⅱ, p. 95.

② H. B. Morse, *The Chronicles of the East India Company Trading to China*, *1635 – 1834*, Vol. Ⅱ, p. 95.

③ Report〔Relative to the Trade with the East Indies and China,〕from the Select Committee of the House of Lords, appointed to inquire into the means of extending and securing the Foreign Trade of the Country, and to report to the House; together with the Minutes of Evidence taken in Sessions 1820 and 1821, before the said Committee: — 11 April 1821, pp. 314 – 315. 上议院特别选举委员会负责大英帝国外贸推广与安全事务，并向上议院汇报。

表 1　1804～1819 年美国商船赴广州贸易情况

时间	船只数量	总吨位（吨）	价值（美元）	总量	
				进口	出口
1804～1805	34	10159	2902000	3555818	3842000
1805～1806	42	12480	4176000	5326358	5127000
1806～1807	37	11268	2895000	3877362	4294000
1807～1808	33	8803	3032000	3940090	3476000
1808～1809	8	2215	70000	479850	808000
1809～1810	37	12512	4723000	5744600	5715000
1810～1811	16	4748	2330000	2898800	2973000
1811～1812	25	7406	1875000	3132810	2771000
1812～1813	8	1816	616000	1453000	620000
1813～1814 1814～1815	9	2854	原档案缺	45150	57200
1815～1816	30	10208	1922000	2527500	4220000
1816～1817	38	13096	4545000	5609600	5703000
1817～1818	39	14325	5601000	7076823	6777000
1818～1819	46	16022	7414000	10017151	9041755

资料来源：Report［Relative to the Trade with the East Indies and China,］from the Select Committee of the House of Lords, appointed to inquire into the means of extending and securing the Foreign Trade of the Country, and to report to the House; together with the Minutes of Evidence taken in Sessions 1820 and 1821, before the said Committee: — 11 April 1821, pp. 314 – 315。

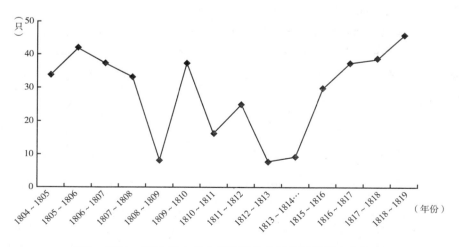

图 1　1804～1819 年末赴广州贸易的美国船舶数量变化情况

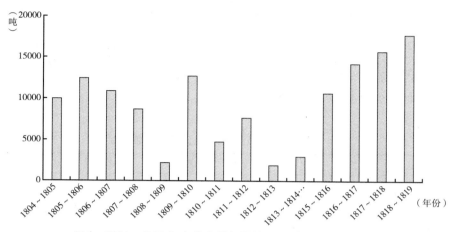

图 2　1804~1819 年末赴广州贸易的美国船舶吨位变动情况

在这时期的广州贸易中，英国东印度公司素以拥有最多的船只为傲。印度与中国之间的贸易船只从东印度公司获得贸易许可者，一般被称为港脚贸易（Country trade）。美国意图以增加海船数量的方式，打破英国船舶垄断的局面。有关美国船对英国构成威胁的情况，英国议会的调查报告中有记录。1804~1819 年，航抵广州的美国船只数量于 1807~1808 年、1813~1814 年剧减。前者为法国拿破仑一世（Napoleon I）于 1806 年颁布《柏林敕令》，宣布大陆封锁政策（Blocus continental），企图打击并进而影响英国经济的时期；后者则为美英战争（1812~1814）时期。在拿破仑与英国的战争中，英国大肆进行海上封锁，导致英国与美国之间也爆发了战争，即美国历史上的第二次独立战争。这两个时期，美国来航广州的船只数量锐减，其后则有所增加。

二　1818 年美国商船来航广州

关于这一时期美国商船从美国出发的港口，亦可从《上议院特别选举委员会 1820~1821 年东印度公司中国贸易报告暨备忘录》① 的相关记录得知。

此报告中记载有 1818 年曾停靠于南非好望角的 214 艘美国船只名称。

---

① 　Report［Relative to the Trade with the East Indies and China,］from the Select Committee of the House of Lords, appointed to inquire into the means of extending and securing the Foreign Trade of the Country, and to report to the House; together with the Minutes of Evidence taken in Sessions 1820 and 1821, before the said Committee: — 11 April 1821, pp. 88 – 91.

海船有 Ship 与 Brig 两种：Ship 系三桅横帆帆船，Brig 为两桅横帆、纵帆并用帆船。这里的 214 艘美国帆船由何地出港、预定开赴何地等具体情况，见表 2 至表 5 所示。1818 年，美国商船出航的地点波士顿、塞勒姆、费城、纽约等均位于美国东北部沿海地区，由上述海港出航的船只数量占美国船只总数的 88.8%（见表 2）。

表 2　1818 年停泊好望角的美国商船出航海港

出帆港	只数（只）	比率（%）	出帆港	只数（只）	比率（%）
波士顿	98	45.8	纽约	16	7.5
塞勒姆	39	18.2	合　计	190	88.8
费城	37	17.2			

从美国商船与亚洲贸易的整体情况来看，1818 年前往加尔各答、孟买、印度西北海岸进行贸易的船只约占总量的 32.7%。另外，荷兰占领下的印度尼西亚的爪哇岛上的巴达维亚亦为美国商船前往贸易的地区（见表 3）。巴达维亚虽在海上贸易与英国对抗，但与美国船并无抗争之关系。

表 3　1818 年停泊好望角的美国商船预定目的地

目的地	只数（只）	比率（%）	目的地	只数（只）	比率（%）
加尔各答	47	22.0	印度西北海岸	15	7.0
巴达维亚	35	16.4	孟买	8	3.7
广州	30	14.0	合　计	135	63.1

据表 3，可知 1818 年有 30 艘美国商船预定赴中国广州进行贸易（见表 4）。

表 4　1818 年停泊好望角的预定来航广州之美国船舶一览

番号	船式	船名	出港名	船长名	目的地	备注:企业主等
12		Elizabeth	Boston	Bessom	Canton	Returned, going to India
19		Paragon	Boston	Wilds	Canton	Gone into the Liverpool Trade
20		Augusta	Boston	Pearson M'Nell	Canton	Perkins & Co.
46	Ship	Canton	Boston	Hinckley	Canton	B. Ritch and Wothers

续表

番号	船式	船名	出港名	船长名	目的地	备注:企业主等
50	Ship	Midas	Salem	Cudrist	Canton	P. Dodge
57	Barque	Flying Fish	Boston	Fitch	Canton	J. Wood and Wothers
69	Brig	Vancouver	Boston	Bacon	Canton	T. Lyman, heavy Ship
77	Brig	Bocca Tigress	Boston	Cununt	Canton	Bryant and Sturges
81	Ship	William and John	New York	Brevert	Canton	
98	Brig	Senncia	New York	Clak	Canton	I. I. Actor
103	Ship	Cordelia	Boston	Magie	Canton	I. and I. H. Perkins
105	Brig	Sphinx	Alexandria	Page	Canton	
106	Ship	China Packet	Philadelphia	Hewitt	Canton	
111	Ship	Clothier	Philadelphia	Phillips	Canton	
117	Ship	Benjiamin Rush	Philadelphia		Canton	
118	Ship	Huntress	New York	Mather	Canton	
120	Ship	Hope	Philadelphia	Gardner	Canton	
124	Ship	London Trader	Philadelphia	Sheave	Canton	
125	Ship	Leverpool Packet	Boston	Morgan	Canton	T. Lyman
138	Ship	Thomas Scuttingon	Philadelphia		Canton	
139	Ship	Phoenix	Philadelphia	M'Gibbon	Canton	
140	Ship	Geoge nad Abbott	Philadelphia	Donaldson	Canton	
141	Ship	Pacific	Philadelphia	Sharpe	Canton	
142	Ship	Neptune	Philadelphia	Fisher	Canton	
166	Brig	Rosolie	Philadelphia	Merry	Canton	
173	Brig	America	New York	Vebbutt	Canton	
11		Levant	Boston	Cary	Chili and Canton	Perkins & Co.
104	Ship	Orizimbo	Philadelphia		Liverpool & Canton	
112	Ship	High Flyer	Philadelphia	Hawley	N. W. L. Canton	
143	Ship	Augustus	Philadelphia	Oliver	N. W. C. & Canton	

　　表 4 中的 30 艘来航广州进行贸易的美国商船出航港有费城、波士顿、纽约等 5 个港口（见表 5）。

　　从美国前往广州进行贸易的商船近半数来自费城。就 200 余艘美国船之总数而言，14 艘并不多，然而限于广州贸易来讲数量已是最高。因此，费城的亚洲贸易对广州贸易而言具有特别重要的意义。

表5 1818年预定来航广州的美国商船出航港

出航港	只数(只)	比率(%)	出航港	只数(只)	比率(%)
费 城	14	46.7	塞勒姆	1	3.3
波士顿	10	33.4	亚历山大港	1	3.3
纽 约	4	13.3	合 计	30	100

美国商船来华贸易增多，引起英国东印度公司的关注。1820年英国议会传讯了 Daniel Beal，就18世纪末美国商船赴广州贸易一事质询。对于"议长质问 Beal 现在是否在为东印度公司工作"①，Beal 答复如下：

我于1789年离开中国，其后不再为东印度公司工作，只偶尔受居中国之友人请托，作无偿代理人而已。②

议长询问 Beal 常驻广州之时所见美国与广州贸易的状况时，Beal 的回答如下：

1788年有3或4位美国人到访过中国。同年，还有美国船亚历昂斯（Alliance）号到访过。此船前为巡防舰，此时已改造为商船，为费城的维林·摩里斯（Willing Morris）所有。此船从新荷兰（New Holland）驶向中国，从离开费城直至航抵广州一港全程无停泊。我发现，中国与美国的贸易于20年战争期间仍有所增长。所谓"20年战争"是拿破仑为压制法国大革命末期之纷乱，于1796~1815年展开的对欧洲各国的侵略战争。美国向中国所求乃为满足本国消费之物，因此输入了中国出产的所有种类的茶叶、南京棉布、各种丝绸和丝织品、中药、陶瓷器等。③

---

① Report [Relative to the Trade with the East Indies and China,] from the Select Committee of the House of Lords, appointed to inquire into the means of extending and securing the Foreign Trade of the Country, and to report to the House; together with the Minutes of Evidence taken in Sessions 1820 and 1821, before the said Committee: — 11 April 1821. p. 122.

② Ibid, p. 122.

③ Report [Relative to the Trade with the East Indies and China,] from the Select Committee of the House of Lords, appointed to inquire into the means of extending and securing the Foreign Trade of the Country, and to report to the House; together with the Minutes of Evidence taken in Sessions 1820 and 1821, before the said Committee: — 11 April 1821, p. 122.

美国商船赴广州贸易急速增加一事，中国官方也有所觉察。两广总督福康安等于乾隆五十六年（1791）二月十五日的奏折中，有如下清单：

> 嘆咭唎国进口公司船十九只，港脚船三十七只，咪唎喠国进口船十四只，加贺兰国进口船五只，嗹国进口船一只，嘪咹西进口船一只，以上七十七船系五十四年九月二十五日满关。①

上述有英国东印度公司船 19 艘、英国东印度公司支配下从事印度与中国间地方贸易的港脚船 37 艘、美国船 14 艘、荷兰船 5 艘、丹麦船 1 艘、法国船 1 艘，合计 77 艘。英国东印度公司船占 24.7%，英国港脚船占 48.1%，美国船占 18.2%，以上三种船舶所占比例超过 90%。

嘉庆十九年（1814）十月十九日两广总督蒋攸铦的奏折，载有文字如下：

> 查贸易各国，有嘪咹西、荷兰、吕宋、咪唎喠、嘆咭唎、嘶啵哑、喘国、嗹国等处货船每年多寡不济，自嘉庆七年以后，各国船只稀少，惟嘆咭唎国祖家船、港脚船、咪唎喠国船为多。此外只吕宋国间有船一、二只来粤，近闻嘆咭唎与咪唎喠彼此构衅。②

以上来航广州的计有法国、荷兰、吕宋、美国、英国等国的贸易船，嘉庆十九年来航的贸易船只，以英国东印度公司海船和英国东印度公司支配下的地方贸易船，以及美国船为主。其他诸国海船来航者一年不超过 1~2 艘。值得一提的是，英国东印度公司海船与美国船只之间存在对抗。

嘉庆二十二年（1817）六月六日两广总督蒋攸铦之奏折，有如下记载：

> 近来贸易夷船，除嘆咭唎之外，凡吕宋、贺兰、喘国等船，或一年来二、三只，或间岁不来。惟咪唎喠货船较多，亦最为恭顺。该夷并无国主，止有头人，系部落中公举数人，拈阄轮充，四年一换。贸易事

① 中国第一历史档案馆编《清宫粤港澳商贸档案全集》第 6 册，中国书店，2002，第 3057~3058 页。
② 《清代外交史料》（嘉庆朝）第四册，卷 22 丁表，台北：成文出版社，1968。

务，任听各人自行出本经营，亦非头人主持差派。①

如上所载，除英国船来航广州从事贸易之外，尚有一年只来 2～3 艘的吕宋船、荷兰船、瑞典船。美国人持礼恭顺，并无国主，只有"头人"（即"大统领"），每四年以选举方式产生，贸易皆由商人自主经营，其经营方式不同于英国东印度公司的会社组织。

至于美国商船输入广州的货物，英国议会文书之 1817～1818 年的买卖记录中有记载（见表6）。

表6　1817～1818 年 45 艘美国商船输入广州的货品

货物名称	数量	价值
海獭皮	5200 张	
干毛皮	49290 张	
獭皮	10390 张	
兔皮	7000 张	
海狸皮	16400 张	
狐皮	450 张	
貂皮	780 张	
麝鼠皮	8300 张	
Guesang	1601 张	
水银	4100 担	
鸦片	448 担	
铅	16314 担	
铁	5847 担	
铜	3174 担	
钢	430 担	
槟榔	10427 担	
胡椒	4400 担	
乌木	760 担	
蜡	170 担	
檀香	14279 担	
总计		7671609 美元①

资料来源：Report［Relative to the Trade with the East Indies and China,］from the Select Committee of the House of Lords, appointed to inquire into the means of extending and securing the Foreign Trade of the Country, and to report to the House; together with the Minutes of Evidence taken in Sessions 1820 and 1821, before the said Committee:—11 April 1821, p. 410。

①　《清代外交史料》（嘉庆朝）第四册，台北：成文出版社，1968，第684页。

美国商船输入中国的货物以来自北美洲的动物毛皮居多。其回航时从广州采购大量货物（见表 7）。

表 7　1817～1818 年美国商船从广州购入的货品

货物名称	数量	价值
各种茶	138794 箱	
朱砂	332 担	
糖	12917 担	
冰糖	600 担	
樟脑	14 担	
生丝	240 担	
丝织品	576 担	
Gallanjac	305 担	
大黄	380 担	
土茯苓	41 担	
藤黄	40 担	
南京棉布	1469000 担	
丝绸	201536 担	
肉桂	2741 担	
瓷器	13704 担	
总计		7431780 美元

资料来源：Ibid，p. 410。

以上为 1817～1818 年 45 艘美国商船在广州贸易的总体情况。美国从广州购入的货品中，中国茶叶数量最大，总额为 138794 箱，平均每艘船购入3084 箱茶叶。

1819 年，美国商船从广州购入大量的茶叶（见表 8）。

表 8　1819 年美国商船从广州购入的茶叶

种类	数量	价值
Bohea	376294 磅	45155. 28 美元
Souchong	963257 磅	240814. 25 美元
Hyson Skin	1524372 磅	426824. 16 美元
Hyson and Young Hyson	1713623 磅	685449. 20 美元
Imperial	266368 磅	1531426. 89 美元

资料来源：Report［Relative to the Trade with the East Indies and China，］from the Select Committee of the House of Lords，appointed to inquire into the means of extending and securing the Foreign Trade of the Country，and to report to the House；together with the Minutes of Evidence taken in Sessions 1820 and 1821，before the said Committee：— 11 April 1821，p. 410。

Bohea 为福建武夷茶，Souchong 为小种，两者皆为半发酵茶。Hyson 为熙春，Young Hyson 为雨前，这类茶乃于二十四节气之谷雨（亦是农历三月上旬之清明过后的次一节气）前采摘加工制成；Imperial 即一般所称的大珠，这些皆系绿茶。英国人嗜好红茶，而美洲大陆人则偏好绿茶。

在输入美国的中国茶叶中，数量最多的是绿茶中的熙春与雨前。民国《歙县志》记载：

> 其贸诸国外者，曰红茶，曰绿茶。吾邑惟产绿茶，其品目缘制法而分，有虾目、麻珠、宝珠、圆珠、镏珠、珍眉、凤眉、蛾眉、芽雨、针眉、蕊眉、乌龙、熙春、副熙十四品。其实皆一叶之所制也，拣之、筛之、火之、扇之，竭极人工，而制法始备。熙春、副熙乃其麤者，亦茶之大宗，运销俄国，几踰全额之半。珠则状其圆，眉则言其细，虾目圆中之最者。珍眉之上者，别名抽心珍眉，皆类中重品，与各品畅销德意志、摩洛哥、花旗、巴尔干、土尔其及其它等国。光绪中，出口称盛，产亦递增，迨今统计全邑岁产近五万担，东一万担有奇，南三万担有奇，北近万担，西亦数十担云。①

可见，歙县所生产的绿茶有 14 种之多，熙春为大宗外销绿茶。

19 世纪 20 年代，从事广州贸易的美国商船数量增加很快，并对英国东印度公司构成威胁。这些美国商船的出港地，主要以美国东北部沿海海港城市为主。1800 年 6 月到 1802 年 6 月前来广州贸易的美国商船有 25 艘，其中 8 艘来自波士顿，7 艘来自费城，3 艘来自纽约，②三港来广州贸易的商船占美国总船数的 72%。1801 年 6 月至 1802 年 6 月，33 艘美国商船之中，13 艘来自波士顿，9 艘来自费城，4 艘来自纽约③，三港船数占总船数的 78.8%。1818 年，美国东北部沿海的波士顿、纽约、费城三港是美国商船对中国贸易的主要港口。其中，前往广州贸易的美国商船有近半数来自费城，因此，费城的亚洲贸易对广州贸易而言具有特别重要的意义。

---

① 石国柱主修《歙县志》卷三，《食货志·物产·货属·茶》，《中国地方志集成·安徽府县志辑》，江苏古籍出版社，1998。
② Lawrence H. Leder, American Trade to China, 1800－1802, Some Statistical Notes, *The American Neptune*, Vol. 23, No. 3, July 1963, p. 216.
③ Ibid, pp. 216－217.

The American Merchant Ships Traded at Canton in the Early Nineteenth Century

MATSUURA Akira

Abstract: The British East India Company had long been an overwhelming share of the Canton trade in the Qing Dynasty. Only 1 or 2 commercial vessels came from other European countries for a long time. But American merchants independent from the British expressed their concerns after the second half of the 18th century. Till the dawn of 1784, the first merchant ship was sent from New York to Canton. Since then, the United States gradually played an important role in the Canton trade and became a hostile competitor of the British in the early 19th century. Especially in 1817 −1818, 45 American ships came to Canton for trade. Both of their records have been found in the British Parliament.

This article is based on the records, and subjects to discuss the American merchant ships in Canton trade in the early 19th century.

Keywords: British Parliament Instrument; British East India Company; American Merchant Ships; Canton Trade

（执行编辑：王一娜）

海洋史研究（第六辑）
2014 年 3 月第 92～121 页

清初广东迁界、展界与海岛管治

王　潞*

　　广东素有"倚海谋生"的传统，清初从迁界到展界，从迁民虚岛到招民垦种，海岛如何被纳入王朝统治，这个过程又是如何同此时朝廷对沿海人群、海疆防御、地方治理等历史进程相互交织的，对这些问题的探讨有助于深化理解清朝海洋政策变化和海上防御建立的过程。学界关于迁界问题。论著甚多，然多是立足于对大陆的论述和迁界带来的影响等层面，对此时期海岛发展轨迹特别是朝廷政策演变迄今缺乏清晰梳理。① 本文试图将广东海岛置于清初对沿海地

---

　*　作者系广东省社会科学院广东海洋史研究中心助理研究员。

　　本文蒙本中心李庆新研究员、徐素琴研究员、周鑫博士提供宝贵意见，谨致谢忱。

　　本文系广东省打造"理论粤军"2013 年度重点基础理论招标研究课题"16～18 世纪广东濒海地区开发与海上交通研究"之阶段性成果。

①　迁界问题研究可参见谢国桢《清初东南沿海迁界考》、《清初东南沿海迁界补考》，载《明清之际党社运动考》，上海书店出版社，1982；〔日〕浦廉一：《清初迁界令考》，赖永祥译，《台湾文献》第六卷，1955 年第 4 期；汪敬虞：《论清代前期的禁海闭关》，《中国社会经济史研究》1983 年第 2 期；郑德华：《清初广东沿海迁徙及其对社会的影响》，《九州学刊》第 2 卷，1988 年第 4 期；郑德华：《清初迁海时期澳门考略（1611～1683）》，《学术研究》1988 年第 4 期；顾诚：《清初的迁海》，《北京师范大学学报》1983 年第 3 期；李德超：《清初迁界及其时之港澳社会蠡测》，黄璋编《明清史研究论文集》，香港：珠海书院，1984；麦应荣：《广州五县迁海事略》，《广东文物》卷 6，上海书店出版社，1990；马楚坚：《有关清初迁海的问题——以广东为例》，《明清边政与治乱》，天津人民出版社，1994；李东珠：《清初广东"迁海"的经过及其对社会经济的影响——清初广东"迁海"考实》，《中国社会经济史研究》1995 年第 1 期；韦庆远：《论康熙时期从禁海到开海的政策演变》，《中国人民大学学报》1989 年第 3 期；韦庆远：《有关清初的禁海和迁界的若干问题》，《明清论丛》第三辑，2002；刘正刚：《清初广东海洋经济》，《暨南学报（哲学社会科学版）》1999 年第 5 期；陈春声：《从倭乱到迁海——明末清初潮州地方动乱与乡村社会变迁》，《明清论丛》第二辑，2001；鲍炜：《迁界与明清之际广东地方社会》，中山大学 2005 年博士学位论文。

区及海岛的争夺与控制背景下，围绕海岛管理的措置之方与海岛开发实态，及其对沿海海防政策、海防措施的影响，作初步探讨，错谬之处，尚祈方家指正。

一　清初迁界与海岛乱象

清廷在与南明诸政权争夺东南沿海的过程中，采取禁海与招抚并举的策略。顺治四年，清军攻克广州，颁令招抚濒海民众，"广东近海凡系飘洋私船，照旧严禁，至巨寇并罪逃之人，窟穴其中，勾引剽掠，虽从前犯有过恶，如能悔过投诚，概免其罪，即伪官逆将、寄命海上者，果能真心来投，亦开其自新之路"①。但是招抚效果不大，沿海地区频有"不甘剃发"之人遁逃山海，举旗抗清。

只要严控民众的出海通道，就能使这些"岛上穷寇如婴儿断乳，立刻饿毙矣"②；"若无奸民交通商贩潜为资助，则逆贼坐困可待"③，这种认识在清廷朝野中影响很大。顺治十三年，敕谕浙江、福建、广东、江南、山东、天津各省督抚"严禁商民船只私自出海"，"地方保甲通同容隐，不行举首，皆论死"④。海禁进而演变为影响深远的迁界，顺治十八年八月十三日令，"将山东、江、浙、闽、广滨海人民尽迁入内地，设界防守，片板不许下水，粒货不许越疆"⑤。"自是上至山东，下至广东，所有各省沿海三十里居民，尽迁内地居住，并禁渔舟商舶入海，发兵戍守，犯令者罪至死"⑥。对船只下海和在海岛盖房种地的禁令使得一切赴岛开发活动皆遭禁止，"官员兵民不许出界贸易并在迁移海岛盖房种地，违者该管文武各官俱革职，从重治罪"⑦。

此时，江浙沿海形势大体已定，永历政权、台湾郑氏与清军在闽粤沿海展开激烈争夺，故这种坚壁清野的对敌方针实际上重点针对这两个沿海

---

① 《清世祖实录》卷33，顺治四年七月甲子条。
② 王沄：《漫游纪略》，江苏广陵古籍刻印社，1995。
③ 《严禁通海敕谕》，顺治十八年十二月十八日，《明清史料》丁编第3本，第257页。
④ 《申严海禁敕谕》，顺治十三年六月十六日，《明清史料》丁编第2本，第155页。
⑤ 夏琳：《海纪辑要》卷1，《台湾文献史料丛刊》第六辑，台湾大通书局、人民日报出版社，2009，第29页。
⑥ 余宗信编《明延平王台湾海国纪》，上海商务印书馆，1937，第73页；林绳武：《海滨大事记》，《台湾文献史料丛刊》第7辑，第28页。
⑦ 《大清会典》（康熙朝）卷99，"兵部职方司·海禁"，台北：文海出版社，1995，第4981页。

省份，"迁闽粤边海村落尽行调迁内地，其沿海一带岛屿居民悉成丘墟"①。对于福建，迁界不如理解为破坏台湾郑氏占领区的行动。顺治十八年八月，户部尚书苏纳海被派至闽省落实迁海，"村社田宅，悉皆焚弃"，沿海民众听闻多逃至海上②，苏纳海回京后，闽省厦门、铜山、金门、澎湖诸岛及附近海域、南澳又被郑氏控制。特别是在康熙十二年后，三藩叛清，郑经赴厦门、泉州沿海一带希图进取，一度攻占铜山、金门、厦门等地。自康熙十七年，清军逐渐攻占闽台海上岛屿，并留民戍军驻守海岛，从而作为平定台湾的海上据点。故而，在平定台湾以前，清朝并未真正在福建海岛实施迁界，有关清初闽省诸岛的形势不属于本文探讨内容，在此不作论述。

广东省内陆地区虽于顺治十三年前后基本平定，但大批反清复明武装聚集于粤西，受永历政权领导，并时常同郑氏遥相呼应。永历帝于康熙元年被害后，南明军队继续以粤西濒海岛屿为据点进行抗清活动，故此，清廷对于广东省的迁界尤为重视。迁界令下达后，清廷派两名官员赴粤省"立界"，"（康熙元年）岁壬寅二月，忽有迁民之令。满洲科尔坤、介山二大人者亲行边徼，令滨海民悉徙内地五十里"③。至迟在四月，迁界钦差已至粤西，④ 由粤西向粤东依次进行勘界。除中央专派官员外，平南王尚可喜、两广总督李栖凤等地方官员对广东勘界的具体施行有过重要影响⑤。

康熙二年至五年间，广东继续推行迁界，挖深沟以区别内外，"诸臣奉命迁海者，江浙稍宽，闽为重，粤尤甚。大较以去海远近为度，初立界尤以为近也，再远之，又再远之，凡三迁而界始定"⑥。续迁主要是针对康熙元年未曾内迁的近海地区："初康熙元年，以海氛不靖，徙濒海居民于内地。

① （福建巡抚）周学健：《奏为闽省竿塘等海岛农田渔利裨益贫民亟请一体弛禁垦辟事》，朱批奏折，档号：04 - 01 - 01 - 0134 - 009，缩微号：04 - 01 - 01 - 021 - 0052，乾隆十一年十二月二十六日。
② 陈舜系：《乱离见闻录》，《明史资料丛刊》第 3 辑，江苏人民出版社，1983，第 47 页。另据撰人不详《清初海疆图说》载，顺治十八年前后"耿氏开藩福建，海禁弛，乃招徕客民，漳、泉、惠、潮习水者趋海利，泛海寄居也"。《台湾文献史料丛刊》第 9 辑，第 119 ~ 120 页。
③ 屈大均：《广东新语》卷 2《地语》，中华书局，1985，第 57 页。
④ 陈舜系：《乱离见闻录》，《明史资料丛刊》第 3 辑，第 264 页。
⑤ 尹源进：《元功垂范》，中华书局，1985，第 57 页。
⑥ 王沄：《漫游纪略》卷 3。

三年，复以迁民窃出鱼盐，恐其仍通海舶，乃再徙近海居民。"① 也有海岛经历了这两次内迁，据康熙二十年阳江县令周玉衡所修《阳江县志》卷3《事纪》载："康熙元年壬寅……令凡海岛居民尽徙内地，阳江则迁海陵、丰头等处"，康熙三年"自海陵迁三十里，撤庐毁田，挑濠为界"②。从七府沿海地方志记载看，广东省各地迁界里数与迁界时间皆有差别，甚至在粤东澄海一带，至康熙五年全县皆被内迁③，但对沿海岛屿的迁界在康熙元年第一次迁界时已基本完成（见表1）。

表1　清初迁界时期广东弃守的海岛

名　称	岛屿大小	聚　落	居民及田土	备　注
牙山				（钦）州治东南90里海中
龙门				去州治50里
涠洲	周70里（或曰百里）	8村	人多田少，皆以贾海为生	去遂溪西南海程可200里
蛇洋洲	周40里			
邵洲			民多邵姓（似久废）	在海康西南110里海中
卵洲				在海西南海中。鸟多伏卵于上，船过或取卵，其鸟千万，飞随10里始返
新芀岛	长30余里，广5里	7~8处	300余	近岸狭处可1里
东海岛	长70里，广10里（或30里）	29	居民稠密	与遂溪县治隔海仅若一河
东头山		13		东海之傍岛
硇洲	长70里，广10里	4		出限门150里
南山渡	长30里，广7~8里			硇洲西北5~6里
海陵岛	长80里，广40里	村30余处，都2		自北津寨渡海30里
上川山	长25里，广20里	6（属海晏都）	有猺人居之，猺官主其征税	广海卫南海程50里

---

① 汪永瑞纂修《新修广州府志》卷4《事迹》，康熙十二年修，《广东历代方志集成》，第35页。
② 周玉衡：《阳江县志》卷1《疆域》，康熙二十年刻本，《广东历代方志集成》，第98页。
③ 杨钟岳纂《潮州府志》卷5《兵事》，康熙二十三年刻本，第179页。

名　称	岛屿大小	聚　落	居民及田土	备　注
下川山	长 30 里,广 20 里	11（属海晏都）	新宁人居之	广海卫西南海程 60 里
五主岛	周 30 余里			广海卫东南海程 60 里
蜅洲岛	长 15 里,广 10 里			广海卫西南海程 70 里
厓门岛	高 42 丈,周 81 里	1（旧设沙村巡检司）		
沙尾	长 100 里,广 90 里			
北山岭				
旗藳澳	长 90 里,广 40 里			
九洲洋				九山,星列在澳门东北
高栏	长 45 里,广 35 里			在香山县西南海程 110 里
黄（旗）角	长 120 里,广 80 里			在香山县东北 80 里,属虎门汛
潭洲				
大横琴山	长 50 里,广 30 里			
小横琴山	长 30 里,广 20 余里	1		
黄粱都	长 100 里,广 80 里,周 400 里	24		由香山小河 50 里,至海崖,渡海 20 里,抵岛岸
三灶岛（属黄粱都）	长 70 里,广 50 里	13	腴田 300 顷	
三门海				在东莞县西南 60 里
虎头门寨（秀山）	纵 12 里,横 5 里,周 12 里			
海南栅	纵横各 8 里,周 35 里	17		
宁洲	纵 6 里,横 3 里,周 20 里	5		
南沙	纵 15 里,横 10 里,周 60 里	村名疑混入海南栅		
伶仃山				新安城南水程 20 里
大奚山	周 300 余里		以渔盐为生	新安东南水程 90 里
佛堂门	周 100 余里			新安东南水程 150 里

续表

名　称	岛屿大小	聚　落	居民及田土	备　注
捷胜所（土名石狮头）		施工寮诸村	税 2 顷有奇	县南 80 里
梅陇（土名燕洲）		3 个以上	税 13 顷有奇	蚊寮、新围、王公等村
下马头（土名南湖）		4	税 2 顷有奇	去县 50 里，有城，周 1 里，有东坑门、鸟岸、汕头、浪涌诸村
东海岛（土名疍家宫）		坭坦、浩洋诸村	税 2 顷有奇	
鸟瞰（土名深田湖）		沙墩诸村	税 3 顷有奇	
三洲湖东港		湖东、海仔诸村	税 2 顷有奇	
深澳			税 1 顷以上	甲子门东
达濠埠		15	税 87 顷	在潮阳、澄海之间，西与潮阳之招宁巡检司招收场诸境相连，只隔一河。有赤岗寨、青林寨、下尾寨诸村
南澳	300 里		田土饶沃	离岸 4 里

资料来源：杜臻：《粤闽巡视纪略》卷 3，文海出版社。

从表 1 可知，迁界主要在粤省广州、惠州、潮州、肇庆、高州、雷州、廉州濒海七府二十七州县进行，其中包括各府所属海岛。粤省自东向西主要海岛有：潮州府南澳岛，与福建接界，附近有列屿、大小莱芜、广澳、赤澳等岛屿。广州府东莞、香山、新宁、新会等县，位于珠江口出海口，河汉环绕，洲岛密集，村落相望，各沙洲外围的三灶、高栏、大横琴、小横琴、老万山等岛屿构成省府外护。广州府以西有上川、下川、大金山、小金山、马鞍、海陵诸海岛，是肇庆、阳江的屏障。粤西高州多暗礁暗沙，雷州吴川县有特呈、硇洲、东头山等岛，海康、遂溪县有涠洲、斜阳、东海等岛，渡海向南为琼州。再西廉州、钦州与越南错壤，有牙山、龙门、白龙尾诸岛，而廉州多沙，钦州多岛。需要说明的是，琼州因"辖三州十县，中有五指山，乃黎岐所居，而州县反环其外，惟安定居中，余皆濒海，势不可迁"，因此不在琼州之列，只在岛岸划界，禁民外出，"周环立界二千七百里，惟海口所津渡往来如故，自余鱼盐小径俱禁断不行"①。

郑成功在康熙元年五月八日患急疾去世，据说与清廷严酷的迁界令有关。② 此后，清朝的迁界令与招降令获得成效，康熙元年至康熙三年，守卫南澳的郑军将领杜辉和铜山将领黄廷、周全斌等率数万人相继降清，东南沿海势力的归附使得战况一度有利于清军。加之反对迁界与禁海的声音始终没有停息③，山东等地已被允许有限地开放海禁，而对更加赖海利为生的广东海域迟迟未曾有所放松。在民失其业、地方政府财政收入匮乏的情况下，广东省地方官不断上疏奏请复界，两广总督周有德在康熙七年上疏："广省沿海迁民久失生业，今海口设兵防守，应速行安插，复其故业。"同年十一月，朝廷令该藩、总督、巡抚、提督会同一面设兵防守，一面安插迁民④。此后，广东沿海内迁之民逐渐复业。康熙八年，复界令颁行全国，"议以海边为界，修复废毁诸营，听民出田"，虽然边界有所拓宽，"然亦未能如旧"⑤。

这次不全面的展界并不包括海岛，"斗绝之境及诸洲岛犹弃不守"⑥。地方志记载，香山县潭洲、黄旗角（洲岛）两乡，"康熙八年，展界，两乡万姓奔赴督抚衙门哀控，已蒙俞勘，知县曹文熠坚执前议，遂不果复"⑦。"康熙八年，已经展复，独黄粱（都）格于寨议，不得行。"⑧ 开平县"康熙八年己酉春正月，奉文展界，复两迁地，仍禁海岛"⑨。新宁县"（康熙）八年己酉，春二月七日展界复两迁地，海岛仍禁"⑩。吴川县南二都展复，南三都因"四面环海，无陆路可通，系属岛屿，奉文不准招丁开垦"⑪。所谓"斗绝之境"及诸洲岛，皆为当时清朝难以控制、容易滋乱的地方。香山县

① 杜臻：《粤闽巡视纪略》卷3，台北：文海出版社，1983，第34~35页。
② 沈云：《台湾郑氏始末》卷5，《台湾文献史料丛刊》第六辑，第56页。
③ （广东巡抚）王来任：《展界复乡疏》，邓文蔚纂《新安县志》卷12《艺文志》，康熙二十七年刻本，第160~161页。此问题已有学者研究，见前文所引迁界、展界论著。
④ 《清圣祖实录》卷27，康熙七年十一月戊申条。
⑤ 杜臻：《粤闽巡视纪略》卷1，第10页。
⑥ 杜臻：《粤闽巡视纪略》卷4，第4页。
⑦ 欧阳羽文纂《香山县志》卷2《都图》，康熙十二年刻本，第174页。
⑧ 欧阳羽文纂《香山县志》卷2《都图》，康熙十二年刻本，第174页。
⑨ 陈还修、陈阿平纂《开平县志》卷22《纪事》，康熙五十四年刻本，第216页。
⑩ 张殿珠修《新宁县志》卷2《事略》，康熙二十五年刻本，第197页。
⑪ 李球随纂修《吴川县志》卷2《民事志》，康熙二十六年刻本，第188页，"海岛不准复业"。黄若香修，吴士望纂《吴川县志》卷2《民事志》，康熙八年修，康熙十八年刻本，第66页。

黄粱都，"明亡，海民啸聚香山之黄粱都、赤坎、三灶、高浪（栏）诸大岛，皆为渊薮"①。直到康熙二年，该地才得以平定。据说此次"擒斩逆贼赵劈石等二千三百余名"②。

康熙七年底，广东大陆沿岸逐渐展复，地方官开始安插迁民，垦复土地，但迁移海岛的禁令一直没有解除。《清会典事例》记载，康熙十一年题准：

> 凡官员兵民，私自出海贸易及迁移海岛盖房居住、耕种田地，皆拿问治罪。③

同年，兵部规定：

> 居住海岛民人概令迁移内地，以防藏聚接济奸匪之弊，仍有在此等海岛筑室居住耕种者，照违禁货物出洋例治罪，汛守官弁，照例分别议处。④

嘉庆《钦定大清会典事例》记载，潜住海岛之人，与将焰硝、硫黄、军器、樟板等物违禁私载出洋之人同罪，交刑部裁决。失职官员将受到处罚：

> 该管汛口文武官弁、盘查不实者革职；知情贿纵者，革职提问，兼辖官降四级调用，统辖官降二级留任，提督降一级留任。⑤

实际上，上述禁令针对的是闽、粤两省，因为规定了禁止在"迁移海岛盖房居住"，又有"康熙十一年题准，闽广地方严禁出海，其余地方止令木筏捕鱼，不许小艇出海"。这意味着除闽、粤之外，其他三省在放开木筏

---

① 樊封：《南海百咏续编》，香港：大东图书公司影印道光刊本，1977。
② 《清圣祖实录》卷10，康熙二年九月癸酉条。
③ 光绪《清会典事例》卷120《吏部·处分例》，中华书局影印本，1991，第559页。
④ 《钦定大清会典事例》（嘉庆朝）卷629《兵部·绿营处分例海禁一》，台北：文海出版社，第1149页。
⑤ 《钦定大清会典事例》（嘉庆朝）卷629《兵部·绿营处分例海禁一》，第1149页。

捕鱼后，木筏漂流到一些近海岛屿晾晒，朝去夕还，并不算违反禁令。同年又规定，出海贸易者和在迁移海岛盖房居住之人，及知情的汛守官都要被处斩，即使不知情的知县、知州、专汛武官也要被革职，且永不叙用：

> 凡有大小船只出海贸易及在迁移海岛盖房种地者，不论官兵民人俱以通贼论，处斩，货物家产俱给首告之人。该地方保长知情同谋故纵者，斩。知情不首者，绞。不知情者，杖一百，流三千里。该汛守官兵知情故纵者亦以同谋论，俱处斩。其不知情者，文职知县知州革职，永不叙用。府道降三级调用，专汛武官革职，与兵丁一并治罪，兼辖副将等官革职，该总管兵官降三级留任，该督提各降二级留任，巡抚降一级留任。①

由上可知，此时广东边界虽已向海岸扩展，但若民众出海与迁移海岛，下自基层保甲长，上自知县、知州、知府、提督、总督等文武官员、兵弁，皆会被究责。虽然明代也曾在广东沿海部分地区实施过"虚其岛"政策，明洪武二十五年，广东都指挥使花茂曾奏请将广州府东莞、香山等县附居海岛之人徙为兵戍，粤中三灶诸岛无戍军也无编氓，后渐为"海盗"占据。②但像清初这样制定细密的法律禁令防民下海的军事行为，在古代中国是前所未有的，当然对海岛开发的打击也是空前的。

自明代中叶以来，海洋经济的持续繁荣使得这些岛屿在沿海民众生计和海洋贸易中发挥着越来越重要的作用。近海围海造田使得一些近海岛屿演变成河汊相连的沙洲。而对于孤悬海中的岛屿，集体出海撒网捕鱼的深海作业模式在广东已经相当普遍，尤其在非鱼汛期，鱼皆在深海，须到外洋方能撒网施罾，在海岛搭厂撒网、晾晒鱼类成为渔民日常生产的一部分。明清之际，更多的渔民由暂时寄居海岛变为长期定居。有学者认为，此时海岛成为汇集了捕捞、渔盐、贸易等多种开发形式的基地。③迁界使得之前开垦的岛屿耕地和渔盐开发皆遭废弃，岛民离散。

迁界在广东沿海全面铺开，但效果因地而异，大体而言，粤中较彻底，

---

① 《大清会典》（康熙朝）卷99《兵部职方司·海禁》，台北：文海出版社，第4982～4983页。
② 《明太祖实录》卷223，洪武二十五年十二月甲子条。明初广东的迁岛同当时国家对东南沿海的部署有很大关系，"宋元遗贤巨族多隐海岛穷僻之乡"，加之倭寇不断袭扰，洪武十七年，朱元璋曾派汤和、周德兴等赴沿海经略海疆，对岛屿"迁民虚地"。
③ 李德元：《浅论明清海岸带和陆岛间际移民》，《中国社会经济史研究》2004年第3期。

粤东次之，粤西最差；另外，清朝意想不到的情况随之出现，即随着迁界的实施，海上戍守随之内撤，等于把海防前线收缩，界外及沿海岛屿拱手让予反清势力，结果造成沿海及岛屿防守空虚。内迁之民谋求生计，复逃亡海上；反清武装以海岛为基地不时攻掠大陆；海商利用海岛进行贸易。此三类海上群体往往相互勾连，互为倚傍，使清初沿海及附近岛域乱象纷呈。

其一是逃亡海上的迁民。本来，迁界就是统治集团急功近利、缺乏周全考虑的匆促决策，对于海岛居民被迁之后的安置、田土、赋役等问题并没有相应成熟配套的措施。据山东地方志记载，山东内迁岛民被安置于邻近州县后，被作为独立的征税人群而征收不同于陆地居民的税额，一些海岛迁民还被免去输粮。① 然而广东海岛内迁之人在户口登记和赋税征收上是否被加以区别，未见记载。相反，众多文献显示，广东沿海迁民并未得到妥善安置，大批民众流离失所，"及兵至，而弃其资，携妻挈子以行，野栖露处，有死伤者，有遁入东莞、归善及流远方，不计道里者"②。而据广东巡抚王来任康熙六年在《展界复乡疏》中说：臣抚粤二年有余，亦未闻海寇大逆侵略之事，所有者，仍是内地被迁逃海之民，相聚为盗。③ 在清廷严酷的禁令下，失去生计的迁民极易加入抗清队伍：

> 郑成功遁入台湾，卒，其子经嗣立海上，贼多受其号令。康熙五年，续行迁斥，穷民潜藏严薮间，捕鱼晒盐者，渠魁丘辉、沙浦六兄弟遂统以为盗，掳去各县子女不可胜计，内地之不逞者又潜为之援。④
>
> 海贼杨二（即杨彦迪）余党黄明标，来自交趾，踞西海黄占三旧巢，煽诱迁民。⑤

一直到康熙二十年，沿海兵民与界外声气相通仍然是地方治理的难题，广东巡抚李士桢到任不久后说：

---

① 高岗等：《蓬莱县志》卷2《赋役》，康熙十二年刻本，第4~5页；严有禧等纂修《莱州府志》卷3《丁赋》，乾隆五年刻本，第16页。
② 邓文蔚纂《新安县志》卷11《防省志·迁复》，康熙二十七年刻本。
③ 王来任：《展界复乡疏》，邓文蔚纂《新安县志》卷12《艺文志》，康熙二十七年刻本，第160页。
④ 杨钟岳纂《潮州府志》卷5《兵事》，康熙二十三年刻本，第180页。
⑤ 《清圣祖实录》卷14，康熙四年三月戊戌条。

　　（粤省民人）有因故旧亲戚在于海外而私通书信消息者，有假称捕鱼晒卤而乘船偷出外洋者，而彼台堡有目兵巡缉人役，或利令智昏，或徇情枉法，且谓幽僻窵远，谁则知之，不但不能禁缉，又从招致而贿放焉。①

　　上述现象出现的原因，不仅仅在于迁民没有得到清朝政府的妥善安置，也和广东濒海民众的复杂身份有关。迁民中，渔民疍户占了很大比例，民与盗的身份本就模糊难辨，长期脱离土地的季节性漂泊使得他们对定居生活缺乏认同。迁海后，迫于生计而逃亡海上，重操故业，再自然不过。

　　（顺治）十八年，议沿海迁界并尽撤缯船归港汊，徙其众于城邑，（周）玉遂纠党入海，自称恢粤将军，破顺德。尚可喜破斩两千，复擒剿其余党于东涌海岛。

　　与上文中提到的周玉一起入海的李荣，二人同为疍户，迁界前曾被清廷招抚任游击，"周玉、李荣皆番禺蛋民，以捕鱼为业，所辖缯船数百……平藩尚可喜以其能习水战，委以游击之任"②。迁界令颁布后，周玉、李荣及亲属被迁入城内，船只被强令停泊于各港汊，不准驾船出海，于是携家出海。周玉于康熙二年被尚可喜擒获，"余党"谭林高又踞东涌岛。除了迁界，清廷令地方官招抚界外民众，这也是削弱抗清力量的重要手段。康熙十年，"界外难民欧昌盛等二百九十七丁口闻招来归，（廉州）知府徐化民、钦州知州董而性通报题明，安插各属故土"③。这其中，有相当一部分是接受清廷招抚的"寇盗"。康熙十年，廉州知府徐化民、总兵张伟招抚龙门岛"邓耀遗孽夏云高等一百一十九人分别兵农安插"。这些曾经漂泊于海上的武装力量，或被充兵，或被划入民籍。
　　其二是举着抗清大旗、扎根于海上的南明武装力量，他们以海岛为据点，坚持抗清三十余年。④ 据李庆新研究，在永历帝逃离广东及遇害后

---

① 李士桢：《抚粤政略》卷5《文告·抚粤条约》，台北：文海出版社，1988，第546页。
② 钮琇：《觚剩》卷7《粤觚上》，台北：文海出版社，1982，第141页。
③ 徐成栋修《廉州府志》卷1《舆图志》，康熙六十一年刻本，第320～321页。
④ 可参见陈荆和《清初郑成功残部之移殖南圻》（上），《新亚学报》1968年第1期，第451～454页；李庆新《明末清初粤西反清势力及其与越南"明乡人"的关系》，《"越南阮氏王朝（1558～1885）"学术研讨会论文集》，河内，2012，作者列出了邓耀、杨彦迪、萧国龙等在粤西海岛的活动情况，他们籍贯多为珠江口以西沿海府县。

（康熙元年），粤西沿海的武装力量继续以岛屿为依托，开辟对外交往和海上贸易，主要据点为川山群岛、海陵岛、北部湾西海、龙门岛一带。这些奉永历为正朔的南明军队主力正是粤西濒海民众，如吴川县南三岛人陈上川被南明授为高雷廉镇总兵，自顺治三年至康熙二十年活跃于钦州湾一带。邓耀（高州人）自顺治十五年据守粤西龙门岛，于顺治十七年被杀。顺治十八年，茂名人杨彦迪再次占据龙门岛，直到康熙二十年清军征剿龙门，陈上川、杨彦迪等人率众逃向邻国安南、真腊，清廷才控制这一海域。①

　　粤东达濠岛则为丘辉占据，该岛位于潮阳和澄海之间，与陆地仅一河之隔（今已与陆地相连），"迁界时，弃不设守，有海寇丘凤者据之。十九年，讨平始设重镇焉"②。丘凤即为丘辉，本为潮阳人，后投靠台湾郑氏，康熙九年接受郑经册封，在达濠岛开府，进行海上贸易，"庚戌以后，授台湾伪剳，公然开府于达濠埠，置市廛数百间，擅渔盐之利。潮商买盐上广济桥贩卖，非有贼票不敢出港也"。丘辉以达濠为据点，游走海上，呼应"山寇"，兵败后逃向台湾。③

　　"三藩之乱"期间，不少原来降清的广东官兵加入反清阵营，④ 其中，潮州总兵刘进忠占据粤东、高雷廉总兵祖泽清占据粤西、尚可喜之子尚之信占据粤中广府一带，他们与郑氏联系密切。⑤ 大批沿海兵民也加入反清阵营，海岛与大陆抗清势力联合，发展很快。上文提到的达濠岛丘辉即在此期间被粤东刘进忠授予副将，镇守潮阳、惠来。⑥ 康熙十五年，平南王吴三桂部下马雄赴新会谋划袭取广东，有疍户谢厥扶归附，"谢厥扶者，故疍户，以缯船数百附马雄"⑦。同年，尚、耿降清，广东情势急转。康熙十六年，

①　徐成栋修《廉州府志》卷1《舆图志》，康熙六十一年刻本，第320～323页。
②　杜臻：《粤闽巡视纪略》卷3，第13页。《筹海图编》作"达头埔"。
③　杨钟岳纂《潮州府志》卷5《兵事》，康熙二十三年刻本，第180～181页。丘辉曾与海阳县桑浦山陈玉友联合袭取揭阳。
④　陈舜系：《乱离见闻录》，第273页载，尚之信于康熙十五年三月反，康熙十六年五月初四日，尚之信率文武官兵及兵民归清。在尚之信反清前，广东已经有地方官兵陆续降清。
⑤　杜臻：粤中尚之信、粤东刘进忠等人皆与郑经保持密切联系，并谋划攻取广东。不著撰人：《吴耿尚孔四王全传》，《台湾文献史料丛刊》第6辑；〔日〕川口长孺：《台湾割据志》，《台湾文献史料丛刊》第6辑。
⑥　杨钟岳纂《潮州府志》卷5《兵事》，康熙二十三年刻本，第181页。
⑦　《清史稿》卷474《列传第二六一·吴三桂》。

粤西祖泽清为向清廷表明忠心，杀谢厥扶，厥扶之子谢昌遂遁入海岛。① 此后，谢昌等人"踞丰头、海陵（岛），久为江害，复勾连闽寇剽掳省会、虎头门、南、番、东莞、顺德、新会各沿海乡寨"，康熙十九年，在清廷的追剿下，谢昌逃至今广州湾一带的硇洲岛、东海岛。②

其三是以海岛为商船湾泊地的海商。清廷严禁中国商船下海通商，包括澳门在内的海上贸易皆受到很大冲击，海岛成为走私贸易的据点，上文提到的龙门、海陵、硇洲、达濠各岛上的反清武装积极开展海上贸易，与郑氏及南海诸国进行贸易往来。对此外国史料中也有记载。朝鲜《李朝实录》称，康熙九年，有东南沿海六十余人漂至朝鲜济州，其中有二十二人剃头，四十三人未剃头，他们称"清人既得南京之后，广东等诸省服属于清，故逃出海外香山岛，兴贩资生，五月初一日，自香山登船，将向日本长崎，遇风漂到此"③。日本《华夷变态》中记载了康熙十三年至雍正二年由中国驶往长崎的船只航行情况，其中迁界期间的"广东船""高州船""潮州船"，有康熙十三年至康熙十六年尚之信所派商船，"自藩棍沈上达乘禁海之日，番舶不至，遂勾结命私造大船，擅出外洋为市，其获利不訾，难以数计"④；有自东南亚开往长崎在广东海域载客搭货的商船；也有一些通过偷渡、贿赂出海的小型商船，"去年离崎返广之商船被大清战船攻击逃亡东京、广南，本船因是小船，藏匿在港口附近之小岛，今年招揽了客人，装运少许货物航日"，这些商船常在广东沿海岛澳湾泊、汲水、载客。在清廷准澳门葡人通商以后，"康熙二十年，贡一狮子，求通商以济远旅，许之，由是蕃舶复通"⑤，附近十字门一带岛屿也更多地作为中外贸易据点：

（康熙二十一年）本船去年由马六甲起航，先驶往广东十二门（十字门）处加载客、货，然后赴日。于航日途中因遇强烈东北

---

① 祖泽清，康熙六年升为高雷总兵，被清廷派去镇压粤东刘进忠，后自据高州叛清，听闻尚之信降清，康熙十六年请杀谢厥扶赎罪，康熙十七年又叛清，后被清廷凌迟处死。见《清圣祖实录》卷24，康熙六年十一月己丑条；卷67，康熙十六年五月丁巳条；卷88，康熙十九年二月辛酉条。
② 周玉衡修，陈本纂《阳江县志》卷3《事纪》，康熙二十年刻本，《广东历代方志集成》，第99页。
③ 吴晗辑《朝鲜李朝实录中的中国史料》，第9册，中华书局，第3968页。
④ 吴兴祚：《议除藩下苛政疏》，郝玉麟修、鲁曾煜纂《广东通志》卷62《艺文志》，雍正九年刻本。沈上达为尚之信属下商人，主持走私贸易。
⑤ 杜臻：《粤闽巡视纪略》卷2，第25页。

风，不得不折返广东避风，停留至今年五月再由十二门出航抵达
长崎。①

综上所述，广东海域众多的沿海岛屿和港湾因为迁界呈放任无设防
状态，成为"乱逆"的藏身之处，这些人中有迫于生计、冒死赴岛的渔
民疍户；有在屡次政治较量失败后，将海岛作为避难地的南明抗清官兵；
也有将海岛作为临时湾泊地的商人。一方面，由于海上收获的不稳定与
各种风险使得海上结盟相当容易，如前文所述，永历政权、台湾郑氏乐
于为这些人提供海洋贸易和军事武装的便利，从而获得在广东海面进攻
大陆的据点和海上安全通行的航道。另一方面，海上势力对民众的争取
和民众对异族统治的排斥使得海岛人群被卷入政权争夺的旋涡，从而兼
有多重身份。当发现反清无望、无从躲藏时，海岛又成为他们走向海外
的跳板。

二　沿海岛屿渐次展复

康熙二十二年八月，清廷平定台湾。此前，闽粤地方官即纷纷上疏奏请
开界。十月，广东广西总督吴兴祚疏言："广州（等）七府沿海地亩，请招
民耕种。"② 为了赶得耕种之期，第二年春，清廷所派遣工部侍郎金世鉴、
副都御史呀思哈往江浙、工部尚书杜臻及内阁学士石柱等人已赴粤闽等地与
地方督抚共同筹划展界事宜：

> 察濒海之地以还民，一也；缘边寨营烽堠向移内地者，宜仍徙
> 于外，二也；海墥之民以捕鲜煮盐为业，宜并弛其禁，三也；故事
> 直隶天津卫、山东登州府、江南云台山、浙江宁波府、福建漳州府、

---

① 转引自朱德兰《清初迁界令时中国船海上贸易之研究》，《中国海洋发展史论文集》第二
辑，台湾"中研院"三民主义研究所，1986，第105～160页。"广东船"当时在日本指出
航地为广府一带的船只，或是在广府海域载客、搭货的船只。高州船、潮州船，类此。作
者依据《华夷变态》列出了迁界二十余年中国船只的海上贸易情况，认为崇明、普陀山、
金门、厦门、十字门等岛屿皆为海商贸易走私之地。笔者认为，因作者所列《华夷变态》
中关于船舶停泊十字门的记载皆在康熙二十年（此时已准澳门通商）以后，故而其对十字
门一带为走私基地的看法，还需对船只的具体停泊地及货物贩运过程、商人情况进行考证。
② 《清圣祖实录》卷112，康熙二十二年十月丙辰条。

广东澳门各通市舶、行贾外洋，以禁海暂阻，应酌其可行与否，四也。①

简而言之，展界主要内容包括：归还土地、将海防向外扩展、恢复民众生计与贸易。派钦差赴沿海主持展界，加快了沿海民众的复业。②

为区别于康熙八年展界，清人有称康熙二十三年为"开界"，"初展界、再开界两次也"③，此次开界所针对的主要是岛澳，广东地方志对此次海岛开复多有记载："二十三年，海禁大开，海岛迁民归业。"④ 康熙《新宁县志》卷2《事略志》载："康熙二十三年甲子春二月，内差大人督抚两院至县开复海中五岛"，这里的五岛即是康熙元年内迁的潒洲、下川、上川、大金山、小金山，共报复业户数90户，口数1840人⑤。香山县高栏、三灶二岛位于县西南约二百里海中，此时开辟了盐场，前来垦种的多是本县及临近县民，"本邑及南、新、顺各县里民陆续呈承垦筑"⑥。杜臻在康熙二十三年向康熙皇帝的奏报中称"三月之间遂已开垦一万余顷"⑦，并描述了遂溪县东南侧东海岛迁民对于复业的反应："迁民累累，拥马首泣诉，求复故业。予以上谕遍告之，皆踊跃去。"⑧ 后世论此开海之策也称"海岛迁民悉复故

---

① 杜臻：《粤闽巡视纪略》卷1，第3页。康熙二十三年春天，杜臻、石柱应该已经到达广东，开始主持开界事宜，据纪昀《粤闽巡视纪略传记提要》记载，"以十一月启程，二十三年五月竣事"。

② 关于此次展界的动因与经过已有学者进行过研究，见前文所引，此不赘引。

③ 陈舜系：《乱离见闻录》，第269页。

④ 周玉衡修，陈本篆《阳江县志》卷1《建置考》，康熙二十七年刻本，《广东历代方志集成》，第197页。

⑤ 张殿珠修《新宁县志》卷2《事略志》，康熙二十五年刻本，第198页；卷6《食货志》，第218页。下川山，东面隔海与上川对望，分别位于今广东省台山市南部下川镇和上川镇，周围还有潒洲、坪洲、琵琶洲、笔架洲等14个洲岛。见黄剑云主编《台山下川岛志》，广东人民出版社，1997，第31页。另有资料显示，上川、下川所在的川山群岛海域有96个海岛，以上川、下川面积最大，分别为137.2平方千米、81.73平方千米。见广东省海岛资源综合调查大队等编《川山群岛资源综合调查报告》，广东科技出版社，1994。

⑥ 暴煜修，李卓揆纂《香山县志》卷3《盐法》，乾隆十五年刻本，岭南美术出版社，第78页。高栏在三灶西南二十里，《大清一统志》卷339《广州府》载三灶在香山县西南二百里海中。

⑦ 杜臻：《粤闽巡视纪略》卷4，第7页。

⑧ 杜臻：《粤闽巡视纪略》卷1。白鸽与东海岛"相距十里许，潮退不过五六里"，是大陆通往海岛的一个渡口。

业"或称"海澳尽复"①。

尽管此次开海是较为全面的，但对于海岛来说其实并未将招垦复业的范围恢复到迁界前的水平。"（康熙）二十二年始全行展复，听民人迁移界外居住，惟外洋各岛屿仍然严禁，不许民人移居及搭寮采捕。"② 事实上，何谓"外洋"，在开海之初并没有明确的概念，也未见正式的禁令。康熙二十三年，主持展界事宜的杜臻对此类海岛的展界有所提及：

> 查得广州、惠州、潮州、肇庆、高州、雷州、廉州等七府所属二十七州县二十卫所，沿海迁界并海岛港洲田地共三万一千六百九十二顷零，内原迁抛荒田地二万八千一百九十二顷零，额外老荒地三千五百顷零，应交与地方官给还原主。无原主者，招徕劝垦务令得所。外有钦州所属之涠洲、吴川所属之洞洲隔远大洋，非篷桅大船不能渡，仍弃勿开。③

在迁界前，洞洲岛（即硇洲岛）和涠洲岛这两个禁止开复的岛屿已有居民村落。涠洲岛"去遂溪西南海程二百里"④，八村岛民俱在康熙元年迁出。硇洲岛位于广东省吴川县限门外一百五十里海中，"风顺由小海则一日可到，不顺则由陆路渡海，三四日亦难定之"⑤，迁界时"上北村、下北村、中村、南村迁界俱移"⑥。此二岛无法展复既与距离遥远、缺乏军事戍守有关，也与政府此时对民间船只的诸多限制有关。平定台湾后，急于巩固政权的康熙帝既赞成开海又坚决限制出海，基于此思想而制定的一系列禁规（商渔船只印烙、建造规制与编甲）将沿海民众控制在近海一带难图拓展，也直接影响到海岛展复的程度。之后，硇洲岛在康熙四十五年、涠洲岛要迟至光绪年间才被允许民众垦种。

---

① 李澐修，李应均等纂《阳江县志》卷5《兵防志》，道光二年续修刻本，岭南美术出版社，2009，第119页；曹刚等修，邱景雍等纂《连江县志》卷16《武备》，民国十六年铅印本，台北：成文出版社，1967，第162页。

② （福建布政使）张廷枚：《奏为外洋孤立岛屿仍请严禁开垦等事》，档号：04 - 01 - 30 - 0274 -013，缩微号：04 - 01 - 30 - 017 -0652，雍正十三年十月十五日。

③ 杜臻：《粤闽巡视纪略》卷3，第34～35页。

④ 杜臻：《粤闽巡视纪略》卷1，第34页。

⑤ 李球随纂修《吴川县志》卷1《地纪志》，康熙二十六年修，岭南美术出版社，2007，第154页。限门（乡）位于吴川县北一都，见卷1《地纪志》，第155页；卷1《王制志》，第163页。

⑥ 杜臻：《粤闽巡视纪略》卷2，第3页。

　　虽然康熙朝制定了外洋岛屿禁止搭寮和居住的政策，但从广东地方官的反应来看，当时的执行力度却较为宽松，这是由于内迁多年，民众对复垦海岛的积极性并不高。当朝廷要求地方将展界情况与应征赋税造册上报时，广东巡抚李士桢表示"因丁绝田荒埕堋决陷"，故虽每年展界报垦，仍有许多未复土地"奉迁海岛未复，无征课银二千二百八十余两"①。这里的征课银来自迁界时登记入册的所迁土地，开海后，由地方官给还原主，无原主者招徕劝垦。康熙二十三年，阳江知县孙之瑜将海陵岛"原迁税米八百石尽报复业"，开界四年后，知县范士瑾却为粮赋叫苦，"海陵田亩被迁二十余年，沧桑改变多不可稽，且迁民百不存一，开垦寥寥，迄今升科赔累，苦莫胜言"②。康熙二十七年，新安知县靳文谟这样描述新安的颓败："海堧孤城，展界未久而四顾徘徊，荒烟蔓草，依稀如故"③。正因为如此，开界之初，招垦复业、增加粮赋是考核官员政绩的重要依据，官员虚报冒功的现象十分常见。再加上缺乏明晰的内外洋分界，官府难以界定民间海上的活动究竟属合法还是非法，自然不容易采取具体恰当的行动。在这种情况下，禁止赴外洋岛屿搭寮居住的禁令也很难落实到位。

　　随着海洋经济的恢复，沿海民众向岛屿拓展的范围一天天扩大，海上非法活动日渐频繁。康熙四十二年任两广总督的郭世隆，对广东海防部署进行一系列调整后，对濒海岛屿"逋诛作奸之徒"进行大搜捕，"海岛丛奸劫夺，世隆密防要口，督造战舰出洋搜逐，擒斩五六百人，降两千余人。海警遂息"④。这次搜捕"督造外海、内河战船三百余艘"，范围自粤东、粤中到海南南部，远至今中越交界的江平一带，据说此后"南溟半万里，未有以劫夺闻者"⑤。继郭世隆以后，于康熙五十五年上任的两广总督杨琳，曾在广东沿海修筑炮台，对民众编查澳甲、船甲，同样是对海面盗风渐炽作出的回应。在这种情势下，地方官提出开放外洋岛屿的建议，自然无法得到皇帝

①　李士桢：《抚粤政略》卷2《奏疏》，台北：文海出版社，1988，第132～133页；卷4《符檄·申饬垦荒》，第409～410页。迁界时所迁土地皆有入册，如广州府"元年画界，自三角山历马鞍山等境……暨佛堂门、大奚山、鹅公澳、榕树澳、白沙澳、鸡栖澳、南头、香港塘、福梅窝、石壁、螺杯澳、大澳、沙螺湾诸海岛皆移并续迁共豁田地一千三百五十九顷有奇"。杜臻：《粤闽巡视纪略》卷2，第38～39页。
②　范士瑾纂修《阳江县志》卷3《县事纪》，康熙二十七年修，岭南美术出版社，2009，第255页。
③　靳文谟修，邓文蔚纂《新安县志》序，康熙二十七年刻本，岭南美术出版社，2007，第3页。
④　《大清一统志》卷338《郭世隆传》。
⑤　钱仪吉：《碑传集》卷19《康熙朝部院大臣·郭世隆》，《清代碑传全集》，上海古籍出版社，1987。

的准许。康熙四十九年，浙江温州镇标左营水师千总郭王森在其《海防十事疏》中向康熙皇帝建议允许渔民赴外洋海山搭盖篷厂，"请于十月始至正月止，此四月间任穷民海山盖篷施网"，闽浙总督范时崇以海上盖棚最易藏奸为由认为不可行，遂罢。①

东南洋面再次显露的海盗情势，引起清朝的警觉。康熙五十五年，令沿海勘察内外洋界，"令该督抚造册咨部，以备查核"②。笔者尚未见到此时各省奏报的内外洋界清册，内外洋界自乾隆初年开始出现在地方志中，如上文提到康熙二十三年展复的新宁县"浰洲、下川、上川、大金山、小金山"③，其中浰洲、大金山、小金山在乾隆三年的《新宁县志》中载为外洋，④ 这五岛在后来的道光《广东通志》洋面图中也均被标注为外洋。⑤ 若按照外洋为禁岛的规定，康熙初年允许开复的很多岛屿到了乾隆年间都成了禁岛，而实际在康熙晚期以后，内外洋界更多地成为水师汛哨的分责依据，并不作为民众居住与否的必要参考。但此后，主张禁民出海的保守大臣纷纷援引康熙开海后的政策而以外洋为禁地，外洋岛屿控制薄弱的状况一直到晚清才有所改变。⑥

三　海岛驻防与海上防线

伴随着迁界和展界，清初广东的海疆防守经历了三次变化，顺治七年、康熙元年、康熙二十二年是重要节点，正如杜臻所说：

> 国初，山海未靖。顺治七年，特置两藩重兵，驻守防海之筹，视前加毖，省会设提督，潮州、碣石、高州各设总兵，惠州、雷州各设副将，廉州设参将，各县、卫、所要地，并设游守分防，尽罢卫、所旗军，屯租领于县官，兵皆隶于各协，制度一变。康熙元年，副都统觉罗科尔坤奉旨行定海疆，自闽界之分水关，西抵防城，接于西粤，画界三

---

① 《闽浙总督范时崇为遵旨议复郭王森条陈海防十事折》，"康熙五十年三月初四日"，《康熙朝汉文朱批奏折汇编》第 3 册，第 314 ~ 367 页。
② 《清圣祖实录》卷 268，康熙五十五年闰三月癸亥条。
③ 张殿珠修《新宁县志》卷 1《舆图志》，康熙二十五年刻本，第 185 页。
④ 王暠修、陈份纂《新宁县志》卷 4《广海册》，嘉庆六年补刻本，第 496 页。
⑤ 阮元修《广东通志》卷 124《海防略》，道光二年刻本，第 2158 页。
⑥ 清代因海疆防御而渐渐细化出内外洋界线，但这不同于海洋疆界，因为在清代，外洋界之外还有夷洋界。笔者另有专文详述清代洋界，此不赘述。

千七百里，界外戍兵移之内地。于是，大城甲子、捷胜、海朗、海安、海康、永安、乐民诸所，柘林、黄冈、涸洲诸游汛，皆弃不守。更于内隘分设汛防兵，余边界五里一墩，十里一台，墩置五兵，台置六兵，禁民外出，情势又复一变。①

顺治年间，清廷罢卫所改设营制，令尚可喜镇守广东。因八旗不擅在海上作战，戍守海岛成为汉军水师之责，而这部分军队多属投降收编而来，尚未得到新政权的信任，这也是清廷攻占广东初期不愿驻守海岛的原因之一。康熙元年，驻守于界外的水师内缩至界内，并在划界处设墩台、树桩栅，以严防守。康熙八年展界令颁布后，绿营逐渐添设官兵至各海口，沿边设墩台。但这种保守的防御策略缺乏主动性，使清军无法摆脱被动局面。康熙十七年前后，随着清廷对台战略的变化，清廷开始巩固新占岛屿，以其为据点防守大陆，进攻台湾。以粤东达濠岛为例，在康熙十九年击败郑氏将领丘辉后，清廷设"达濠营副将一，都司三，守备三，千总六，把总十二，兵三千名"②。此时清朝在海岛驻军机构的级别和官兵数目随需而定。

康熙二十三年展界后，清朝军事防御范围由沿岸海口向海上扩展，广东陆地兵力被抽拨至海岛，营制因此作较大调整：

> 附近海岛洲港既已给民耕种，应听地方官酌拨官兵防守，自防城至分水关沿海防守兵丁共一万四百名。③

因海南岛琼州镇各营水师于康熙元年未内迁，展界后，粤省自防城至分水关，除琼州镇各营外，粤西钦州营、乾体营、石城营、雷州营、吴川营、雷州营、粤中春江营、那扶营、广海营、新会营、前山寨（营）、虎门寨（营）、新安营，粤东属惠州营、潮阳营、达濠营、潮州营、澄海营、黄冈营，各有数百名兵弁抽拨至沿海各汛，并配备相应数量的战船。④ 各水师营除负责缉捕要犯、防守海面、护卫商船、稽查匪类，也要巡历所属汛地（洋面）各山岛峈。巡防兵弁在各辖区交界洋面（洋面分界以海岛为标志进行勘定）约

---

① 杜臻：《粤闽巡视纪略》卷1，第12页。
② 杜臻：《粤闽巡视纪略》卷1，第15页。
③ 杜臻：《粤闽巡视纪略》卷1，第39页。
④ 杜臻：《粤闽巡视纪略》卷1，第44～48页。

期会哨，同时并集，联名申报总督、巡抚、提督察核，称为"巡防"①。水师出巡日期、会哨洋面、都巡将领皆有定则。总之，到康熙末年，广东近海以海岛为界建立的巡哨网络已经形成，水师营弁以此为界，划分海防职责。

对于清代岛陆相维的防御战略，学者们从政策根源、政策变迁角度已有丰硕研究。② 然鲜有论著进一步考察海岛防守方式的差异。康熙四十二年规定："沿海各营洋面有岛有屿，宜另为派定船只，以将备带领常川驻守，其余各汛以千把游巡。"③ 这种差异可以归纳为：对于地理位置十分重要、面积较大或人口较多的岛屿设镇营驻扎（见表2）；对于有淡水且离陆地水程较近的岛屿派兵常川驻守，安设炮台、墩台、瞭望台以资防御④；对于无淡水或无良港湾泊的远处岛屿派兵定期巡视，并不驻守。

清初，广东海上军事防御最重要的部署是在海岛设立了龙门协、南澳镇、硇洲营⑤，除了硇洲营是康熙四十五年两广总督郭世隆奏请设立，龙门协与南澳镇的设立皆是在康熙二十三年展界后不久，由展界钦差和地方官共同商议的展复方案。

（一）　龙门协

清人谓："龙门在广东西面，其占城、暹罗、安南入内，必由龙门岛经

---

① 绿营兵制巡防细则可参见罗尔纲《绿营兵制》，中华书局，1984，第270~273页。

② 何瑜曾将这种陆岛防御分为三条防线，第一条是以绿营水师为主的海岛防线；居中的是八旗与绿营水陆相维的海岸防线；第三条是以八旗和绿营陆师为主连接沿海重镇的东南防线，其中浙洋以上主海滨淤沙多而岛屿少，沿海巡逻捕盗，防守海口，主要为八旗水师。浙洋以下，岛屿多而淤沙少、海岸迂回，历来为海疆多事之区，海岛戍守、海上稽查主要为绿营水师，见何瑜《海疆政策的转变》，马汝珩、马大正主编《清代的边疆政策》，中国社会科学出版社，1994，第218页。有关清代海疆防御还可参见何瑜《清代海疆政策的思想探源》，《清史研究》1998年第2期；王宏斌《清代前期海防：思想与制度》，社会科学文献出版社，2002；王日根《明清海疆政策与中国社会发展》，福建人民出版社，2006。

③ 《大清会典》（雍正朝）卷139《兵部职方司·海禁》，台北：文海出版社，第8731~8732页。

④ 清代在处于交通要道的海岛，择高地设立炮台、墩台、瞭望台，加强防御，传递警报，以严守备。

⑤ 自康熙十七年定营制后，绿营层级逐渐明晰。一般来说，镇的最高将官为总兵（正二品），总兵官统辖下分中、左、右三营，也有分两营或更多营。副将（从二品）所辖军队称"协"；参将（正三品）、游击（从三品）、都司（正四品）、守备（正五品）所辖称营，下设千总（正六品）、把总（正七品）、外委千总（正八品）、外委把总（正九品）等官弁。据罗尔纲考证，游击旧为正三品，顺治十年改从三品；都司旧为从三品，康熙三十四年改正四品；守备旧为正四品，康熙三十四年改正五品；千总旧为正六品，康熙三十四年改从六品。见罗尔纲《绿营兵制》，中华书局，1984，第221页。

过，则不止为一州之隘口，实为全广西路要区。"《粤闽巡视纪略》谓：

> 钦州之龙门去州治五十里，原系界外，海岛小山交错，水径周通，可以行舟亦可藏身，为全省西南门户紧要，此处多设水师可以兼顾钦州、乾体，而钦州、乾体之重兵可裁，于龙门增设水师副将一员，都司一员，其钦州营游击一员应裁去，其下守备一员、千总二员、把总四员、兵一千十三名，裁归龙门。乾体营游击一员应裁去，其下酌裁守备一员、千总二员、把总四员、兵九百八十七名，归并龙门共足二千之数，以立龙门营。①

康熙二十三年，清廷将驻扎于陆地的钦州、乾体营兵力抽拨至龙门岛，设龙门副将专管，隶属廉州镇总兵官统辖。

（二）南澳镇

南澳岛位于潮州府东南面外海之中，作为闽粤咽喉、漳潮屏障，因海寇出没无常，明代万历年间即已设立南澳副总兵镇守，清初时先后由郑成功、陈豹、杜辉等占据，康熙三年迁界弃守，康熙二十四年，清廷设南澳总兵于南澳岛。

> （康熙）二十四年，设南澳镇总兵官，以镇标右营驻广东，隶广东提督统辖。左营驻福建，设游击以下等官。②

（三）硇洲营

康熙元年硇洲岛四村俱迁，二十三年展界之时曾以"远隔大洋"弃守，康熙四十二年，两广总督郭世隆奏请设立硇洲营。③

> 有硇州一岛，宜设立专营。龙门协属之乾体营，名为水师，向驻于

---

① 杜臻：《粤闽巡视纪略》卷3，第44页。
② 《清会典事例》（光绪朝）卷550《兵部·官制》，中华书局影印本，1991，第120页。
③ 《清会典事例》（光绪朝）卷554《兵部·官制》，第184页。

陆地，可归并廉州营。将乾体营兵，令白鸽寨守备一员、千总一员、把总二员统之，驻扎硇州，改为硇州营。①

展界之初，不少朝廷大臣、地方官员、士人反复强调海岛的"藩篱"作用，② 加上展界后海岛的军事部署已初见成效，康熙将控制岛屿作为稳定海疆的重要举措，并多次强调拱卫大陆的重要性。但此时清廷海疆防御的重点在于防内。康熙二十八年《东莞县志》指出：

> （明代汛哨）皆主于捍外者也，今则密在里海矣。盖此前之御在倭，故遏其阑入，今此之御在寇，故禁其阑出。③

表2　清前期广东营级以上海岛驻防

海岛	设置时间	衙署	兵官总额（初设之时）	备注	资料来源
南澳	康熙二十四年	南澳镇右营	1200（兵）	原额1200名，康熙四十一年裁20名，乾隆年间又裁若干	乾隆《南澳志》卷8《海防》
达濠	康熙十九年	达濠营（南澳镇辖）	374（兵）	康熙十九年设协，康熙二十三年由协改营，二十四年后隶属南澳镇。原设兵374名，康熙五十七年添兵43名	乾隆《潮州府志》卷36《兵防》；道光《广东通志》卷174《经政略十七·兵制》
龙门	康熙二十三年④	龙门协（高雷廉镇辖）	1996（兵）	康熙五十六年设立炮台7处，营房若干间	康熙《廉州府志》卷2《地理志》

---

① 《清圣祖实录》卷212，康熙四十二年七月辛未条。
② 杜臻：《海防述略》，第5~6页；陈伦炯：《海国闻见录》，第3~4页；顾祖禹：《读史方舆纪要》卷95，中华书局，2005，第3974页。
③ 郭文炳修、文超灵纂《东莞县志》卷10《兵防》，康熙二十八年刻本，东莞市人民政府，1994，第292页。
④ 赵生瑞根据道光《钦州志》载：龙门副将署、左营都司、守备署、军装库、火药局均建于康熙二十三年，右营守备署建于康熙二十二年，遂推断龙门协应建于康熙二十二年之前。见赵生瑞《中国清代营房史》，中国建筑工业出版社，1999，第803页。笔者认为建于康熙二十三年更为准确，因康熙六十一年刻本的记录更接近当时的历史时期，见（清）徐成栋修《廉州府志》卷2《地理志》，康熙六十一年刻本，岭南美术出版社，2009，第329页。"国朝康熙二十三年建龙门协设汛。"又同卷卷1《舆图》，第323页："二十三年甲子春正月裁廉州镇总兵衙门，钦差工部尚书杜臻、总督吴兴祚、巡抚李士桢、提督许祯至廉抵钦州会勘龙门，设协镇衙门，控制边海。"

续表

海岛	设置时间	衙署	兵官总额 （初设之时）	备注	资料来源
硇洲	康熙四十二年	硇洲营（高雷廉镇辖）	507（兵官）	乾隆三十五年裁兵82名，五十九年增兵198名	雍正《吴川县志》卷6《武备》；乾隆《吴川县志》卷6《武备》
琼州	顺治八年	雷琼镇	2614（兵官）	康熙四十一年左、右、中右营共裁41名	道光《广东通志》卷174《经政略十七·兵制》

注：上表中所列官兵为初设之时的数目。各镇属各省总督及提督节制，如雷琼镇总兵受广东总督及广东提督节制，而南澳镇属闽、粤两省共管，其总兵受闽浙总督、两广总督、福建水师提督、广东提督节制。

这种"星罗棋布"的沿海布防方式，主要用于防范本国民众。康熙四十二年，两广总督郭世隆派人对广东沿海口岸、海面绘图，添设战船，重新调整戍守官兵，增加粤东海门、甲子等处兵力，并在吴川县外洋硇洲岛添设硇洲营。[①] 郭世隆虽然巩固和加强了广东的防御力量，但对展界之初的海疆部署并无太大促进，其在广东沿海推行限制船只建造规模的举措正体现了防民出海的海洋观念。[②]

康熙五十年前后，皇帝开始留意海盗和外国船只情形。五十五年冬，康熙令两广总督杨琳、广州将军管源忠、浙闽总督满保等人在沿海地区修建炮台，加强海上防御，多有防御海盗和西洋各国的意图。[③] 康熙五十六年至五十七年，广东官员在粤东、粤西、粤中进行半年多的查勘，在全省范围修建海上炮台。杨琳于康熙五十五年冬由广东巡抚升任两广总督，于第二年五月亲赴粤东各岛屿查勘，会同碣石、潮州、南澳三镇总兵查设炮台，并在海澳编设澳甲，[④] 后又赴肇庆府查勘。粤西高、雷、廉、琼四府，由广东提督王

---

① 《清圣祖实录》卷212，康熙四十二年七月辛未条。
② 有关渔船规制可参见杨培娜《违式与定例——清代前期广东渔船规制的变化与沿海社会》，《清史研究》2008年第2期。
③ 《清圣祖实录》卷270，康熙五十五年十月壬子条。康熙此次面谕杨琳等人令其修建炮台，同时感慨"海外如西洋等国、千百年后中国恐受其累"。而自康熙五十年前后，广东地方官对各国船只来往情况的奏报成为非常重要的事务。
④ 清代澳甲在不同地区有不同的编排方式，但大体包括两种，即对船只和人户的编甲，若指船只，如"十船设一甲长，十甲设一澳长"，相对于甲长，澳长负有对甲长和所有船户的稽查之责。若指人户，如"每澳设有诚实澳甲一名，每十户又设一甲长"，那么澳甲则负有对所辖澳内甲长和澳内人户稽查之责。这些名目同陆地保甲相应照，因而又被称为水保甲。

文雄会同高州、琼州二镇总兵共同查勘。① 粤中广州府则由广东巡抚法海、广州将军管源忠共同查勘。② 康熙五十七年初，杨琳奏请建造炮台并得到朝廷的批准：

> 粤东沿海地方，东连福建，西达交趾，南面一路汪洋，诸番罗列，素称险要。请于通省沿海泊船上岸之处，据高临险，相地制宜，修筑炮台城垣，添设汛地，建造营房，分拨官兵，以靖海洋，应如所请。从之。③

此次新建炮台 42 座，修筑改造炮台 71 座，增筑城垣 3 座，增设汛地 10 处，新旧炮台、城垣、汛地共 126 处，盖造修整营房 1380 间，调守官兵 3991 人，炮位 807 位：

> 悉于沿海口岸泊船之处，据高临险，相地设立炮台，通省合计增设新炮台四十二座，修筑改造炮台七十一座，增筑城垣三座，增设汛地十处，共新旧炮台、城垣、汛地一百二十六处，盖造及修整营房共一千三百八十间，调守官兵共三千九百九十一人，大炮八百七位。④

因明代遗留、清初迁界后所筑炮台或毁坏，或在内港，康熙五十六年，广东修建的炮台集中分布在可供泊船登岸汲水的海岛及大陆沿岸地区，新建炮台共 42 处，其中可考的新建炮台有 37 处（见表 3）。

---

① 《两广总督杨琳奏报巡阅澳门及沿海炮台情形并米价折》，"康熙五十六年五月初十日"，中国第一历史档案馆编《康熙朝汉文朱批奏折汇编》第 7 册，档案出版社，1985，第 884 页。

② 《广东巡抚法海奏报虎头门修筑炮台情形折》，"康熙五十六年六月十一日"，《康熙朝汉文朱批奏折汇编》第 7 册，第 1076~1077 页；《广州将军管源忠奏报会查海口情形并地方米价民情折》，"康熙五十六年七月初九日"，中国第一历史档案馆编《康熙朝满文朱批奏折全译》，中国社会科学出版社，1996，第 1204 页。

③ 《清圣祖实录》卷 277，康熙五十七年正月庚寅条。

④ 郝玉麟修《广东通志》卷 7《编年志》，雍正九年刻本，第 214 页。卢坤、邓廷桢：《广东海防汇览》卷 32《炮台》记载："共新旧炮台、城垣、汛地一百一十六处。"河北人民出版社，2009，第 807 页。

表 3　康熙五十六年至五十七年广东新建炮台

炮台	位置	炮台	位置	炮台	位置
长山尾炮台（两座）	饶平县（南澳岛上），属南澳镇右营	莲澳炮台（一座）	潮阳县（达濠岛），属达濠营	淡水炮台	吴川县（硇洲岛），属硇洲营
鸡母澳炮台	饶平县，属黄冈左营	河渡炮台（一座）·	潮阳县，澄海协左营	津前炮台	吴川县（硇洲岛），属硇洲营
西虎仔屿炮台	饶平县（虎仔屿上），属黄冈右营	大星山炮台	归善县，属平海营	大观港东岸炮台	合浦县，属廉州营
大莱芜炮台	澄海县（莱芜岛上），属澄海协右营	放鸡山炮台（一座）	潮阳县（妈屿岛），属澄海协左营	南山炮台	东莞县，属水师提标右营
腊屿炮台（两座）	饶平县（南澳岛深澳北二里海中腊屿上），属南澳镇右营	广澳炮台（一座）	潮阳县，属澄海协左营	三门炮台	东莞县，属水师提标右营
沙汕头炮台	澄海县，属澄海协右营	遮浪澳炮台	海丰县，属碣石镇右营	八字山炮台	合浦县，属廉州营
神泉港口炮台（一座）	惠来县，属海门营	石狮头炮台	海丰县，属碣石镇中营	冠头岭炮台	合浦县，属廉州营
澳脚炮台（一座）	惠来县，属海门营	牛角川炮台	海丰县，属碣石镇左营	牙山炮台（一座）	钦州（牙山岛），属龙门协左营
溪东炮台（一座）	惠来县，属海门营	浅澳炮台	陆丰县，属碣石镇中营	石龟头岭炮台	钦州，属龙门协左营
靖海港口炮台（一座）	惠来县，属海门营	西甘澳炮台	陆丰县，属碣石镇左营	大观港西岸炮台（一座）	钦州，属龙门协右营
石牌澳炮台（一座）	惠来县，属海门营	沱泞山炮台	新安县（沱泞岛），属大鹏左营	香炉墩炮台（一座）	钦州，属龙门协右营

续表

炮台	位置	炮台	位置	炮台	位置
赤澳炮台（一座）	惠来县，属海门营	湧口门炮台	香山县，属香山协左营		
钱澳炮台（一座）	潮阳县，属海门营	大横档炮台	东莞县（上横档岛），属水师提标右营		

注：上表所列炮台共37处，皆康熙五十六年至五十七年所建。见陈光烈纂修《南澳县志》卷13《兵备》，民国三十四年修；徐成栋修《廉州府志》卷6《武备志》，康熙六十一年刻本；董绍美修、吴邦瑗纂《钦州志》卷6《武备志》，雍正元年修；章寿彭修、陆飞纂《归善县志》卷12《军政》，乾隆四十八年刻本；于卜熊修、史本纂《海丰县志》卷6《兵防》，乾隆十五年刻本；卢坤、邓廷桢：《广东海防汇览》卷32《炮台》。

　　上述新建炮台的布局体现了杨琳对粤省三路海防各有侧重的布防战略。中路主要拱卫广州府，防外国船只，在虎头门（即虎门）番船停泊处南山、横档设立炮台，扼守航道，"南山、横档二山，对峙海中，外国大船前来贸易，定经此二山间，他处窄浅大船不能通"①。西路主要是环绕龙门岛设立炮台，分守交趾附近洋面。新建炮台最多的是东路，这也是总督杨琳亲自勘察的地域，"西自新安县属之沱泞起，东至闽省水陆交界止，共设炮台二十五处，城一座，分驻官兵一千四百五十余员"，另外在达濠岛筑城一座，"又达濠一营向设水师守备，并无城郭捍蔽，今筑城一座以资守御"，杨琳之所以如此重视对粤东地区的防备，是基于东路海防事关全粤大局的认识，"惠、潮之洋盗绝，而全粤之海面宁"②。杨琳在其后所作《炮台序》中强调这些海岛地区加强防御的重要性：

　　（杨琳）冒暑遍历岛屿，因知归善县属之大星山、海丰县属之遮浪澳、浅澳、东西甘澳、牛脚川、石狮头，惠来县属之神泉港、澳脚、溪东、靖海所、石碑澳、赤澳，潮阳县属之钱澳、广澳、莲澳，悉系一望渺茫，并无山岛遮隔，然贼船不能久停外洋，势必驶近内海劫掠商船、湾泊取水。又新安县属之沱泞山，潮阳县属之河渡、放鸡山，澄海县属

① 《广东巡抚法海奏报虎头门修筑炮台情形折》，"康熙五十六年六月十一日"，《康熙朝满文朱批奏折全译》，第1204页。
② 郝玉麟修《广东通志》卷62《艺文志》，雍正九年刻本，第1957页。

之沙汕头、大莱芜，饶平县属之南澳镇、腊屿山、长山尾、鸡母澳，环列海中悉属内洋，系贼船来往必经之路，如各扼险把守，岂能飞越……一台之设胜于兵船数十，一堡之兵可当劲卒千余。①

康熙五十七年底，杨琳向朝廷上奏《海防六事疏》，建议广东分路统巡、增战船、均哨船、要汛增兵、要地设官、远协属镇，再次强调了分东、中、西三路在海上巡视并针对战略位置有所侧重的防守方针。此议获准。②

总之，自开海后，广东沿海地区及海岛汛哨体系逐渐建立，广东地方官尤其是两广总督杨琳对炮台、城垣、营房的修建，兵将、船只的调配和增加，将广东防御力量继续向海上推进，奠定了清代广东海防的基础和重防东路的区域部署。

需要指出的是，尽管清初通过汛哨体系和炮台、汛地的添设，海岛作为大陆屏障被利用起来，但水师实际巡视的洋面范围仍然有限。蓝鼎元（1680～1733，字玉霖，别号鹿洲，福建漳浦人）生活在康熙雍正时期，他如此描述当时的粤东水师巡哨：

> 大帅小弁分哨会哨，非不耀武扬威，昂然身登战舰，张大其事，名曰出师，乃南澳出师不过长山尾，澄海出师不过沙汕头，达濠出师不过河渡，海门出师不过猷湾，碣镇出师不过甲子天妃庙，坐守数月，及瓜而还，罕有离岸十余里，试出海面优游者，商船被劫，虽城下也诿之外洋，虽营边也移之邻境，彼此互推，经年不倦。③

从蓝鼎元的讲述可知，直到雍正时期，即使防守最为严密的粤东海域，巡哨范围只是在离岸十余里而已。

而另一方面，海上军事防御范围与民众开发之间存在着紧密互动关系。地方官对此深有体会，雷州府遂溪县东海岛开复之初，因为岛上无"良民"垦种，兵弁对持有武器割据海岛的"贼寇"心存畏惧，不敢赴岛巡视。康熙二十六年《遂溪县志》载：

---

① 郝玉麟修《广东通志》卷 62《艺文志》，雍正九年刻本，第 1957 页。
② 郝玉麟修《广东通志》卷 7《编年志》，雍正八年刻本，第 214～215 页。
③ 蓝鼎元：《鹿洲初集》卷 12《潮州海防图说》，文渊阁四库全书，台湾商务印书馆，1986。

遂邑腹地大半山硗砂浮，唯东海一带土厚地衍，渔盐鳞集，诚一邑之沃壤也。迁界以来，遂为弃土，毋论界外东海，不敢越津飞渡。即已展之界内，犹恐巡逻严密，误罹法纲，樵牧者束手之，种者裹足，而沿□灶丁无敢庐舍聚居，间有耕晒，势必朝去夕还，以致风雨飘荡。即有内港煎捕，悉畏防弁搜查，小民有望洋之叹，客人多采风之怯，是东海□复之不便于民者也。

今白鸽寨虽设水师，新复哨船，而对面空虚，不敢出汛巡查，保无有奸宄伏莽巢穴其上，岂非弃地以资盗粮乎，况大洋飞□，往来无定，及至先受妄报之罪，是兵之困于东海未赴者，此也。若令复还故土，则飞鸿来集，鱼盐之利懋，迁化居而兵声远震，似成掎角相援之势矣。①

东海岛位于遂溪县东南大海中，"与县治虽隔海，仅若一河"②，全县盐课皆出于此岛，岛上五图于康熙元年被迁入大陆，康熙二十三年获准开复。据康熙二十六年《遂溪县志》载，东海岛是内外洋的分界，"自（东海岛）五图之外为洋，海在五图之内为内海，内海之西为（雷州）府城"③。在地方士人看来，只有民众赴岛开垦，军事防御才能真正建立起来。吴川县硇洲岛恰在东海岛分界之东南，属外洋，康熙元年硇洲四村俱移，二十三年展界之时曾以"远隔大洋"弃守，康熙三十四年、四十年硇洲民谭福臻呈请开复，因地处外洋又未设专汛而罢，康熙四十二年设硇洲营守备等官稽查防务。④ 康熙四十三年知县杨名彩再次据硇民呈请开复，⑤ 康熙四十五年七月，广东巡抚范时崇上疏言：

近奉旨酌改沿海营制，硇洲岛已设专汛，迁民来归故土，已有谭福臻等九十余家呈请复业，应察明原额钱粮、户口，听开垦升科。部议允行。⑥

① 宋国用修，洪泮洙纂《遂溪县志》卷1《事纪》，康熙二十六年刻本，第12页。
② 杜臻：《粤闽巡视纪略》卷1，第58页。
③ 宋国用修，洪泮洙纂《遂溪县志》卷1《地里》，康熙二十六年刻本，第16页。
④ 《清会典事例》（光绪朝）卷554《兵部·官制》，第184页。
⑤ 盛熙祚修，章国禄纂《吴川县志》卷2《赋役》，雍正十年刻本，岭南美术出版社，2009，第317～318页。
⑥ 李桓纂《清耆献类征选编》卷7《范时崇》，《台湾文献史料丛刊》第9辑，第652页。

雍正年间，广东地方官因"生齿日繁，商贾辐辏"，而"武职未便兼理民事"，请设巡检一员"驻札安辑"，从之。①

由东海岛、硇洲岛的开复案例可以看出，海岛开发对海洋军事防御向外拓展有促进作用。海岛开复同样以军事防御为前提，赴岛居住之人合法身份的获得取决于政府在岛屿建立军事管辖。

小　结

众所周知，沿海岛屿是清初汉人"反满"最为激烈、抗争时间最久的地区，各种抗清势力以海岛为据点拒绝进入新朝统治之内，并与清朝争夺这片土地与海洋的控制权，这在清朝统治者心中打下了深刻的烙印。展界既是政府对沿海民众生计问题作出的妥协，也是在沿海重建统治秩序的重要举措。虽然广东不同海域沿海岛屿迁界与开界的历程不尽相同，但沿海七府均饱经这场前所未有的血与火、破坏与重建的洗礼。将视角放置到整个广东去考察国家对海岛的管治时，这种一致性清晰可见。

由本文的初步讨论可知，清廷并未凭借迁海隔绝"岛寇"对内陆的滋扰，海岛成为划外之地的同时也成为各种反清势力的滋生地。展界后，清廷将海疆防线拓展至海岛，同时，开放部分海岛召民垦种，却仍采取以防范为主的政策，岛屿的全面开复经历了漫长的时间和很多人的努力。然而从另一个角度看，孤悬海中、处于王朝版图和政治文化边缘的海岛，在清初沿海统治秩序重建的过程中，实际上又受到前所未有的重视，传统的国家海洋管理政策与观念由此也出现一些值得重视的转变。需要进一步强调的是，自清初展界以后，因应国内外海洋局势变化，同海岛展复相伴随的是清朝海上防御体系的确立、地方行政管理（户籍制度）的变革、海洋经济的发展等更为宏大而复杂的历史进程。由此观之，海岛的作用不容忽视，只有将广东海域岛屿军政建置、移民活动、经济开发、社会变迁等与内陆历史进程联系起来，才能细致而全面地展示广东历史的真正全貌和发展脉络，完整地揭示广东陆地连同岛屿被纳入清朝统治的复杂而曲折的历程。没有海岛、海洋的历史，广东的历史将变得残缺不全。

---

①　郝玉麟修《广东通志》卷 7《编年志》，雍正八年刻本，第 231 页。

The Islands Administration and the Boundary was Moved Inward and Expanded in Guangdong Waters during the Early Qing Dynasty

Wang Lu

Abstract：The opposition took the islands as strongholds. In order to control the coastal crowd effectively, the Qing government moved the boundary inward. Afterwards, in consideration of military strategy and the livelihood of the people, the Qing government expanded the boundary. In the process, the island was a vital part . This paper will discuss the administration and influence of the islands when the order was restored by Qing government, in Guangdong waters under the social context of the early Qing dynasty.

Keywords：Move the Boundary Inward; Expand the Boundary; Guangdong Waters; Islands

（执行编辑：徐素琴）

海洋史研究（第六辑）
2014 年 3 月第 122 ～ 142 页

光绪初年澳葡强占十字门水域考

徐素琴[*]

澳门半岛南面的十字门水域是西方船只进出中国的重要通道和停泊地，因此，十字门及周边水域一直是清政府的海防要区。澳门葡人对十字门水域也早有觊觎之心。第一次鸦片战争后，葡萄牙强行在澳门侵地夺权，实行全面的殖民统治。光绪初年，中葡因缉私在十字门水域发生争端。由于广东官府的软弱退让，此次冲突后中国实际上已失去了对十字门水域的控制权。在此次争端中，粤澳双方对粤海常关缉私船湾泊之处有不同的说法，澳葡总督致两广总督的照会表述为"氹仔与过路湾相距之中"，而两广总督致澳督的照会则表述为"鸡头与亚婆尾相距之中"。对涉事水域解释的分歧，蕴涵着澳葡当局对中国海权的侵夺意图，以及中方对该海域主权的维护，因而有必要对其加以考证。

一 十字门水域

中国古代典籍、地图对十字门的记载比较复杂，异说颇多。[①] 十字门之

* 作者系广东省社会科学院历史研究所研究员。
  本文系广东省打造"理论粤军"2013 年度重点基础理论招标研究课题"16 至 18 世纪广东濒海地区开发与海上交通研究"及广东省哲学社会科学"十二五"规划 2011 年度资助项目"晚清海权观演进研究——以晚清中葡澳门水界争端为中心的考察"之阶段性成果。

① 详参胡慧明、谭世宝《明清广东沿海史志及地图的一些问题新探——以"十字门"的记述为中心》，澳门大学社会科学及人文学院中文系中国文化研究中心编《明清广东海运与海防》，澳门大学，2008，第 40 ～ 55 页。

名，最初见于嘉靖《香山县志》卷一《风土·山川》"大吉山"条，原注为"上东中水曰内十字门"，"九澳山"条又注："上东南西对横琴，中水曰外十字门。"可见，十字门有内外之分。根据《澳门记略》的记载，处于内十字门水域的岛屿包括蚝田、马骝洲、上窖、芒洲，处于外十字门水域的岛屿包括舵尾（即小横琴）、横琴、鸡颈（即氹仔）、九澳（即路环）。① 通常所言十字门多指外十字门。② 外十字门水道是船舶出入澳门的要道：

> 凡蕃舶入广，望老万山为会归，西洋夷舶由老万山而西至香山十字门入口；诸番国夷舶由老万山以东由东莞县虎门入口，泊于省城之黄埔。其西洋舶既入十字门者，又须由小十字门折而至南环，又折而至娘妈角，然后抵于澳。③

所以，"守老万山则诸番舶皆不得入内港，守十字门则西夷船不得至澳地"④。正可谓"南环一派浪声喧，锁钥惟凭十字门"⑤。

十字门还是重要的泊船处所。康熙年间吴震方所著《岭南杂记》载：

> 离澳门十余里名十字门，乃海中山也。形如攒指，中多支港，通洋往来之舟，皆聚于此，彼此交易。故有时不必由澳门也。⑥

康熙年间香山举人刘世重有诗云："番童夜上三巴寺，洋舶星维十字

---

① 印光任、张汝霖：《澳门记略》上卷《形势篇》，赵春晨点校，广东高等教育出版社，1988，第 13 页。
② 黄晓东主编《珠海简史》，社会科学文献出版社，2011，第 107 页。
③ 张甄陶：《澳门图说》，中国第一历史档案馆等编《明清时期澳门问题档案文献汇编》（六），人民出版社，1999，第 608~609 页。
④ 张甄陶：《澳门图说》，中国第一历史档案馆等编《明清时期澳门问题档案文献汇编》（六），人民出版社，1999，第 608~609 页。
⑤ 汪後来：《鹿冈诗集》卷 4《澳门即事同蔡景后六首》，《明清时期澳门问题档案文献汇编》（六），第 758 页。
⑥ 吴震方：《岭南杂记》，《明清时期澳门问题档案文献汇编》（六），第 600 页。

门。"①直至晚清，十字门仍然是澳门附近很好的锚地，同治年间完成的、由英国金约翰辑、傅兰雅口译、中国王德均笔述的《海道图说》记载：

> 十字门为最便泊船处，以东面有二高岛：南曰九澳，北曰大拔（即氹仔）。九澳与大横琴东北角之间，有甚窄水道，仅深二十四尺。至近大拔处，仅深九至十尺。又大拔以西与马格里勒（按：葡语 Macareira 的音译，即小横琴）以东，其间深三拓半至四拓之处，亦便泊船。②

光绪十三年（1887），候补知府富纯奉张之洞之命赴澳门查勘地界后禀报：

> 澳门外环群山，曰潭仔，过路环，曰大小马骝洲，曰湾仔、曰银坑，曰拱北湾等处，峙立东西南三面，形势环抱，中汇一水，宽约数里，便于泊船。③

康熙二十三年（1684），康熙帝下令在江苏、浙江、福建、广东四省设立海关，开海贸易，长期在中国东南沿海寻求贸易机会的西方各国商人很快就进入四省进行通商贸易活动。由于历史、地理等方面的因素，中西贸易逐渐集中到广东，形成了以广州—澳门为中心的贸易体制。开海贸易之初，正当十字门航道东端水域的鸡颈洋面已成为西方商船重要的碇泊所。1684 年、1685 年英国商船"快乐"号、"忠诚冒险"号在前往厦门贸易前，都曾在鸡颈洋面碇泊。1699 年 8 月 26 日，东印度公司商船"麦士里菲尔德"号到达中国，在鸡颈洋面停泊了一个多月后，才于 10 月 3 日前往黄埔进行贸易。1704 年 8 月 7 日，有三艘英船下碇潭仔碇

---

① 刘世重：《东溪诗选》，《明清时期澳门问题档案文献汇编》（六），第 742 页。
② 田明曜修，陈沣纂《香山县志》卷 8《海防》，广东省地方史志办公室辑《广东历代方志集成·广州府部（三六）》，岭南美术出版社，2009，第 143 页。
③ 《候补知府富纯等为遵查澳门地界等情并严防葡人占地事禀》，黄福庆等主编《澳门专档》（一），台湾"中研院"近代史所编印，1992，第 135～136 页。

泊所，在海关监督派人前来丈量船只后，才开往黄埔。①不过，彼时清政府尚未严格规定西方商船在前往黄埔前只能湾泊鸡颈洋面。② 随着来华西方商船逐年增多，清政府对西方商船的停泊、航行、进出港的管理越来越规范，亦日趋严格。乾隆初年，清政府明确规定，除澳门额船及小吕宋（今菲律宾）、小西洋（葡属印度殖民地）、大西洋（葡萄牙本国）的船只可以进出澳门港口并进行贸易外，英、法、美、荷兰、瑞典等其他西方国家的商船，不能进入澳门内港，只能先停泊在鸡颈洋面，经澳门同知衙门额设的引水和澳葡理事官禀报，由澳门同知衙门派遣引水和伙食买办，然后经虎门驶入广州黄埔口岸。③ 正当十字门航道东端水域的鸡颈洋面成为其他西方国家商船进入黄埔前的临时碇泊所，"这个城是中国政府的一个前哨站，允准外国船舶前往黄埔的证件，只在那一处地方颁发。每一艘外国船都必须通过澳门前往广州"④。

鉴于十字门一带海域是西方船只进出中国的重要通道和停泊地，因此，十字门及周边水域一直是清政府的海防要区。乾隆初年，置左营左哨头司把总一员驻防关闸，"专管关闸、十字门等汛。关闸陆汛目兵二十二名。瓦窑头陆汛外委把总一员，领目兵七名。吉大陆汛目兵五名。香山场陆汛目兵六名。十字门水汛赶缯船一只，管驾目兵二十名，桨船一只，管驾目兵十五名"⑤。《澳门记略》插图一《海防属总图》在九澳山（今路环岛）南面、深井（今横琴岛）东面清晰地标示出"十字门船汛"（见图1）。

在香山各水汛中，十字门的防守力量最强（见表1）。

---

① 马士：《东印度公司对华贸易编年史》（第一、二卷），区宗华译，林树惠校，中山大学出版社，1991，第53、58、86、133页。
② 例如，1689年9月1日抵达中国的英船"防卫"号就下碇在澳门东侧15里格（1里格为3海里）的地方，该处可能是香港港口或其附近，也可能是急水门。后又停泊在离澳门6里格的大横琴后面。英国东印度公司的商船甚至常常以船只停泊在潭仔碇泊所不入黄埔，来向海关监督讨价还价。见马士《东印度公司对华贸易编年史》（第一、二卷），第77、196、202页。关于乾隆以前的情况，该书有很多类似的记载。
③ 章文钦、刘芳：《一部关于清代澳门的珍贵历史记录——葡萄牙东波塔档案馆藏清代澳门中文档案述要》，刘芳辑《葡萄牙东波塔档案馆藏清代澳门中文档案汇编》（下），澳门基金会，1999，第885、888页。
④ 泰勒·丹涅特：《美国人在东亚》，姚曾廙译，商务印书馆，1959，第42页。
⑤ 暴煜修，李卓揆纂《香山县志》卷3《兵制》，广东省地方史志办公室辑《广东历代方志集成·广州府部（三五）》，岭南美术出版社，2009，第80页。

图 1　乾隆香山海防属总图

资料来源：《澳门记略》插图一。

表 1　香山各水汛防守力量对比

水汛名	主管官员	兵力	船数
三　灶	左营左哨千总	管驾目兵 12 名	索罟船 1 艘
高　栏	左营左哨千总	管驾目兵 17 名	4 橹船 1 艘
番鬼岩	左营左哨千总	管驾目兵 28 名	桨船 2 艘
沙尾汛	左营右哨千总	管驾目兵 15 名	桨船 1 艘
秋风角	左营右哨千总	管驾目兵 15 名	桨船 1 艘
南野角	左营右哨千总	管驾目兵 18 名	8 橹船 1 艘
十字门	左营左哨头司把总	管驾目兵 35 名	赶缯船 1 艘、桨船 1 艘

续表

水汛名	主管官员	兵力	船数
磨刀门	左营左哨二司把总	管驾目兵 14 名	桨船 1 艘
蛇埒	左营左哨二司把总	管驾目兵 32 名	桨船 1 艘、艍船 1 艘
第一角	左营左哨二司把总	管驾目兵 18 名	桨船 1 艘
蠔壳头	左营左哨二司把总	管驾目兵 14 名	桨船 1 艘
涌口门	左营右哨头司把总	管驾目兵 17 名	4 橹船 1 艘
东洲门	左营右哨头司把总	管驾目兵 33 名	艍船 1 艘、巡查河道随捕船 1 艘
小赤坎	右营左哨千总	管驾目兵 12 名	桨船 1 艘
榄面沙	右营右哨千总	管驾目兵 37 名	桨船 1 艘
横沥	右营右哨千总	管驾目兵 12 名	桨船 1 艘
白蠔尾	右营右哨千总	管驾目兵 16 名	艍船 1 艘
泥湾门	右营左哨头司把总	管驾目兵 13 名	桨船 1 艘
虚浮	右营左哨二司把总	管驾目兵 14 名	4 橹船 1 艘
小屯畔	右营左哨二司把总	管驾目兵 13 名	桨船 1 艘
三角塘	右营左哨二司把总	管驾目兵 12 名	桨船 1 艘
东濠口	右营右哨头司把总	管驾目兵 10 名	4 橹船 1 艘
竹仔林	右营右哨二司把总	管驾目兵 29 名	艍船 1 艘、桨船 1 艘
三门	右营右哨二司把总	管驾目兵 12 名	桨船 1 艘
象角	右营右哨二司把总	管驾目兵 12 名	桨船 1 艘

资料来源：乾隆《香山县志》卷 3《兵制》。

　　根据表 1，在兵力上，榄面沙最多，共有管驾目兵 37 人，比十字门汛多 2 人，但其船只配备只有 1 艘桨船。在船只配备上，蛇埒汛、东洲门汛、竹仔林汛虽然与十字门汛一样有 2 艘船，但兵力均不及十字门汛。

　　乾隆九年（1744），设澳门同知，驻前山寨，"令其专司海防，查验出口、进口海船，兼管在澳民蕃"。鉴于澳门同知职司海防，兼理蕃民，所以特别从香山、虎门二协改拨左右哨把总二员，马步兵一百名，桨橹哨船四舵，马十骑，别立为海防营，"以资巡缉之用"①。这样一来，防守十字门的武装力量，除了香山协指挥之下的十字门水汛外，还有澳门同知指挥下的海防营。至嘉庆朝，香山协已未再专门设立十字门水汛。嘉庆十四年（1809），海防营也改设为前山专营。前山营虽然为陆路专营，分防的南大涌、关闸、

――――――――――

① 《广州将军策楞等奏请移同知驻扎澳门前山寨以重海防折》，《明清时期澳门问题档案文献汇编》（一），第 197 页。

望厦三汛均为陆汛，但是将原归澳门同知辖制的兵丁 90 名补至 100 名，由水师千总率外委 1 名带领，驾驶浆船，在澳门东、西、南三处海面往来巡查。

道光中叶以后，西方侵略势力对中国的威胁日益严重，外国兵船长期在虎门口外游弋，甚至不遵守规定，恃强闯入虎门口。虎门口一带的海防压力日益加大。道光十一年（1831），清政府将前山营守备移驻大鹏营，同时将前山营由陆路专营改为内河水师营，游击改为内河都司，由香山协管辖，兵丁减为 373 名，水师千总率外委 1 名，带兵百名巡缉澳门海面不变。① 有清一代，清政府对澳门的军事镇守虽然因时而异，时强时弱，但清朝一直严密掌握着对澳门的水陆防守，无可置疑地拥有澳门水域的主权。

二　光绪初年澳葡强占十字门水域的经过

由于十字门是商船出入中国的必由之海道，因此，葡人对十字门水域早就有觊觎之心。而嘉庆年间海盗横行广东海面，十字门的海防形同虚设，也给葡人侵犯氹仔岛及其水域制造了机会。葡人借口保护中外商民不受海盗劫掠，不仅"向英国人购买一艘双桅帆船'南希号'（Nancy），价款 15000元，将船改装，安上火炮 16 门，派船员 150 名上船"②，在十字门水域巡视，而且还曾在氹仔岛派驻海关卫兵。③

第一次鸦片战争刚刚结束，葡萄牙就企图侵犯十字门一带海面，但未能得逞，"道光二十三年间，该洋人拟于关闸地方设兵防守，东西两海至十字门，派船防御，经绅士赵勋等呈控，又奉前督、抚宪祁、程批准驳斥"④。此时，葡萄牙对华政策的核心是"彻底铲除澳门在中华帝国秩序内的传统地位"⑤，即通过强行征税以侵夺对在澳中国居民管辖权，扩张地界以侵夺中国在澳领土主权，驱逐中国官员、捣毁中国官方机构以侵夺中国在澳行政权，擅自审理涉华案件以侵夺中国在澳司法权等手段，夺取对澳门的排他性管理权，开始在澳门实行殖民统治，尚无力对澳外周边海域进行实际占有。

---

① 卢坤、邓廷桢：《广东海防汇览》卷 7《司职·武员》、卷 9《营制·兵额》，王宏斌等点校，河北人民出版社，2009，第 234、294 页。

② 马士：《东印度公司对华贸易编年史》（第一、二卷），第 728～729 页。

③ 萨安东：《葡萄牙在华外交政策（1841~1854）》，金国平译，澳门基金会，1997，第 97 页。

④ 《两广总督张之洞咨总理衙门》，黄福庆等主编《澳门专档》（一），台湾"中研院"近代史所编印，1992，第 142 页。

⑤ 萨安东：《葡萄牙在华外交政策（1841~1854）》，第 14 页。

澳门居珠江口西部，西江流经两广山地，至广东三水县，汇北江而南流出海。其流域所经大部分岩石，在华南高温多雨气候下，风化甚烈，河水夹带巨量泥沙，至河口三角洲，地势平坦，水道分歧，流势锐减，泥沙沉积。澳门迩近磨刀门水道且其排水支道濠江，绕南屏前山经澳门西岸出海，故澳门深受西江冲积之威胁，沿岸淤积严重，泥滩广阔，海岸日浅。[1] 19 世纪末，澳门港口及附近海域的淤塞程度越来越严重，吃水稍深的船只就无法进港，严重制约澳门对外贸易的发展，粤澳间的民船贸易对澳门商业乃至经济的重要性日益彰显。澳葡当局很清楚这一点，采取了免交税费等方法鼓励民船贸易。[2] 1850 年 12 月 7 日，澳葡政府发布公告：

> 奉公会命：现查得所有头艋船，向由附近海口来澳贸易者，辄疑与趁洋各艚船同输入澳顿钞。为此，合行出示，明白晓谕尔各头艋等船知悉该入澳顿钞之例。惟是，该趁洋白艚船及头艋等大船由家喇吧（Portos de Java）、暹罗（Siam）、新埠（Estreito de Malaca）等外洋，不在中国所属之处载货来澳者，应输顿钞，其余由附近来澳之船不在例内，可照旧免钞，各宜告之。特谕。
>
> 道光三十年十一月初三日谕[3]

但是，澳门政府在鼓励民船赴澳的同时，不仅未对越来越严重的民船走私进行限制和监管，相反还对走私采取姑息放纵的态度，"其澳门西洋人日听奸商勾结，包庇走私"[4]。同时，澳门中国海关被澳葡当局强行关闭、迁移黄埔长洲后，由于长洲不是往来澳门的必经之路，难以对往来粤澳间的民船贸易进行征税，该关形同虚设，清政府对澳门民船贸易的管理严重失控，走私活动盛行。走私的货品既包括鸦片、茶叶、生丝、药材、米、糖、油等允许贩运的货物，同时也不乏苦力、盐、火药、军火等清廷明令禁止贩运的货物，严重影响了清廷关税和广东地方财政收入。为了遏制粤澳民船走私，

---

① 何大章、缪鸿基：《澳门地理》，广东省立文理学院，1946，第 27 页。
② 关于粤澳民船贸易与中葡澳门水界争端，详参徐素琴《晚清粤澳民船贸易及其影响》，《中国边疆史地研究》2008 年第 1 期；徐素琴：《"封锁"澳门问题与清季中葡关系》，《中山大学学报》（社会科学版）2005 年第 2 期。
③ 汤开建、吴志良主编《澳门宪报中文资料辑录：1850~1911》，澳门基金会，2002，第 1 页。
④ 《两广总督瑞麟为小马骝洲缉私纠纷致总理衙门函》，黄福庆等主编《澳门专档》（三），第 166 页。

同治七年（1868），广东地方政府在前山和拱北湾设立厘卡征收地方厘金。同治十年（1871），清廷责令广东地方政府在厘卡处设立常关税厂征收常税。但是拱北湾设立税厂遭到澳门当局的强烈反对，中葡发生严重冲突。广东官府派出多艘舰船分守九星洋、鸡颈、十字门、磨刀门等海面，对澳门形成一个包围圈，给澳葡当局造成很大的压力。在粤海关税务司鲍拉的调停下，中葡各退一步，中国放弃在拱北湾设厂，澳葡则被迫同意在马骝洲设厂。

马骝洲税厂设立后，清廷一度派缉私船驻泊在鸡颈附近海面，巡缉十字门一带海域，后来因故裁撤，"查澳门外鸡头岛与亚婆尾岛相距交界之中，曾有本关缉私大轮船常泊于此，惟近年本关所派于澳洋面地方缉私轮船船身较小，此处无避风地方，湾泊于此，难免无虞，本关未准湾泊于此"①。由于疏于防守，光绪初年，在澳葡当局的庇护下，十字门附近的走私活动日益严重。光绪四年（1878），海关缉私艇拦截四艘走私盐船时，遭到走私船的激烈反抗，关艇"华山"号上的一名欧洲籍舵手被打死，一名中国水手受伤。走私者逃到葡萄牙私占的水域内，并受到澳葡当局的庇护，"走私者成功地逃到葡萄牙界内，在那里他们总是能得到安全，免于惩罚"。粤海关《1878年广州口岸贸易报告》在记述了这一事件后，还作出了这样的评论：

> 葡萄牙人对凼仔岛（Typa）提出的要求，包括十字门水域划在他们边界之内，要海关对邻近澳门的违禁品维持有效监督，就特别困难。十字门就其名称的含义，是由两条河道相互直角交叉组成，所以有四个出口，走私船可以从每个出口驶入海中，保持在葡萄牙水域内，直至发现某一河道没有海关缉私艇守卫，再驶向中国水域。如果缉私艇驻扎在一个邻接的河道，他们必先需要绕行几里路才能开始追逐，结果是大多数走私船逃之夭夭。②

有鉴于此，光绪六年（1880），粤海常关特派"神机"号大轮船重新在鸡头、亚婆尾之间"择利便之地湾泊"，在十字门东面一带水域常川巡缉，以加强对该水域的缉私行动。此事很快就引起了葡人的警觉。据"神机"

---

① 《副都统都理粤海关咨两广总督张树声》，黄福庆等主编《澳门专档》（一），第113页。
② 《1878年广州口岸贸易报告》，广州市地方志编纂委员会办公室、广州海关志编纂委员会编译《近代广州口岸经济社会概况：粤海关报告汇集》，暨南大学出版社，1995，第232页。

号管驾向粤海关监督的禀报：

> 于九月二十三日，该船曾泊鸡头地方，并无西洋员弁到问。本船即于该日驶往他处，随于二十九日复泊该处，申刻时候，有西洋兵总名佐诗加理亚地李留士由凼仔炮台来到本船，自称彼尚未知本船所泊之处是否西洋界内，当回澳禀问督宪请示，并未请本船移往别处。而本船亦泊至次日午后，始开行往别处巡缉，迨至三十日，复在此停泊。又有西洋副船政厅来问，声称此乃西洋界内，请即起锚须往他处湾泊。而本管驾答之确系中国界内，未允其所称西洋界内之语。当即因事起锚前往出洋等语。①

这份禀报颇耐人寻味。从二十三日到三十日，"神机"号三次停泊鸡颈洋面，第一次葡人未加理会，第二次称不能肯定该处是否西洋水面，第三次则肯定该处是西洋水面，并要求中国巡船立即离开。这说明，澳葡对中国巡船重新驻泊十字门海面非常关注，并为此积极商讨对策。果然，过了两天，即十月初二日，澳门总督贾若敬就为此事照会两广总督，措辞十分强硬。这篇照会很长，其意大致可概括为：

（1）凼仔、路环海面为葡萄牙所有，中国在该处水域内的任何缉私行为，均是对葡萄牙主权的侵犯，"现据镇守凼仔兵总禀报前来，有粤海关炮船一只湾泊于凼仔、过路湾相距之中。查该处有一带海面，其内不应准查私，如其内有查私，是伤本国之权"。

（2）葡萄牙无意干涉中国缉私，但所有缉私行动不仅只能发生在葡萄牙所属海域以外，而且"界限之最迫近者亦不许任为中国海关查私"，也就是说，必须远离葡萄牙水域，否则，"定必按照违犯章程办理，将船扣留罚银，倘若固违，定将该船充公"。

（3）中国在澳门周围海域缉私必须经过葡萄牙特准，如果中国"妄行太过"，葡国将按万国公法，不允中国巡船在葡属海面湾泊。②

两广总督张树声在收到澳督的照会后，随即咨粤海关监督，询问澳督所说凼仔、过路湾海面是否在妈阁以内洋面，"神机"号巡船是否在该处缉私

---

① 《副都统都理粤海关咨两广总督张树声》，黄福庆等主编《澳门专档》（一），第113页。

② 《驻澳大西洋总督贾若敬照会两广总督张树声》，黄福庆等主编《澳门专档》（一），第112页。

查私。粤海关监督派人调查后，将结果知会张树声，说明"神机一船并未在氹仔及过路湾停泊之处，只在鸡头与亚婆尾相距之中，即照西洋自定水界查核，此次神机湾泊系在中国界内，且与督部堂文开是否妈阁洋面之处，实系相离妈阁甚远，并未有湾泊在西洋界内"①。十一月三日，张树声将粤海关监督的咨文一字不易地照会澳督。②

三　"鸡头与亚婆尾相距之中"考辨

从上节所引档案，可以发现对"神机"号巡船的停泊地，粤澳双方有不同的说法，澳督照会表述为"氹仔与过路湾相距之中"，但无论是粤海关缉私官兵、粤海关监督，还是两广总督，均一再表示"神机"号的停泊地不是"氹仔与过路湾相距之中"，而是"鸡头与亚婆尾相距之中"，在此对其略作考证。

20 世纪之前，氹仔岛还是相互分离却又紧挨在一起的两个小岛，葡人统称为"Il ha da Taipa"③（见图 2）。根据葡语发音，其他一些西方国家则把氹仔岛称为"Typa"或"Tempa"。④ 除了文献记载，也可见于一些西方人绘制的地图中（见图 3）。还有一些西方地图把十字门水域称为"Typa"（见图 4）。

中国文献和地图则对氹仔岛东、西两小岛有明晰的区分：

> 潭仔土名三沙，中一小山，具牛形，曰牛山，名上沙。过峡处，南与大山相连。西一岛孤立，与牛山隔水，曰千门山，曰十字门山，名西沙。大山西出一嫩枝，尽头处峰石昂然，曰龙头湾，名下沙。大山东一带，矮冈远伸入海，曰鸡颈。⑤

引文中所说孤立在西的千门山、十字门山（见图 5），又称为小潭仔。⑥

---

① 《督理粤海关税务为神机轮船湾泊之处确系中国界内事致两广总督咨文》，黄福庆等主编《澳门专档》（一），第 114~115 页。
② 《两广总督张树声照会驻澳西洋大臣贾若敬》，黄福庆等主编《澳门专档》（一），第 116 页。
③ 《中葡澳门地名译名对照表》，黄福庆等主编《澳门专档》（三），第 830 页。
④ 马士：《东印度公司贸易编年史》（第一、二卷），第 50 页。
⑤ 《北洋大臣李鸿章为寄送幕客程佐衡巡澳说略事复总理衙门文》，附件二《幕客程佐衡著〈勘地十说〉》，黄福庆等主编《澳门专档》（一），第 250 页。这段引文可与图 2 对照来看。
⑥ 刘南威、何广才主编《澳门自然地理》，广东省地图出版社，1992，第 61 页。

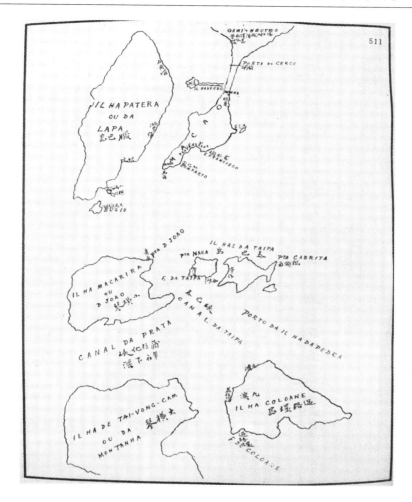

图 2　绘于宣统年间的澳门及附近岛屿中葡文名称对照图

资料来源：黄福庆等主编《澳门专档》（三），第 830 页。

1847 年，澳葡当局不顾中国的反对，在小潭仔西端修建了炮台，"西沙本系中国海关官堆之地，道光二十年外，英人犯顺，葡乃建炮台于西沙嘴，或云二十九年所建，总在咸丰以前无疑"①。引文中所说的大山在同时期的文献和地图中常被称为鸡头山或鸡颈山，粤海关监督咨文中所说的"鸡头山"

---

① 《北洋大臣李鸿章为寄送幕客程佐衡巡澳说略事复总理衙门文》，附件二《幕客程佐衡著〈勘地十说〉》，黄福庆等主编《澳门专档》（一），第 251 页。

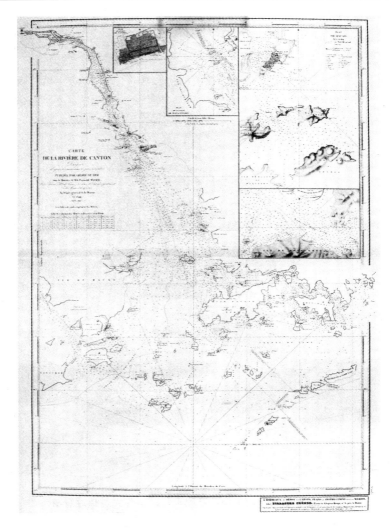

图 3　德国人绘于 1844 年的《珠江三角洲详细军事图》

资料来源：《俯瞰大地——澳门中国地图》，第 22 图。

即此。在绘于 1866 年的一张广东图上，今氹仔岛的西面被标注为潭仔，东面为鸡头。

澳督照会中所说的过路湾，葡语为 "Il ha Coloane"，似为中文 "过路湾" 的葡语音译。但在中文文献和地图中，此时的 "过路湾" 应该还是指今路环岛西南面的一个海湾，似乎尚未成为路环全岛的称呼。在绘于 1866 年的广东图中，路环岛标为九澳，过路环标在九澳西南角正对大横琴岛东南

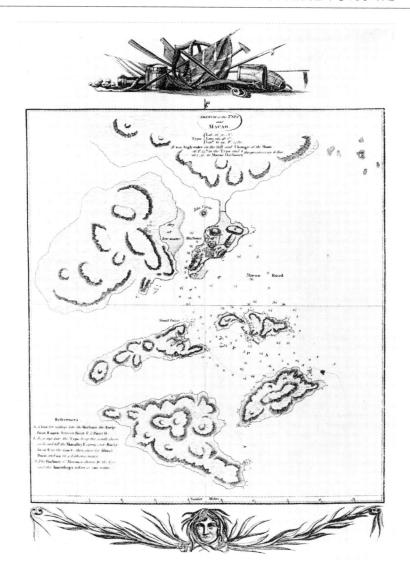

图 4　英国人绘于 1780 年的澳门及附近地区图

资料来源：《俯瞰大地——澳门中国地图》，第 10 图。

角处。在前引《绘于宣统年间的澳门及附近岛屿中葡文名称对照图》中，路环岛已被标注为过路环岛，但在其北角、西北角、西南角标出了"石澳""荔枝湾""过路环"，并在与其相配的《中葡澳门地名译名对照表》中注明："葡译名：过路环岛；葡文洋名：Ilha Coloane，华名：九澳、荔枝湾、

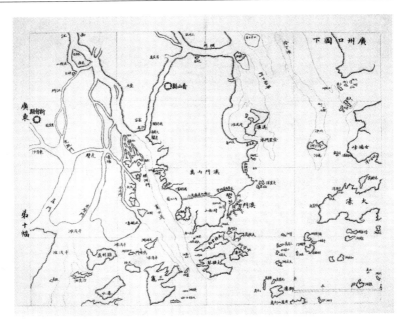

图 5　光绪十三年后兵部七品京官程鹏绘制的广州口图

资料来源：中国第一历史档案馆编《澳门历史地图精选》，第 57 图。图中将小潭仔称为十字门岛，而"大拔岛"（即鸡头山）、"马格里勒"（即小横琴岛）均为葡语的中文音译。

过路环等处全岛。"① 而在一张绘于宣统元年（1909）的《葡人逐年侵占澳门附近地界略图》中，明确指出过路环也可作过路湾。②

　　显然，对于澳督照会中的"氹仔与过路湾相距之中"，广东官员理解为指的是氹仔岛西面即小潭仔海面与路环岛西面之间的海域。这是符合历史实际的。近代海关制度确立后，清政府的榷关系统遂分割成洋关和常关两部分：洋关由外籍税务司职掌，负责征收进出口贸易税；常关又称旧关，由海关监督直接控制，负责征收国内贸易税。③ 由于粤港、粤澳民船贸易具有进出口贸易性质，所以在广东，常关对民船贸易的征税，会影响粤海关的税源和税收，海关和常关之间存在着矛盾和冲突。④ 粤海关对此颇为关注，海关税务司撰写贸易报告时多有论述。同治十三年（1874），粤海关税务司康发达为了向总税务司赫德报告粤海常关管辖的税卡及征税情况，专门绘制了广东沿海小市镇

---

① 《中葡澳门地名译名对照表》，黄福庆等主编《澳门专档》（一），第 830 页。
② 《葡人逐年侵占澳门附近地界略图》，黄福庆等主编《澳门专档》（一），第 644 页。
③ 祁美琴：《晚清常关论》，《清史研究》2002 年第 4 期。
④ 详参戴一峰《赫德与澳门：晚清时期澳门民船贸易的管理》，《中国经济史研究》1995 年第 3 期。

以及香港、澳门的海图。他在《1874 年广州口岸贸易报告》中这样写道:

> 这里最好先把本省关部所管辖的沿海和小市镇收税地区的海图和地图呈展在您面前。图 A 表明西边沿海地区下四府的范围和界线。图 B 和图 C 表明东边沿海地区范围。图 D 是一张表明内港和毗邻香港、澳门和广州的关部属下的外口的略图。图 E 和图 G 是香港和澳门的大比例尺海图,它表明这两个自由港的范围和关部所属征收鸦片烟土税的洋药厂的位置。①

后来,中葡里斯本谈判时,赫德曾这样向代表清政府谈判的亲信金登干解释这张表明澳门范围的海图:"地图上的界限就是澳门总督所要求的,中国从未承认,但广东省当局一般地在行动上予以尊重,以避免纠葛。"②

"神机"号事件前,在十字门水域,澳葡当局势力所及的范围包括氹仔、路环两岛以西,大、小横琴以东的海面。粤澳因缉私与反缉私在该水域屡起冲突。光绪四年(1878),即"神机"号事件前两年,粤海关缉私船在下窖、横琴岛一带海面追缉两艘走私盐船,追至氹仔附近海域后,先被葡兵扣留在过路湾,后又被带至氹仔,数小时后始被释放。粤督刘坤一为此事与澳督交涉时,澳督表示已对涉事葡兵予以责罚,因为走私盐船"一到西洋海界,该两小火船停轮不追",所以缉私船"无犯澳门章程实据"③。可见,葡人于道光、咸丰年间及咸丰、同治年间开始侵犯氹仔及路环后,④ 其势力已逐渐及于两岛西面一带海域。1868 年受澳督委派前往广州,就广东官府在澳门附近海面设卡抽厘之事与两广总督瑞麟交涉的澳门检察官庇礼喇,在其所著《澳门的中国海关》一书中说:

> 在亚玛勒政府之后,路环及其周围村庄自愿并入我们的治下,开始向我们纳税。对此,香山县官未提出任何异议。因此,路环港成为澳门三个历史悠久的港口之一。⑤

---

① 《1874 年广州口岸贸易报告》,《近代广州口岸经济社会概况:粤海关报告汇集》,第 107 ~ 108 页。

② 中国近代经济史资料丛刊编辑委员会:《中国海关与中葡里斯本草约》,中华书局,1983,第 42 页。

③ 《驻澳大西洋国施为扣留佑民等轮船事复两广总督照会》,黄福庆等主编《澳门专档》(一),第 92 页。

④ 关于葡人对氹仔、路环岛的侵占,详参郑炜明《氹仔路环历史论集》,澳门民政总署文化康体部,2007;马光:《从"非依常规"到〈自治规约〉——近代氹仔、路环的军事、税收与行政变迁初探》,(澳门)《澳门研究》第 64 期。

⑤ A. F. Marques Pereira, *As Alfandegas Chinesas de Macau*, p. 28;引自吴志良、汤开建、金国平主编《澳门编年史》第 4 卷,广东人民出版社,2009,第 1693 页。

中文文献也记载光绪初年葡人在过路湾建有兵房：

> 其西面路湾海中，拖鱼船停泊甚多，街南北斜长一千七百余步，店户、居民约近二百家，街南头有谭仙庙，山旁有天妃庙，街中兵房一所，约前十年建。闻葡人向因救火而进步者。谭仙庙旁山角兵房，系光绪十年建。①

但是葡人尚未控制鸡颈海面。在康发达绘制的澳门海图上，在鸡颈洋面处标注着"海关火船湾泊"的字样。这正好可以和粤海关咨文中提到的"澳门外鸡头岛与亚婆尾岛相距交界之中，曾有本关缉私大轮船常泊于此"相互印证。换言之，在"神机"号事件前，鸡头山与路环岛之间的海域仍在中国控制之下。

比较不好理解的是粤海关监督所说的"鸡头与亚婆尾相距之中"。明郭棐《粤大记》书末所附《广东沿海图》，在横琴岛的东南面标有亚婆尾。由两广总督张人骏主修、刊于光绪二十三年（1897）的《广东舆地全图》之《香山县图》在横琴岛上标出了二井、深井、大横琴、小横琴、阿（亚）婆尾等地名，阿（亚）婆尾在岛之东南端（见图6）。绘于宣统元年（1909）的《香山县属澳门一览图》②，在横琴岛的东南角标示了亚婆尾。在文献记载方面，金约翰《海道图说》记载："如已过九澳东角，相距一里半、水深四拓半之处，即可过大横琴东南角之亚婆尾，任离远近，皆无阻滞，盖近亚婆尾处亦深四拓也。"③ 亚婆尾也称亚婆湾，"（横琴岛）刀口河滩有一小庙，东转为白草湾，又极东为亚婆湾，山有数坟，均无居人。此横琴角英人金约翰《海道图说》称为亚婆尾"④。

可见，明清以来横琴岛的东南角一直被称为"亚婆尾"。这样一来，就产生了一个问题，如果粤海关监督所说的亚婆尾指的是横琴岛东南角的亚婆尾的话，那么"神机"号巡船要停泊于"鸡头与亚婆尾相距之中"，在地理空间上似乎难以实现，因为在鸡头与亚婆尾相距之中恰好隔着一个路环岛。不过，一些海图可以解开这个问题。陈伦炯所著、成书于雍正年间的《海国闻见录》的下卷为海图集，其中《沿海全图》中有一幅香山县海图，该图将路环岛称为"阿婆尾"（见图7）。粤海关税务司康发达绘制的澳门附近水域图，将鸡

---

① 《北洋大臣李鸿章为寄送幕客程佐衡巡澳说略事复总理衙门文》，附件二《幕客程佐衡著〈勘地十说〉》，黄福庆等主编《澳门专档》（一），第252页。
② 《香山县属澳门一览图》，黄福庆等主编《澳门专档》（三），第674页。
③ 田明曜修，陈沣纂《香山县志》卷8《海防》，第143页。
④ 《北洋大臣李鸿章为寄送幕客程佐衡巡澳说略事复总理衙门文》，附件二《幕客程佐衡著〈勘地十说〉》，黄福庆等主编《澳门专档》（一），第253页。

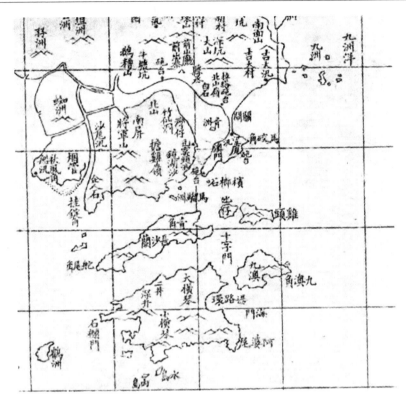

图 6　香山县图

资料来源：张人骏修《广东舆地全图》。

颈南面本该是路环岛的地方清晰地标示为"亚婆尾"。而一张绘制于光绪五年（1879）的《广东全图》，亦将路环岛标示为"阿婆尾"。① 葡语水文图也多有将路环岛称为亚婆尾岛者。② 可见，至少在同治末年至光绪初年，路环岛曾被称为"亚（阿）婆尾"或"亚（阿）婆尾岛"。③

因此，粤海关监督说的亚婆尾不是横琴岛东南角的亚婆尾，而是路环

① 薛凤旋编《澳门五百年——一个特殊中国城市的兴起与发展》，（香港）三联书店有限公司，2012，第 94 页。
② 金国平：《西方近代水文资料译文对澳门方志的影响》，第 19 注，（澳门）《澳门研究》第 54 期。
③ 据汤开建研究，清代至少有四幅地图将路环岛标示为亚婆尾：佚名《清初海疆图》、陈伦炯《海国闻见录》附《沿海全图》、王之春《清朝柔远记》附《澳门图》、阮元《广东通志》卷 124《海防略》附《广东海图》。见汤开建《〈粤大记·广东沿海图〉中的澳门地名》，《岭南文史》2000 年第 1 期。

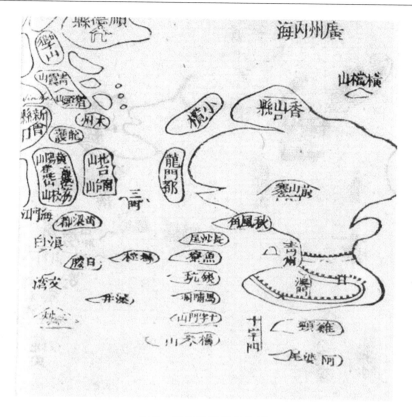

图 7　澳门及附近岛屿图

资料来源：陈伦炯：《海国闻见录》下卷《沿海全图》，台湾大通书局，1987。

岛，所谓"鸡头与亚婆尾相距之中"，实际上就是今凼仔岛东端与路环岛东端之间的海域。根据英人金约翰所辑《海道图说》，该处是十字门的最佳入口：

> 凡船出入十字门，皆应俟潮半涨时开行，如入十字门时，可直向九澳北角而行，不必离角过远，因此处颇深也。及行至见小碌高顶与九澳北角成直线，依此前行，必常见小碌北角为东又南三分之向，即得深处（据同治六年间西人绘图所记深浅尺数，今已变浅）。又见大拔中峰东面在大拔西南角之时，即可转向北行。及行至大拔西角见小碌南角与九澳北角成直线，即可停泊。此泊船处值潮退尽时，深三拓至四拓。四周

有高岸可避风。①

　　西人通常将此入口称为"Taipa Channel"②，清末文献一般译为大拔峡或泰巴峡。③

　　确定了"神机"号巡船停泊的地点后，我们可以对这次水界纠纷作出如下分析。

　　第一，虽然葡人的势力已及凼仔岛、路环岛西面一带海域，但尚未侵入两岛东端一带海域。然而鉴于凼仔东部与路环东部之间的海域是十字门最佳入口处，葡人急欲侵占该处海域，因此，在"神机"号三次停泊鸡颈洋面时，葡人才会第一次未加理会，第二次称不能肯定该处是否是西洋水面，第三次则肯定该处是西洋水面，并要求中国巡船立即离开。

　　第二，广东方面虽然不承认葡人对凼仔、路环西面一带海域的侵占，但为了避免纠纷，在事实上又默认了界线的存在。因此，粤督张树声在照复澳督时，既避而不谈凼仔、路环西面一带海面的所属，也不对澳葡禁止中国缉私船在该处海面缉私的侵权行为进行谴责，而只是声辩中国巡船湾泊的不是"凼仔与过路湾相距之中"，而是"鸡头与亚婆尾相距之中"，该处海域不是西洋海面："即照西洋自定水界查核，此次神机湾泊系在中国界内"，所以澳督的抗议是没有根据的，也是没有道理的。这是广东官府在中葡水界争端中的又一次软弱退让。

　　由于广东官府的软弱退让，葡逐"神机"号事件后，中国实际上已失去了对十字门水域的控制权和管辖权。光绪十三年（1887）中葡签订《和好通商条约》前，总理衙门曾就签约一事征询李鸿章、张之洞等人的意见。李鸿章特派其幕僚程佐衡赴澳门调查。程到澳门后，一个月之内周历澳门附近各岛，并根据总理衙门"指问各节，述为答问八则"，其中第六问是"十字门水道是否为所阻隔"，程佐衡的回答为：

　　　　今海关巡船专重西路，从未进十字门以内。倘走私者由澳而南，直

---

①　田明曜修，陈沣纂《香山县志》卷8《海防》，第144页。
②　粤海关税务司康发达绘制的《1870年代围绕澳门设置的税厂（香山县境内）分布图》，在凼仔岛和路环岛东端入口处就标示此名，见 *Canton Trade Report for 1874*，广东省档案馆藏，外文资料－46。
③　《中葡澳门地名译名对照表》，黄福庆等主编《澳门专档》（一），第830页。

过潭仔路环，或由舵尾，或绕横琴，而西则马骝洲一带，恐望不能见。若谓偷漏者行不由径，则未敢深信。殆葡人自认潭仔过路环为其所属之地，故阻隔华关巡船，不使入十字门以内。[1] ……

张之洞则直接给光绪帝上奏，表明"澳界纠葛太多，新约必宜缓定"，折内列出澳门属葡有八大弊端，其中第六大弊端就是关于十字门的，"税司法来格向委员知府蔡锡勇言，现因潭仔、过路环两处及十字门一带海面，葡人妄谓系葡之海界，以致我之缉私诸多不便"[2]。

Study on the Process of Portuguese Controlled the Cross Gate Water

Xu Suqin

Abstract： The Cross Gate Water near the Macau is the important channels and berths to west ships. It also is the key Haiphong areas of Qing dynasty. With this reason, Portuguese in Macao constantly sought the opportunity to control the Cross Gate Water. After the First Opium War, Portuguese had controlled the Macau. And more in the beginning of Guangxu Times, the Cross Gate Water was controlled by Portuguese completely.

Keywords： Macau; Cross Gate Water; Dangzai and Guoluwan; Jitou and Yapowei

（执行编辑：陈贤波）

---

[1] 《总理衙门收北洋大臣李鸿章咨送程佐衡游澳答问八则》，黄福庆等主编《澳门专档》（一），第 249 页。

[2] 《粤督张之洞奏澳界纠葛太多澳约宜缓定折》，王彦威纂辑《清季外交史料》，书目文献出版社，1987，第 1325 页。

海洋史研究（第六辑）
2014 年 3 月第 143～165 页

光绪三十三年中葡澳门海界争端
与晚清中国的"海权"认识

周　鑫[*]

　　"海权"通常被认为是创立海权论的美国海军上校阿尔弗雷德·赛耶·马汉（Alfred Thayer Mahan）在其 1890 年出版的名著《海权对历史的影响，1660～1783 年》（*The Influence of Sea Power upon History*, *1660 – 1783*）中提出的核心概念。[①] 这一概念及其理论对当时德、美、英、日等国海洋战略产生了巨大影响。[②] 20 世纪初传入中国后，其渐为晚清官员士绅所知。[③] 与此

---

[*]　作者系广东省社会科学院历史与孙中山研究所、广东海洋史研究中心助理研究员。
　　本文系国家社科基金重大招标项目"环南海历史地理研究"暨广东省打造"理论粤军"
　　2013 年度重点基地理论招标研究课题"16 至 18 世纪广东濒海地区开发与海上交通研究"
　　之阶段性成果。在写作过程中得到中心李庆新研究员、徐素琴研究员的热心指正，谨致谢
　　忱。

[①]　Alfred Thayer Mahan, *The Influence of Sea Power upon History*, *1660 – 1783*, Boston: Little, Brown and Company, 1890. 中译本见〔美〕A. T. 马汉《海权对历史的影响》，安常容、成忠勤译，解放军出版社，1998. 有关马汉"海权论"的评介，可参见冯承柏、李元良《马汉的海上实力论》，《历史研究》1978 年第 2 期；邓碧波、孙爱平：《马汉海权论的形成及其影响》，《军事历史》2008 年第 6 期。

[②]　参见 Rolf Hobson, *Imperialism at Sea*: *Naval Strategic Thought*, *the Ideology of Sea Power*, *and the Tripitz Plan*, *1875 – 1914*, Boston: Brill Academic Publishers, Inc. , 2002；刘娟：《从陆权大国向海权大国的转变：试论美国海权战略的确立与强国地位的初步形成》，《武汉大学学报》（人文科学版）2010 年第 63 卷第 1 期；胡杰：《海洋战略与不列颠帝国的兴衰》，社会科学文献出版社，2012，第 176～180 页。

[③]　参见王宏斌《晚清海防：思想与制度研究》，第 242～247 页；周益锋：《海权论的传入与晚清海权思想》，《唐都学刊》2005 年第 21 卷第 4 期；《"海权论"东渐及其影响》，《史学月刊》2006 年第 4 期。相关研究综述，可参见史春林《1990 年以来中国近代海权问题研究述评》，《史学月刊》2009 年第 1 期。

同时，"领海"一词也被留学生介绍到国内，并与之前领海的中文表达"水界"及"海权"交互使用。① 学者们已注意到在光绪三十四年至宣统元年澳门海界争端、东西沙岛维权中，以广东为代表的晚清官员、绅商与知识界在对"海权"的认识上有突出表现。② 但大多没有留意到，正是在更早的光绪三十三年（1907）中葡澳门海界争端中，广东官员、绅商与知识界的"海权"认识得以形成。③ 他们的"海权"认识主要来自光绪三十三年中葡澳门海界争端的切身实践，而非受马汉"海权"概念及其理论的直接影响。本文即尝试通过梳理光绪三十三年中葡澳门海界争端中广东地方官员、绅商与知识界同"海权"直接相关的言论与做法，以期深化理解晚清中国的"海权观"。

一

光绪三十三年澳门海界争端主要围绕"胡兆兰饷渡""湾仔渔船"两个事件展开。"胡兆兰饷渡"的直接起因是当年五月中旬在澳门至湾仔海面，澳门水兵"查获"澳门船政厅下挂号的胡兆兰商船悬挂中国官员发放的两张告示。五月十八日（6月28日），澳门船政厅便以"中国官要往来澳门及湾仔已在澳门该厅挂号之船只需向中国官领牌，方准行驶往来"的报告，将此事详报澳门总督高地乌（Perdro de Azevedo Coutinho）。澳门总督判定，"此事实系属更改向章，盖向来澳门船只往来该处者，均未有需领中国船牌之事。况且澳门内河海面久已全归本国管辖，今中国官如此办法，是显违西一千八百八十七年十二月初一日所立和约"。故此五月二十二日（7月2日），他照会葡萄牙驻广州总领事穆礼时（J. D. da Costa de

---

① 参见刘利民《国际法的传播与晚清领海主权观念的嬗变》，《光明日报》2007年4月13日第9版；刘利民：《十九世纪中国领海观念的传输与接受》，《烟台大学学报（哲学社会科学版）》2009年第22卷第2期；刘利民：《20世纪初领海主权理论的传播及清政府的认识》，《中州学刊》2011年第3期。

② 郭渊：《晚清政府的海权意识及其对南海诸岛的维护》，《哈尔滨工业大学学报（社会科学版）》2008年第10卷第1期；黄庆华：《中葡关系史》中册，第七章第六节，黄山书社，2005，第880~931页；徐素琴：《晚清中葡澳门水界争端探微》，第五章，岳麓书社，2013，第207~218页；周鑫：《宣统元年石印本〈广东舆地全图〉之〈广东全省经纬度图〉考：晚清南海地图研究之一》，《海洋史研究》第五辑，社会科学文献出版社，2013，第216~286。

③ 徐素琴研究员已经注意到光绪三十三年中葡海界争端对清末中国"海权"形成的重要性，但尚未系统研究。参见徐素琴《晚清中葡澳门水界争端探微》第三章、第四章，第131~136、181~182页。

Moraes），请求由其照会两广总督。照会中还附有澳门船政厅的报告、两张告示的译文。① 二十九日，两广总督署收到葡萄牙驻广州总领事照会：

> 为照会事。案准澳门总督文开，并将澳门水师兵所查获经在澳门船政厅挂号商船胡兆兰船内悬挂之告示两张移送前来。本总领事特饬照抄备文，送请贵护部堂查核办理。本领事查：澳门至湾仔海面，久已实归本国管辖。数十年来，凡往来该两处船只，除在本澳船政厅领牌外，并无需他样牌照。所以现在各等商船之外来该两处者，皆无别牌，一向无异。按照万国海面公法，贵国官只可在贵国海面发给船牌与行驶贵国海面之船只。至本国与贵国所立合约第二款，载明"若非两国允肯，彼此守向章，不得有增减改变之事"等语。今贵国官如此办法，不独显违②和约，抑且侵损本国权限，是以本总领事不得不拒阻此事。恳请贵护部堂查照，迅即饬属将给之船牌撤销，并严谕该地方官以后勿得再行此等之事，庶几两国所立和约第二款所载"不得增减更改"一语不致违背。而贵护督部堂辑睦邦交之盛意，本领事亦良深感纫矣。为此照会，请烦查照施行。顺颂日祉，须至照会者。③

此照会大体遵循澳门总督的意见。其基本主张是澳门至湾仔海面久归澳门管辖，往来澳门至湾仔的船只向来也只在澳门船政厅领牌，因此中国官员发给胡兆兰商船船牌，既违背"万国海面公法"即国际法中的领海权，又违背光绪十三年十月十七日（1887 年 12 月 1 日）签订中葡《和好通商条约》第二款"若非两国允肯，彼此守向章，不得有增减改变之事"的约定。④ 照会中所称的"贵护部堂""贵护督部堂"是指当时出任护理两广总

---

① 黄福庆主编《澳门专档》（二）18 "（光绪三十三年八月初七日）外部收护理两广总督胡湘林（原目误植为'两广总督张人骏'）文·照录附件·粘抄澳督来文照译"，台湾"中研院"近代史所，1992，第 21～22 页。

② 笔者注：《澳门专档》漏书"违"字，此据《外交报》光绪三十三年七月二十五日第一百八十六期转载照会文补。

③ 黄福庆主编《澳门专档》（二）18 "（光绪三十三年八月初七日）外部收护理两广总督胡湘林文·照录附件·（光绪三十三年五月二十九日）西洋总领事来照会"，第 20～21 页。该电文部分整理件见张海鹏主编《中葡关系史料集》下册"外务部致两广总督函"，四川人民出版社，1999，第 1659 页。

④ 1887 年 12 月 1 日中葡《和好通商条约》第二款全文，见王铁崖编《中外旧约章汇编》第一册 "1887 年 8 月葡萄牙《和好通商条约》"，三联书店，1982，第 523 页。

督的胡湘林。胡湘林（1857～1925），字揆甫，江西新建人，光绪三年进士，光绪二十九年九月三十日由广西布政使改任广东布政使。① 三十三年四月十七日，两广总督周馥因潮州黄冈起义问责开缺，岑春煊被命重署两广总督。五月十九日，着胡湘林暂护两广总督。② 但岑春煊一直以患病为由并未赴任。直至七月四日，清廷同意岑开缺请求，另以张人骏接任两广总督。③ 张人骏大约在八月九日到任。④ 故光绪三十三年五月十九日至八月九日间，一直由胡湘林暂任护理两广总督。

胡湘林接到照会后，即令地方官员查明详情。经过调查发现，胡兆兰系香山县农民，光绪三十二年七月经着民邓其光等公举，承充新设的横水饷渡的渡夫，每日驾船往来湾仔上、中、下三沙的长埠头与澳门之间，接送船客货物。其承充饷渡先由七月二十七日香山县公示，后经十二月十四日两广总督周馥、十二月二十九日广东布政使胡湘林批复，至光绪三十三年正月十一日正式获得广州府知府颁发的照帖。⑤ 六月五日，胡湘林将调查结果照会葡领：

> ……系香山县华民请摆横水渡之案。香山县给示开摆，系照中国定例办理。惟该渡往来埠头是否均在澳门洋界之内，抑在华界，现已饬地方官查明禀复，以凭酌办。⑥

---

① 秦国经主编《清代官员履历档案全编》第六卷，华东师范大学出版社，1997，第516页下；《清实录》第五八册《德宗实录》卷五二一"光绪二十九年九月庚戌"条，中华书局，1987，第893页；卞孝萱、唐文权编《辛亥人物碑传集》卷十三《胡湘林墓志铭　陈三立》，团结出版社，1991，第688～689页。

② 《清实录》第五九册《德宗实录》卷五七二"光绪三十三年四月丁丑"条、卷五七四"光绪三十三年五月戊申"条，第572～573、594页；周馥：《秋浦周尚书全集》卷十《年谱》"光绪三十三年"条，收入沈云龙主编《近代中国史料丛刊》第一编第九辑，文海出版社，1966，第5762～5763页。

③ 《清实录》第五九册《德宗实录》卷五七六"光绪三十三年七月癸巳"条，第621页。

④ 黄福庆主编《澳门专档》（二）19"（光绪三十三年八月初九日）外务部发两广总督张人骏函"，第46页；该函整理件见张海鹏主编《中葡关系史料集》下册"外务部致两广总督函"，第1660页。此电函题头为"光绪三十三年八月初九日发两广总督函"，而前一份"（光绪三十三年八月初七日）外部收两广总督张人骏文"则题为"光绪三十三年八月初七日收护理两广总督文"，故由此推定张人骏到任时间当在八月初九日前后。

⑤ 黄福庆主编《澳门专档》（二）18"（光绪三十三年八月初七日）外部收护理两广总督胡湘林文·照录附件·粘抄告示"，第22～24页。

⑥ 黄福庆主编《澳门专档》（二）18"（光绪三十三年八月初七日）外部收护理两广总督胡湘林文·照录附件·（光绪三十三年六月初五日）复西洋总领事照会"，第24页。

　　胡湘林的此份照会虽然在一定程度上反驳了葡方提出的发放船牌之事，但遗留下较严重的外交疏漏。第一，涉及国界的外交问题，他在地方官没有查明禀复的情况下就发出照会，显然不够谨慎。第二，更重要的是，他对刚接触到的澳门海界问题认识显然不够充分，甚至没有准备。因为自光绪十三年中葡《和好通商条约》中首次写入"澳门及其属地"后，葡萄牙不断在"澳门属地"上大做文章并实质侵占澳门半岛及其周边岛屿水界。但清政府据《和好通商条约》始终坚持"大西洋国永居、管理"的澳门"系指关闸以南至三巴门一带"，"不得援引公法，兼管水界"①。因此，如果稍有澳门海界交涉知识的话，他应该不会在照会中写出类似"该渡往来埠头是否均在澳门洋界之内，抑在华界"之语。

　　六月八日，香山知县钱保寿②接到胡湘林转发的双方照会和"刻日详查禀复"的指令。二十一日，胡湘林收到布政使司转饬过来的钱保寿详查后的禀文：

　　　　奉此遵查：澳门地方本属租界，与湾仔三沙中隔一海。葡人本无管辖海面之权，自光绪年间葡人于海中自设水浮木号，由是中国船只须贴近拱北关湾仔一带方能来往，否则被其驱逐，是为葡人侵占海界之始。勘查湾仔一带濒临大海，轮船往来，极为利便。如果开辟商场，实足以振兴商业，是以久为葡人所觊觎。县属各绅士窥知其欲无厌，业已屡次呈请，与之清划界线，以免占夺。

　　　　兹西洋领事照会内称"澳门至湾仔海面久已实归本国管辖数十年"等语，视若固有，殊可骇诧。湾仔为华界内地，按照公法，地主有管辖水界之权。而长埠头系该处各铺户捐资建筑，现在湾仔开办巡警，各绅民拟将埠开投以充警费。是胡兆兰饷渡来往各处多有华界埠头，自应在中国地方官请领照示，以凭查验……且澳门来往各处华界饷渡，向均中国地方官照示，不止胡兆兰一艘为然。而胡兆兰系于上年九月内承充，

----

① 王彦威辑、王亮编，王敬立校《清季外交史料》第四册《清光绪朝外交史料》卷七十一"粤督张之洞奏葡国永租广东澳门请审慎立约折（光绪十三年四月二十一日）"条，书目文献出版社，1987，第1289页。有关中葡签订《和好通商条约》后中国政府对澳门界址的基本主张，可参见黄庆华《中葡关系史》中册第六章，第816～880页；徐素琴：《晚清中葡澳门水界争端探微》，第四章，第148～195页。

② 钱保寿，浙江人，光绪三十三年署香山知县，见厉式金主修、汪文炳等纂《香山县志》卷八《职官》"知县"条，《广东历代方志集成》影印民国十七年刊本，第447页。

业已事阅半年，岂容平空阻扰。领事来文以合约第二款载明"若非两国允肯，彼此守向章，不得有增减改变之事"，今葡国实不守向章，侵占海面，先图发制，实属有违和约。

理合禀恳宪台察核，迅赐严予驳复，饬行遵照向章办理，以符条约而敦睦谊。至该处界址久未划定，附近各岛屿已多被越占，现更以湾仔海面归彼国管辖数十年为言，其意已注于湾仔。（湾仔）系属内地，由此取径直达县城甚为便捷，若不及此时赶将界务清厘，则县城门户顿失，后患何可胜言。可否咨移外务部，查照与该国公使。①

此处大段赘引钱保寿之禀文，是因为其对澳门海界问题的分析极为透彻。第一，揭露葡人侵占湾仔海面的政治与经济意图。第二，同样运用光绪十三年中葡《和好通商条约》和"公法"（即国际法），"以子之矛攻子之盾"，有力论证"澳门地方本属租界……葡人本无管辖海面之权"，"湾仔为华界内地，按照公法，地主有管辖水界之权"。第三，进一步以"向均中国地方官照示"的惯例和"业已事阅半年"的时效反驳。第四，注意到根本的问题是"该处界址久未划定"，建议"赶将界务清厘"，"咨移外务部"。第五，用语上不再拘泥传统公文和公法中的"洋界""华界""水界"，频繁采用葡萄牙照会中"海面"一语，并创造出"管辖海面之权"的新表达。而这所有现象的背后都表明，正是在与澳葡当局的直接交涉过程中，像香山知县钱保寿这类地方官员能够迅速深入地习得"海权"知识，推进中国的"海权"认识。

就在收到钱保寿禀文后的第三日，胡湘林又接到葡领的照会。非常有意思的是，葡领在这份照会中反对胡湘林在六月五日照会中提出的"饬地方官查明"的建议：

本领事均经阅悉查。此事自不必先行饬查，然后定夺。盖所饬查之属官，定不能如贵部堂之明白。两国所立者，和约故也。夫两国之和约最为重要，遇事当由大宪按照办理为妥。查：澳门湾仔往来各船只历年所全由本国澳门船政厅给牌，无一次到中国地方官衙门领牌。显然违犯

---

① 黄福庆主编《澳门专档》（二）18 "（光绪三十三年八月初七日）外部收护理两广总督胡湘林文·照录附件·（光绪三十三年六月二十一日到）香山县钱保寿禀"，第26～27页。

一千八百八十七年中西所立和约之第二款载明"不得有增减更改"一语。①

显而易见，葡领从上次胡湘林的照会中已感觉到其尚不熟悉澳门界务。因此，企图在熟稔事务的香山知县钱保寿详细禀明情况之前，通过一方面抬高其地位，"夫两国之和约最为重要，遇事当由大宪按照办理为妥"，一方面又搬出"澳门湾仔往来各船只历年所全由本国澳门船政厅给牌，无一次到中国地方衙门领牌"的惯例和"一千八百八十七年中西所立和约之第二款"的约文，让不明底里的胡湘林答应葡方的要求。但钱保寿禀文已经给胡湘林补了重要的一课。二十六日，胡湘林便完全摘录其禀文中的相关文字复照葡领，告之"贵总领事官所请注销县照之处，碍难照办"②。值得注意的是，二十六日照会仍然使用传统的"水界""洋界"的称呼，而没有采用禀文中的"海面""海面之权"等新词。

二

六月二十一日，布政使司转达的钱保寿禀文并不只此一份。另一份正是其据香山县丞以湾仔巡警局绅潘志光、胡耀云、金殿元、李桂珊的禀词为基础写成的公牒，向上汇报"湾仔渔船"一事：

> 敬禀者：现将卑职县丞牒称：据湾仔巡警局绅潘志光、胡耀云、金殿元、李桂珊等禀称：窃湾仔向与澳门洋界接连……不料本月十三日澳门葡兵过湾仔，竟迫大小渔船尽行湾澳，并用火船强将渔船拖回澳界，声称限十五日为期，如到期不遵，即将湾仔渔船尽充公等语。商民惶恐，各渔船均已被迫尽行湾入澳界。职等见葡人如此举动，实属有违向章，于商务大有干碍。查：湾仔银坑一带，久为葡人所垂涎，若不清厘界线，恐为所侵踞。迫得联禀仁宪，伏即设法保护以安商业，地方无

---

① 黄福庆主编《澳门专档》（二）18 "（光绪三十三年八月初七日）外部收护理两广总督胡湘林文·照录附件·（光绪三十三年六月二十四日到）西洋总领事来照会"，第27~28页。

② 黄福庆主编《澳门专档》（二）18 "（光绪三十三年八月初七日）外部收护理两广总督胡湘林文·照录附件·（光绪三十三年六月二十六日发）复西洋总领事照会"，第28~29页。

虞，阉沙沾恩等情前来。据此，敝厅登即协同前山守府何驰往湾仔查勘，果见大小船只尽被葡兵驱迫湾入澳界……应如何办理之处，理合牒请察夺等由前来。查此事究系因何起衅，何以葡兵无端将渔船拖回澳界。惟称限十五日为期，究属何事。文内均未叙明。葡人现藉胡兆兰饷渡，正思侵越海权（笔者注：着重号为笔者所加，下同）。平空驱迫渔船，难保非激其滋事，以遂其所欲……现经通禀大宪……一面由卑职驰往查勘。除俟勘查明确、另文禀报外，理合驰禀宪台察核。俯赐迅予照会该国领事，赶紧饬行葡兵，各守界址，不得擅自妄为，以期相安而符条约。①

六月十三日（7月22日）发生的葡兵驱迫湾仔渔船入澳是否与葡方要求胡兆兰饷渡执照一事直接相关，不得而知。② 但钱保寿将其与调查胡兆兰案的禀文同时上呈，的确有坐实之意。因此，他的用意当是以此为契机，使得胡湘林更加注意澳门的界址问题，"俯赐迅予照会该国领事，赶紧饬行葡兵，各守界址，不得擅自妄为，以期相安而符条约"。"侵越海权"之语更是目前所见清政府官员较早将"海权"一词运用到澳门海界争端中。差不多同时，香山县南屏乡绅士陈乃魁等亦向布政使司上呈了另一份禀文，请其转达护理总督胡湘林：

　　南屏县绅士江苏试用道陈乃魁等禀：为主权不可失，疆界宜定明，以杜觊觎而免蚕食事。窃绅等世居南屏、北山两乡，与湾仔沙相距约八九里，与澳门相对峙，海面只二三里，向有渔渡各船停泊，历久无异。乃葡人忽于前六月十三、（十）四等日，用小火轮船将渔艇强拖入澳。查我国与葡人立约，不过将澳门永远借其居住，与割让之地大有不同。二十八年改立条约，声明"未划界以前，一切照现在情形办理，两国均不得稍有增减"，具有明文。湾仔沙向非属澳门，自有明证。至于海界，经前两广总督张之洞力驳有案，澳门只有租界，并无海界，缘海界

① 黄福庆主编《澳门专档》（二）18 "（光绪三十三年八月初七日）外部收护理两广总督胡湘林文·照录附件·（光绪三十三年六月二十一日到）香山县钱保寿禀"，第 29～30 页。
② 葡兵驱迫湾仔渔船入澳事，复见厉式金主修、汪文炳等纂《香山县志》卷十六《纪事》，第 511 页。《澳门编年史》采录此条史料，但将时间误植为 8 月 2 日，见吴志良等主编《澳门编年史》第四卷《清后期（1845～1911）》"光绪三十三年"条，广东人民出版社，2009，第 2146 页。

四达不悖，防不胜防。迨后葡人于湾仔澳门海面之间，自设水浮水椿为界，今更废去，以图侵占一带海面……今又变计，先将海界占管，意图渐进，势必侵入内地。且两乡均属毗连海界……上顾国体，下为身家，迫得联名禀请台阶，伏企转详大宪，按照条约，执持公理，极力与争。并先饬湾仔沙巡警，将葡人告示揭存一张，以作证据，俾葡人知我能持公法，固守内权。①

此份禀词相当老练，纯熟地运用条约、公法、旧案、旧例等理据与"海界""海面"之语全面阐述葡人侵占湾仔海界之违法背约。在此"海界"之争中，又将其上升至"主权不可失""固守内权"，而非仅是先前的"地主管辖海面之权"，则多少可以让人理解到其时所谓"海权"并非仅是"领海权"，更有可能是"海界"与"主权"的组合，尤其强调的是"主权"。这一说法可以在胡湘林二十六日，即将"胡兆兰饷渡"一事复葡领照会的同日，听从钱保寿的建议就"湾仔渔船"一事回复葡领的照会中有所反映：

为照会事。现据香山县禀称：据湾仔巡警局绅潘志光、胡耀云、金殿元、李桂珊等禀称：湾仔与澳门洋界相连……商民惶恐……乞速设法保护，以安商业等由前来。查中葡条约所载澳门疆界一款声明"俟两国……均不得有增减改变之事"等语，湾仔地方系属中国辖境，澳门葡兵何得擅行越界，迫令渔船改泊澳门，并用火船强托前往，实属违背约章，大碍中国主权。②

二十八日，又收到钱保寿亲自"驰往前勘"的报告：

当经前山何守备闻信，乘坐克虏兵轮前往查勘，泊在湾仔埠头，葡兵旋又到船，声称该处海权全归葡国，不能停泊过久。不得已将该轮湾

① 中国第一历史档案馆、澳门基金会、暨南大学古籍所合编《明清时期澳门问题档案文献汇编》（六）《文献卷·清代部分续》第三编《奏议公牍类》"63·3 粤省绅士请粤督与葡人力争海权禀"，人民出版社，1999，第534~535页。
② 黄福庆主编《澳门专档》（二）18"（光绪三十三年八月初七日）外部收护理两广总督胡湘林文·照录附件·（光绪三十三年六月二十六日发）照会西洋总领事"，第30~31页。

入银坑地方，以避其锋……惟湾仔为县城门户，即海面亦中国轮舶常经之处，现在葡人已视海权若固有，不许在湾仔埠头湾泊船只，实属意存占越。①

报告中两处"海权"皆源自葡兵口述，结合下文征引七月七日葡领照会中"系本西洋国领海权"，当即国际法意义上的"领海权"。七月二日，同钱保寿一道参与查勘的前山同知蒋茂璧的禀文亦送达。② 而实际上，蒋茂璧是最早就"湾仔渔船"一事向葡方提出交涉的清朝官员，时间是六月十六日，对象则是澳门总督。③ 有意思的是，蒋茂璧所描述的葡兵对话，仅有"不能停泊过久"，而无"该处海权全归葡国"。这既说明蒋本身可能缺乏"海权"观念，也更加彰显钱保寿的"海权"认识在广东地方官员中超迈众人。

就在胡湘林的注意力已经转向"湾仔渔船"一事之际，七月七日他接连收到葡领照会。第一份长篇论述"胡兆兰饷渡"一事，从国际法和交涉公文角度逐条批驳六月二十六日所复之照会，特别点明澳门拥有澳门至湾仔海面的领海权，且有据为凭为历任两广总督承认：

澳门至湾仔之海面，系本西洋国领海权，历归本国管辖，情事真确，岂能强辩。除本国一向连年管辖到今无异外，另有贵省前总督与本国官往来公文为据。④

第二份则以澳门总督的复文回应"湾仔渔船"一事：

兹特将澳门总督复文抄送钧阅。计送闽（笔者注：似当作"葡"）澳督复文一件：……本总督均已阅悉查。我国与中国订立和约所载数百

① 黄福庆主编《澳门专档》（二）18 "（光绪三十三年八月初七日）外部收护理两广总督胡湘林文·照录附件·（光绪三十三年六月二十八日到）香山县钱保寿禀"，第32页。
② 黄福庆主编《澳门专档》（二）18 "（光绪三十三年八月初七日）外部收护理两广总督胡湘林文·照录附件·（光绪三十三年七月初二日到）前山同知蒋茂璧禀"，第33~34页。
③ 黄福庆主编《澳门专档》（二）18 "（光绪三十三年八月初七日）外部收护理两广总督胡湘林文·照录附件·（光绪三十三年七月初七日到）西洋总领事来照会·（光绪三十三年六月十六日）蒋茂璧来信抄白"，第41~42页。
④ 黄福庆主编《澳门专档》（二）18 "（光绪三十三年八月初七日）外部收护理两广总督胡湘林文·照录附件·（光绪三十三年七月初七日到）西洋总领事来照会"，第35页。有关列举的往来公文证据的考释，参见徐素琴《晚清中葡澳门水界争端探微》第三章，第133~135页。

年本国管领内河之主权，照前执掌无异。今澳门船政厅饬令归本国管辖海面湾泊之船复改泊地方，中国官员不独照约无权干涉，即本国亦断不能任其干涉。本督查前六年中国拳乱时，澳官为防匪患乱入澳，乃由船政厅特饬各船移向平时湾泊处之西……光绪十三年两国立约之时，湾仔无船湾泊，真确无疑。而该约第二款载明"未定界以前一切事宜照依现时勿动，彼此均不得有增减改变之事"等语，是照约即不应有更变。澳官既有权令船只移向平时湾泊处之西湾泊，今即有权令船只泊回原处……各船户无不欢喜从命者，至于小轮拖回事诚有之，惟皆出于各船户所情愿请求拖带者。澳门内河系本国主权，无容多赘。①

葡人在此照会中仍以曲解的光绪十三年中葡《和好通商条约》第一款、第二款和前例为其张本，尚且不坠斯文。其拈出"领海权""管领内河之主权""本国主权"，更是直接挑战澳门租界的地位问题。不过，内中"各船户无不欢喜从命者，至于小轮拖回事诚有之，惟皆出于各船户所情愿请求拖带者"就多少有些无耻。七月十五日，胡湘林复照葡领，直切问题关键：

贵总领事七月初七日文……均已阅悉查。渔船、饷渡两事姑弗具论，只就湾仔地方，本系中国内地，应归中国管辖之情形，切实辩明，则渔船、饷渡自不烦言而解。兹特为贵总领事官详晰言之。查澳门本为香山县辖境，从前葡人租寓澳门，自三巴门、水坑尾围墙起迤南至水边止，只有陆界，并无所谓水界。其澳门租界以外之内海外洋，均系香山县水师营汛，为中国独管……按照"现时情形勿动，彼此不得有增减改变之事"，此外内海外洋均为中国原有之地，应归中国独管，自属毫无疑义。既系中国独管，则贵国安得有管辖澳门以外水面之权……胡照澜（笔者注：即胡兆兰）饷渡在中国海面……中国疆土自有主权，从前所订条约及往来案据均属明晰。②

① 黄福庆主编《澳门专档》（二）18 "（光绪三十三年八月初七日）外部收护理两广总督胡湘林文·照录附件·（光绪三十三年七月初七日到）西洋总领事来照会"，第38～40页。
② 黄福庆主编《澳门专档》（二）18 "（光绪三十三年八月初七日）外部收护理两广总督胡湘林文·照录附件·（光绪三十三年七月十五日发）复西洋领事官照会"，第42～45页。此照会原件影印件，见吴志良主编《葡萄牙外交部藏葡国驻广州总领事馆档案》（清代部分·中文部分）第10册"卷宗二八三　湾仔渔船及胡兆兰饷渡"，广东教育出版社，2009，第110～125页。

此照会有两点相当突出。第一，依据光绪十三年中葡《和好通商条约》第一款、第二款，全面论述清政府一直坚持的澳门"只有陆界，并无所谓水界"的基本立场。第二，已不再严格遵循"水界"的说法，而是在地方官员士绅的禀词和葡萄牙照会的影响下不仅再次使用六月二十六日致葡领的照会中首次采用的"主权"，而且开始用到"海面"一词。至此，胡湘林感觉海界争端已告一段落，在当天便将全部往来照会咨呈外务部，"此两事迭与葡领往返驳辩，业经钞录全案，于七月望日咨呈"①。

七月二十八日，葡领继续照会胡湘林，称"渔船饷渡两事，澳官系按数十年来是有之权责而行"②，而"管理湾仔一事一千八百八十七年两国立约并未解决。现中国政府会订界址，亦可奏请本国君主派员商订。惟未有此举以前，彼此均无权解决"③。八月一日，胡湘林致电外务部，"总之，界务不清，则图占愈肆。现在文牍辩驳，徒费口舌，毫无实际。应否奏派大员会订界址，以杜狡谋"④。次日给葡领的复照，胡湘林亦在坚持中国独管海界的前提下表达相同的意见，"来文所称各节徒从一面之词，断断驳辩，殊于公事无益。此次渔船饷渡，确为中国内政，澳官无权干涉"⑤。

八月六日，在与新任两广总督张人骏交接之际，胡湘林致电外务部：

> 光绪三十三年接广州口西洋总领事照会……续据香山县禀……查湾仔系县城门户，即海面亦中国轮船常经之处。现在葡人已视海权为固有，不许埠头湾泊船只，实属意存占用等情……兹于光绪三十三年七月初七日接西洋总领事两次来文，一言香山县民胡兆兰开摆饷渡事，一言湾仔地方湾泊渔船事，均属强词夺理，侵碍我国主权。本护督窃查，葡人税居澳门二百余年，界址迄未划定……

① 黄福庆主编《澳门专档》（二）17 "（光绪三十三年八月初二日收）外部收护理两广总督胡湘林（原目误植为'两广总督张人骏'）电"，第18页。
② 吴志良主编《葡萄牙外交部藏葡国驻广州总领事馆档案》（清代部分·中文部分）第10册"卷宗二八三 湾仔渔船及胡兆兰饷渡"，第127页。
③ 黄福庆主编《澳门专档》（二）17 "（光绪三十三年八月初二日）外部收护理两广总督胡湘林（原目误植为'两广总督张人骏'）电"，第18页；厉式金主修、汪文炳等纂《香山县志》卷六《海防》"勘界维持总会联呈张督员、高钦使意见书"条，第439页。
④ 同上。此电末尾署名"湘林 东"，据电文代码及初二日收到之时间，故此电发出时间当是初一日。
⑤ 吴志良主编《葡萄牙外交部藏葡国驻广州总领事馆档案》（清代部分·中文部分）第10册"卷宗二八三 湾仔渔船及胡兆兰饷渡"，第126~130页。

此次饷渡渔船两事，先后照会葡领，竟敢公然驳复。称引旧案，亦无证据。揆其窥伺之心，直欲以强硬手段遂其侵蚀，用意至为叵测。澳门本系租自中国，湾仔与澳门对峙，为中国专管地方，渔船向泊华界，葡官乃强拖威吓，逼逐移泊。何守备乘兵轮停泊中国海面，为中国权力所及之地，乃勒令迁避。胡兆兰饷渡，在华界开摆，经过澳门，请领华官照示，并无不合，乃竟照请撤销。种种无礼举动，实为蔑视中国主权。现在虽坚持驳拒，惟澳门界址一日不定，则葡人图占之谋一日不息。附近海面及大小各岛，尺寸皆我疆土，未便日久漠视，致贻无穷之患。①

胡湘林这篇电文全面回顾了他所经历并处理的此次澳门海界争端。他已经很清楚中方和葡方各自的优势，中方在援引约文和旧案上可能会理据充足，但葡人却一直以强硬手段实际侵占。事实也是如此。就在胡湘林同葡方相互照会、唇枪舌剑之际，葡方变本加厉，采取公然张贴告示、追缴中国船牌、转领葡照、继续拖船入澳、越界设置水炮、强占湾仔医院等手段以求实际占有。而在广东地方官员与香山绅商向两广总督、农工商局递交的抗议葡方继续侵占的禀词中，亦多采用"侵权""侵我主权""海界占管""海界""海面是其主权""海权"等语。② 此亦说明地方官员绅商的"海权"认识在逐步加深。因此，在胡湘林看来，问题的关键是要划定界址，"惟澳门界址一日不定，则葡人图占之谋一日不息"。此份电文中"海面""主权"已能自如运用，"海权"一词虽有出现，但只是直接摘自钱保寿六月二十六日的禀文，其较自然地运用是在张人骏接任两广总督之后。

三

张人骏是光绪三十四年至宣统元年澳门海界争端、东西沙岛维权的关键

① 黄福庆主编《澳门专档》（二）18 "（光绪三十三年八月初七日）外部收护理两广总督胡湘林电"，第 19 页。该电整理件，见张海鹏主编《中葡关系史料集》下册 "外务部致两广总督函"，第 1659 页。

② 中国第一历史档案馆、澳门基金会、暨南大学古籍所合编《明清时期澳门问题档案文献汇编》（六）《文献卷·清代部分续》第三编《奏议公牍类》"63·4 朱薛两委员禀"、"63·5 前山同知蒋茂璧禀"、"63·6 光绪三十三年香山恭、谷两都绅士因葡人侵越事上香山县禀词"，第 534～538 页；《振华五日大事记》第 50 期《本省大事》"湾仔交涉之延宕" 条，光绪三十三年十二月十七日，第 43～44 页。

人物。因此，有必要对其此前的经历稍作追踪，以明光绪三十三年澳门海界争端对其"海权"认识之助益。张人骏（1846～1927），字千里，号安圃，晚号湛存居士，直隶丰润（今河北省丰润县）人。其五十岁以前的仕宦经历，据光绪二十一年（1895）履历单所载：

> 张人骏现年五十岁，系直隶丰润县人。由监生中式，同治三年甲子科顺天乡试举人，七年戊辰科进士，改翰林院庶吉士。十年，散馆授职编修。十二年九月，丁父忧。光绪元年十二月，服阕，赴京供职。二年，充国史馆协修。三年，奉旨记名，以御史用。八年壬午科，充四川乡试副考官。九年二月，补湖广道监察御史。三月，告假开缺。六月销假，补江南道监察御史。十二月，转掌广西道监察御史。十一年七月，俸满。以繁缺知府用。十一月，补授户部给事中。十二月（笔者注：十一年履历单原有"遵海防例"四字），捐免历俸截取。十二年二月（笔者注：十二年履历单原有"都察院保送"五字），奉旨记名，以繁缺道员用。三月，充会试同考官。九月（笔者注：十五年履历单原有"十六日"三字），丁母忧开缺。十四年十二月（笔者注：十五年履历单原有"十六日"三字），服阕。十五年七月，补兵科给事中。八月，经吏部签掣广西桂平梧盐法道。九月初二日，带领引见，奉旨补授广西桂平梧盐法道。十六年五月，到任。十七年九月，署理广西臬司。十八年二月，兼署藩司。四月，交卸藩篆。五月，经两广总督李瀚章保荐，奉旨交军机处存记。八月，回盐法道本任。九月，在顺直赈捐案内报捐花翎。十二月，经广西巡抚张联桂因前剿办上林等县斋匪案内保奏，奉旨赏加按察使衔。十九年正月，署理广西臬司。六月，回盐法道本任。二十年，署理广西臬司。十一月初六日，奉旨补授广东按察使。接到部文，当即具折谢恩请觐，奉旨著来见。交卸广西臬篆，起程北上，现在到京。①

---

① 秦国经主编《清代官员履历档案全编》第五卷，第766页上。其光绪十一年、十二年、十五年履历单，分见同书第四卷，第281页下、第478页上；第五卷，第91页上；第二十七卷，第710页下、第712页上。张人骏在广西桂平梧盐法道任上兼授广西按察使衔，亦见《清德宗实录》，但时间系于光绪十八年十月，见《清实录》第五六册《德宗实录》卷三一七"光绪十八年十月辛巳"条。张人骏由广西桂平梧盐法道升任广东按察使，亦见《清实录》第五六册《德宗实录》卷三五三"光绪二十年十一月戊寅"条。

从其履历单可见，张人骏科举正途入仕，京官外放广西，能力卓著，颇为当时两广总督李瀚章、广西巡抚张联桂赏识，故能以桂平梧盐法道署理广西布政使、广西按察使，由广西按察使补授广东按察使。光绪二十一年十二月，张人骏又自广东按察使改任广东布政使。① 他上任后，"念形势之不可不共悉也"，于光绪二十三年石印出版《广东舆地全图》。在该书的卷首序言中，张人骏对所念"不可不共悉"的广东形势有一番阐述：

> 粤东边海，为南洋首冲。西邻法越，近接港澳。蹈瑕抵隙，在在堪虞，慎固之，几间不容发。互市处所，城西而外，若潮州之汕头、廉州之北海、琼州之海口，沿边散布，敞我门庭。②

他对广东形势的判断立足"粤东边海，为南洋首冲"，注意的正是广东内外远近门户大开、列强环伺的严峻海防形势。这算得上是张人骏对广义的"海权"的最初认识。光绪二十四年七月，张人骏调任山东布政使。③ 后历任漕运总督、山东巡抚、河南巡抚、广东巡抚、山西巡抚、河南巡抚。④ 晚清地方督抚拥有相当的对外交涉权力，包括监管海关与口岸通商、办理教案及订约换约、勘界、筹议设领事等，甲午战后更形成"督抚外交"的局面。⑤ 张人骏任广东、河南巡抚时，整顿海关、开办矿务颇有声闻，由此积累了一定的外交经验。⑥ 光绪三十三年（1907）七月四日，他接任两广总

① 《清实录》第五六册《德宗实录》卷三八一"光绪二十一年十二月戊辰"条。

② 张人骏编《广东舆地全图》卷首"张人骏序"，第 6 页上。有关此图的内容及编纂过程，参见周鑫《宣统元年石印本〈广东舆地全图〉之〈广东全省经纬度图〉考：晚清南海地图研究之一》，《海洋史研究》第五辑，社会科学文献出版社。

③ 《清实录》第五六册《德宗实录》卷四二四"光绪二十四年七月丙寅"条。

④ 《清实录》第五六册《德宗实录》卷四七四"光绪二十六年十月壬寅"条、卷四八七"光绪二十七年九月己丑"条、卷五四六"光绪三十一年六月己未"条、卷五五四"光绪三十二年正月癸巳"条；《清史稿》卷二〇〇《疆臣年表四·各省总督　河督漕督附》、卷二〇四《疆臣年表八·各省巡抚》，中华书局点校本，第 7456～7458、7928～7933、7936～7940 页。

⑤ 参见刘伟《晚清督抚政治：中央与地方关系研究》，第七章"晚清督抚交涉体系"，湖北教育出版社，2003，第 310～355 页。

⑥ 《清实录》第五六册《德宗实录》卷五三六"光绪三十年十月丙辰"条、卷五四四"光绪三十一年四月乙巳"条；王彦威辑、王亮编，王敬立校《清季外交史料》第四册《清光绪朝外交史料》卷二〇一"河南开封道致美领马墩商办鸡公山案请见覆照会"条，第 3112～3113 页；张守中编《张人骏家书日记》，中国文史出版社，1993，第 56、57、59、65、71、156 页。

督。① 此前两任两广总督岑春煊和周馥在对外交涉上留下诸多问题。张人骏在给儿子张允言的书信中直言：

西林（笔者注：即岑春煊）在粤，终年托病，不常见人。而一切见客及接待洋人，皆委之于员（笔者注：即洋务处洋务委员温宗尧）……西林之乱，尚胜于周（笔者注：即周馥）之糊涂。前日接见美领事，渠告人云，现在办事难，不如周时之容易，即此可见一斑……承二人之后，凡事颇难着手。②

八月九日前后，张人骏到任两广总督。上任伊始，他便接到外务部要求查勘澳门海界的电函。电函主要以八月二日、八月七日收到的胡湘林电文为基础，向张人骏略述"胡兆兰饷渡""湾仔渔船"两案大概与意见：

兹准胡护督电称前因，究竟十三年订约之际，该处是何情形，即希执事详加体察，遴派粤省熟习洋务司道大员，前往查看。如果拟勘之界，确有把握，即行达知本部照会葡使，转达葡政府派员会勘。③

外务部在给张人骏的电文中已言明，"兹准胡护督电称前因"。八月十一日，在尚未得到其回复前，外务部便依照胡湘林的电文意见正式照会葡萄牙公使阿梅达。④ 十六日，收到葡国公使请撤饷渡的照会。照会仍以光绪十三年中葡《和好通商条约》第二款为据，"据此查约章所载，既不得率行增减改变，是以仍照向章办理为要。相应照覆贵部查照，转饬两广总督饬属照约勿违。捄告示撤销后，其余一切再行商酌办理可也"⑤。

八月十九日，张人骏致电外务部，主要就葡兵逼逐湾仔渔船改泊澳门一事发表看法：

① 《清实录》第五六册《德宗实录》卷五七六"光绪三十三年七月癸巳"条，第621页。
② 张守中编《张人骏家书日记》，第106~107页。
③ 黄福庆主编《澳门专档》（二）19"（光绪三十三年八月初九日）外部发两广总督张人骏电"，第47页。
④ 黄福庆主编《澳门专档》（二）20"（光绪三十三年八月十一日）外部发葡公使阿梅达照会"，第47页。此照会整理件，见张海鹏主编《中葡关系史料集》，第1661页。
⑤ 黄福庆主编《澳门专档》（二）21"（光绪三十三年八月十六日）外部收葡公使阿梅达照会"，第48页。此照会整理件，见张海鹏主编《中葡关系史料集》，第1661页。

乃葡领不认违约，竟谓湾孜（笔者注：即湾仔）海面之权全属澳门，其强词夺理，有意侵占，已可概见。查公法领海之权，各有限制，断无全归一国之理。此次葡人越界强拖渔船，并谓海权全属葡国，实属蔑视邦交，无理取闹。若澳门界址不早划定，则葡人侵越之事，更恐日多，将来交涉尤为棘手。拟请大部迅商葡使，彼此各派委员来粤勘明澳门界址，早为划定，以杜侵占。①

征引的电文前半部分，张人骏连用"海面之权""领海之权""海权"三词，表明他已经对"海权"这一词语有所熟悉。这可能是他阅读与"胡兆兰饷渡""湾仔渔船"两事有关的中葡文牍和查览"公法"的结果，却非源自对澳门海界争端的实践认知。因为无论是清政府的基本主张还是先前处理此事的胡湘林等广东地方官员的基本共识，都认为澳门无海界、海界为中国专有，张人骏"查公法领海之权，各有限制，断无全归一国之理"的说法显然并不符合此一共识，极有可能贻人口实。后半部分则主要提请外务部尽快同葡使商议，共同派员勘界画界。这一建议并无不当。可是如果联系此前外务部电文的要求，他显然没有依照要求"遴派粤省熟习洋务司道大员，前往查看"，遑论"如果拟勘之界，确有把握"。由此可见，刚接手澳门海界事务的张人骏尽管好学不倦，很开放地接受并使用"海面之权""领海之权""海权"的新词语，但因尚未躬行体察实际的澳门海界问题，对其认识终究还是"纸上得来终觉浅"。

外务部对这一电文似乎并不满意。在收到电文的二十日当日，即照会葡使。照会主要回应十六日葡使的照会，而对张人骏电文中着重讨论的葡兵逼逐湾仔渔船改泊澳门一事，则直接言明："至湾仔渔船革令移泊一事，来照未经议复，仍希一并电知澳督，悉数放回。"② 此后，中葡双方基本没有再就"胡兆兰饷渡""湾仔渔船"两案相互照会，光绪三十三年澳门海界争端至此告一段落。但此事对张人骏的海权认识仍继续发生影响。二十三日，外

---

① 黄福庆主编《澳门专档》（二）22"（光绪三十三年八月二十日）外部收两广总督张人骏电"，第49页。此电整理件，见张海鹏主编《中葡关系史料集》，第1662页。此电虽题为"八月二十日"，但电文末尾署为"骏。浩"，"浩"依照电文代码为十九日，故二十日当为外务部收到电文时间，而非张人骏发出电文时间。

② 黄福庆主编《澳门专档》（二）23"（光绪三十三年八月二十日）外部发葡公使阿梅达照会"，第50页。此电整理件，见张海鹏主编《中葡关系史料集》，第1662页。

务部复电张人骏，依旧建议"应先由粤派员前往查看，如果拟勘之界确有把握，再行照会葡使，派员会勘"①。这次他听从外务部的建议，派员先行查勘。九月七日张人骏致电外务部：

> 查《中葡条约》虽有"未定界以前，俱照现时情形，彼此不得增减改变之事"等语，惟葡人屡违此约，迭思侵越，不一而足。界址一日不定，则葡人狡占日多。该处沿海岛屿均系香山县属境，驻兵有限，势难处处设防。葡人既于附近地方私设铁塔等物，即指为葡界之据。历年争辩有案可稽，窃谓现时划界，若能照原日界址勘定，固属甚善，即使葡人已占之处未能收回而界址已定，亦可永杜将来侵占之事。否则毫无限制，必致侵越日多，为患无已。现已由粤遴员前往，先行秘查。可否仍恳钧部迅派熟悉粤情，谙练法文之员来粤。早定澳门界址，以杜后患。②

张人骏此电显现出其对澳门海界问题的认识已成熟一些，既遵循澳门无海界的基本立场，"该处沿海岛屿均系香山县属境"；但也知道必须立足实际，放弃部分权益，才能早日完成勘界，"即使葡人已占之处未能收回而界址已定"。其想法亦与外务部一致。次日，外务部即刻电告张人骏：

> 至该处界务，历年辗辘甚多，必应将现在情形详加体察，将来开议时方能确有把握。本部八月初九日函商遴派司道大员前往查看，正是此意。是以派员会勘一节，迄未向葡使提及。尊处拟调高参议到粤勘办，该员现因勘路前往汉口，即饬由汉赴粤，面与执事筹商一切，再行酌定

---

① 黄福庆主编《澳门专档》（二）25"（光绪三十三年九月初八日）外部收两广总督张人骏电"，第51页。此电节文见中国第一历史档案馆、澳门基金会、暨南大学古籍所合编《明清时期澳门问题档案文献汇编》（四）《档案卷续》"1490 两广总督张人骏为请派熟悉粤情谙练法文之员会勘澳门界务事致外务部电文"，第35页。

② 黄福庆主编《澳门专档》（二）25"（光绪三十三年九月初八日）外部收两广总督张人骏电"，第51页。此电节文见中国第一历史档案馆、澳门基金会、暨南大学古籍所合编《明清时期澳门问题档案文献汇编》（四）《档案卷续》"1490 两广总督张人骏为请派熟悉粤情谙练法文之员会勘澳门界务事致外务部电文"，第35页。

办法。此时暂勿与葡领说明。①

外务部此电可谓言之谆谆，不仅给张人骏指明处理澳门界务的整体方向，"将现在情形详加体察，将来开议时方能确有把握"，而且道明具体的实施方案，"函商遴派司道大员前往查看"，"拟调高参议到粤勘办"，"面与执事筹商一切，再行酌定办法"；甚至还提醒他注意成事之密，"迄未向葡使提及"，"此时暂勿与葡领说明"。该电的确给予张极大的鼓舞，在收到电文的次日即初九日，他即刻回电，"承派高参议来粤筹商，盖筹至佩。此事原未（笔者注：《明清时期澳门问题档案文献汇编》误作'来'）告知葡领，俟高到后，酌定办法，再陈钧核"②。高参议即时任外务部右参议的高而谦。但他当时一直在武汉勘路，无法脱身。外务部与广东地方合勘澳门界之事也被迫搁置。

就在胡湘林、张人骏一边同外务部商议、一边同葡领交涉之际，广东知识界主持的地方报章亦跟踪报道。这些报纸的报道甚至一度引起胡湘林与葡领之间的相互照会。③ 而在诸多报纸中，尤以当年三月创刊的《振华五日大事记》关注最为持久。六月二十日出版的第22期《振华五日大事记》的《本省大事》头条便直接以《葡人以澳门至湾仔为占有之海权耶》为题，刊布五月二十九日广东布政使衙门接到两广总督署转发的葡领照会，报道"胡兆兰饷渡"一事。④ 在葡领的照会原文及转载的新闻内容中皆未出现"海权"一语，"葡人以澳门至湾仔为占有之海权耶"标题中的"海权"显然出自编辑之手。而紧接此报道的是一则"廉州绅商请争路权"的新闻。

---

① 黄福庆主编《澳门专档》（二）24 "（光绪三十三年九月初八日）外部致两广总督张人骏电"，第53页。此电整理件，见张海鹏主编《中葡关系史料集》，第1662页；中国第一历史档案馆、澳门基金会、暨南大学古籍所合编《明清时期澳门问题档案文献汇编》（四）《档案卷续》"1489外务部为派员勘办澳门界务事致两广总督张人骏电文"，第34页。此电末尾署名"人骏。阳"，依据"阳"字电文代码，当为初七日。黄庆华先生将此电文误解为清政府因中葡交涉葡商贩卖私盐而派员勘界，黄庆华：《中葡关系史》中册第六章，第895~896页。

② 黄福庆主编《澳门专档》（二）26 "（光绪三十三年九月初九日）外部收两广总督张人骏电"，第52页。此电整理件，见中国第一历史档案馆、澳门基金会、暨南大学古籍所合编《明清时期澳门问题档案文献汇编》（四）《档案卷续》"1491两广总督张人骏为澳门勘界派高参议筹商未告知葡领事致外务部电文"，第35页。

③ 吴志良主编《葡萄牙外交部藏葡国驻广州总领事馆档案》（清代部分·中文部分）第10册 "卷宗二八三 关于香山查复湾仔地方"，第105~109页。

④ 《振华五日大事记》第22期《本省大事》"葡人以澳门至湾仔为占有之海权耶"条，光绪三十三年六月二十日，第42~43页。

因此，此处的"海权"极可能是编辑化用当时国人较熟知的"路权"一词而来，注重的亦当是其中的主权之义，而非领海权。七月十五日的第 27 期《振华五日大事记》又据两广总督批复前山同知蒋茂璧七月二日禀文的批文，接续"葡人攫越湾仔海权事，叠志前报"，报道"湾仔渔船"一事。① 八月十日第 32 期《振华五日大事记》则报道称："两广胡护督初四日有折到京，奏请专派大员会同葡国大员，往勘澳门租界。"② 此后数月内《振华五日大事记》未有相关报道。

十月中旬，西江缉捕权和英兵轮测量事起，引起两广地方士绅民众与知识界的强烈反应。③ 中葡澳门海界争端也为两广地方绅商与知识界再次关注。他们纷纷以学会、学堂、商会等新式团体名义致电外务部，电文皆有"英葡侵地占权""英葡占地攘权""英测归善、葡侵香山，华域领海，均存主权"等语，要求外务部坚拒。④ "海权"观念由此更进一步推展。张人骏在西江缉捕权与英兵轮测量事上处置得当，更为他获得不少声望和处理外交事务的经验与信心。在写给儿子张允言的家信中，张人骏颇为自得地写道：

　　西江捕权一事，我惟持之镇静。民情亦尚信服。故英舰游弋月余，而地方未一滋事……今日船已全行出江矣。兵轮测量惠州海面，系周玉山所允。商民颇有疑惧。当即照会英领，令其退出。一面出示晓谕，现亦安静矣。前日香港总督专诚来见。昨日其妻又谒见汝母。优礼待之，尽欢而去。以后交涉，或可稍易。据云，此为向所未有之事。可见我在粤声名甚不坏矣。⑤

---

① 《振华五日大事记》第 27 期《本省大事》"谕饬渔船泊回湾仔华界"条，光绪三十三年七月十五日，第 42～43 页。

② 《振华五日大事记》第 32 期《本省大事》"请勘澳门租界"条，光绪三十三年八月初十日，第 35 页。

③ 相关研究可参见李默《1907 年两广人民反对英帝国主义攫取西江缉捕权的斗争》，《广东历史资料》第 2 辑，1959；覃寿伟：《从西江缉捕权的争夺看清末中外各社会力量的互动》，《江西社会科学》2006 年第 3 期；何文平：《清末广东的盗匪问题与西江缉捕权风波》，《学术研究》2007 年第 4 期。

④ 黄福庆主编《澳门专档》（二）27"（光绪三十三年十月十九日）外部收两广方言学堂电"～35"（光绪三十三年十一月十三日）外部收广西铁路公所商会等电"，第 52～56 页。

⑤ 张守中编《张人骏家书日记》，第 111 页。

十一月一日，他就外务部所询英兵轮测量之事复电：

> 兹据惠州府县电称：英轮已于二十五日出境，该处自出示后，民心遂安等语。谨电闻。葡界事，已嘱高参议到京面达。①

有关张人骏同高而谦商议澳门界务之细节，尚不清楚。但中央政府在澳门海界争端上的拖延颇令广东地方绅商和知识界不满。十二月十七日出版的第 50 期《振华五日大事记》，不仅直接用《湾仔交涉之延宕》为题对澳门海界争端展开后续报道，而且在报道后加上一大段评论的按语：

> （按）外交之有关主权者，当以迅速为妙。此次湾仔之谁属，与澳门强占之情形，屡经士绅详禀，粤督调查新旧案卷，当亦详明，可迳与葡督交涉矣。葡人虽狡，而无国势以为后盾，必无虑交涉之棘手，何以必须外部详查条约，往复延宕？更有不可解者，湾仔绅商以侵权占界有伤利权，具禀农工商局，原当即详督宪，亟争主权为是，乃亦以仰地方官查覆之官样文章延宕。苟查明非碍商务，而湾仔即可不争耶？② ……

以上按语中一再强调"主权"，也再次说明"主权"构成广东地方绅商与知识界最重要的"海权"认识。其重点当然是提醒清政府应迅速灵活运用外交手段解决争端。但更值得注意的是，论者不仅揭明外交背后的实质是"国势"，而且还注意到"海权"与"商务"、"利权"之关系。广东地方绅商与知识界以"利权"争"海权"并非只是托诸空言，而是付诸行事。在"香山澳门海权迭经各界力争，仍无切实结果"的情形下，十二月中旬，香山县士绅吴应扬、陈德驹等决议将湾仔辟为商埠，"以期振兴商务，固我海权"。十二月二十二日第 51 期《振华五日大事记》即全文刊登他们在香港集会劝募开辟湾仔商埠的公启与条议。③ 这种综合运用"国势"、外交与

---

① 黄福庆主编《澳门专档》（二）27 "（光绪三十三年十一月初二日）外部收两广总督张人骏电"，第 56 页。电文末尾署名"人骏。东"，故此电发出时间当为十一月初一日。

② 《振华五日大事记》第 50 期《本省大事》"湾仔交涉之延宕"条，光绪三十三年十二月十七日，第 44 页。

③ 《振华五日大事记》第 51 期《本省大事》"绅商整顿湾仔之可喜"条，光绪三十三年十二月二十二日，第 33～34 页。

"商务"的理念维护"海权"也反映了晚清广东地方官员、绅商与知识界对"海权"更进一步的认识。

结　语

晚清广东官员、绅商与知识界的"海权"认识正是以光绪三十三年中葡海界争端为契机形成的。自光绪三十三年中葡海界争端出现后，"海权"一语不仅逐渐见诸广东地方官员、绅商的公文禀文中，而且腾诸地方报章舆论中。他们对"海权"的认识也随着澳门海界争端的展开而不断深入，一方面在抓住国际法中领海权的题中之意的同时，重点围绕"主权"去理解"海权"；另一方面则发展出综合运用"国势"、外交与"商务"的理念维护"海权"。从某种程度上而言，这一认识同马汉注重国家海上军事实力与商业实力的海权论颇有相近之处。其认识的深度不仅是晚清中央政府没有达到的，甚至还可能超过姚锡光等人直接从马汉"海权论"出发倡言建设海军的"海权"言论。因此，它构成晚清中国多样的"海权"认识光谱中耀眼的一环，并在随后光绪三十四年至宣统元年的中葡澳门海界争端、东西沙岛维权中迸发出令人瞩目的光彩。

Dispute on Maritime Boundary of Macao between China and Portugal in 1907 and Knowledge about Sea Power of China in Late Qing Dynasty

Zhou Xin

Abstract: Sea Power was the original and core concept in the book named *The Influence of Sea Power upon History*, *1660 – 1783* written by Alfred Thayer Mahan. The knowledge about Sea Power of China in late Qing dynasty had been seen as a direct result from the spread of Mahan's masterwork. But throughout history, it more came from the activity and practice of maritime affairs between China and other country. Dispute on maritime boundary of Macao in the 33th year of Guangxu's reign (1907) played an important role in this activity and practice. By reconstructing the dispute in detail, analyzing and discussing the context and the text of Sea Power in Chinese "海权", the paper tries to reveal the formation and the knowledge about Sea Power of China in late Qing dynasty.

Keywords：Late Qing Dynasty；Dispute on Maritime Boundary；Macao；Sea Power

（执行编辑：徐素琴）

海洋史研究（第六辑）
2014 年 3 月第 166～193 页

清代台湾港口碑志中的陋规示禁碑初探

耿慧玲[*]

　　有关台湾的确切的文献记载始自明代。尽管台湾在旧石器时代已经有了居民，然而在明代之前的台湾人并没有使用文字的习惯，一直等到汉人大量进入台湾之后，有关台湾的文字记载才大量出现。因而，有关台湾的史书少而史料多，其中最值得注意的一种史料，就是汉人的碑志。

　　碑志是"当是时"的一种记录，碑志特殊的材质特性，使得碑志在"永垂久远"的特质上，更具备强烈的昭示性；诚如历史上的英雄人物很多，但被雕塑成为石雕像者，必然更具有彰显性的地位；社会上发生的相同事件或许很多，但当刊刻成为碑志之后，这被刊刻事件所具有的彰显性，必然较之其他的文献资料更为明确。历史研究者往往可以从一个碑志，推想其背后所呈现的厚重能量。明清时代汉人移民将汉人的碑志文化带入台湾，在与原乡不一样的特殊时空背景下，台湾的碑志与社会结构更具有紧密性与可参考性，如在台湾示禁碑志所揭示的"告示与晓谕""自律性公约""法制化公议"三种类型，正是台湾社会在当时居民自治与政府行政管理结合时，所真实面对的社会结构与风习。[①] 而岛屿台湾面向四邻的重要窗口就是港口，本文将从现存港口碑志探讨台湾在开发过程中的海洋民风。

---

　　* 作者系台湾朝阳科技大学通识教育中心教授、香港大学饶宗颐学术馆名誉研究员、西安碑林博物馆客座研究员。
　　① 有关台湾碑志所反映的行政管理与自治的规约性质，请参见耿慧玲《台湾碑志与行政管理的自治规约》，《策略评论》第 18 期，台北市"中华民国"企业经理协进会《大学商管教学策略与个案系列 4：历史与管理》专刊，2012 年 12 月，第 15～42 页。

一　台湾碑志搜集概况

目前收录介绍台湾碑志的重要论著有：

〔日〕石阪庄作：《北台湾的古碑》，台北，大正十二年（1923）。

刘枝万编著《台湾中部古碑文集成》，《文献丛刊》，1954年。

刘枝万编著《台湾中部碑文集成》，台湾银行经济研究室编《台湾文献丛刊》第151种，1962年。

吴新荣等编著《台南县志·古碑志》，台南县文献委员会，1957年。

黄典权编著《台湾南部碑文集成》，台湾银行经济研究室，1966年。

黄典权编著《台南市南门碑林图志》，成功大学历史系，1979年。

黄耀东等编著《明清台湾碑碣选集》，台湾省文献会，1980年。

邱秀堂编著《台湾北部碑文集成》，台北市文献委员会，1986年。

林文睿等监修，何培夫主编《台湾地区现存碑碣图志》，"中央图书馆"台湾分馆，1992～1998年。

这些书籍是搜检台湾碑志最重要的参考资料，兹分别说明。

《北台湾的古碑》是最早出现的单本碑文集录，其搜集地区以北部淡水河一带至基隆为中心，碑志所包含的时间自南明永历十五年（1661）至日大正八年（1919），共计收录了49件碑志，每件碑志均以摹绘方式记录，并以日文注说。

刘枝万所编著的台湾中部碑志分为两个版本，其一为《台湾中部古碑文集成》，发表于1954年的《文献丛刊》，乃作者于1954年实地调查台中县市、彰化县、南投县的碑志的集结，收录之碑文为清初至日据初期，计138件，后收录于1986年新文丰图书公司出版之《石刻史料新编》第三辑地方类第18册中。另一版本为《台湾中部碑文集成》，收录于1962年台湾银行经济研究室编纂的《台湾文献丛刊》第151种，这部书是就《台湾中部古碑文集成》整理改编而成，收录时间相同，然作者"汰芜存精"，仅收录107件碑文，故而也失录一些有关碑志的记载，若要求全，仍需参考《台湾中部古碑文集成》。

吴新荣等编著的《台南县志·古碑志》，收录自明郑（1661）至光绪二十一年（1895）的112件碑志，系台南县文献委员会编纂《台南县志》时，作者自1955年5月至1957年3月所做碑志采集工作的成果，因此其内容仅限台南县地区的古碑。

　　黄典权在台湾碑志的研究与搜集工作中具有相当重要的地位，其任教于成功大学期间，培养了一批台湾碑志研究人才，包括后来长期进行碑志集结、卓有成效的何培夫先生和曾国栋先生。黄典权先生的《台湾南部碑文集成》，采录云林县、嘉义县市、台南县市、高雄县市、屏东县、澎湖县、花莲县、台东县之碑文，其内容包含明末至光绪二十一年（1895）的碑志，计 510 件。该资料由台湾银行经济研究室收录为《台湾文献丛刊》第 218 种著作。其后，黄典权在 1979 年又出版了《台南市南门碑林图志》，计收录 61 件碑志，主要是补《台湾南部碑文集成》之不足。因此，两书亦如刘枝万先生著作，需要相互参看。以上著录大抵只有文字，除《台南市南门碑林图志》外，均未附图版。

　　黄耀东等编著的《明清台湾碑碣选集》是根据台湾省文献会历年采集拓本精选摄印而成，计 329 件碑志。该书有图版，有释文，并记载碑志之形制，释文按照碑志原来行款记载，虽不做标点，但因录实，因此颇利于拓片与释文之对读。然而本书不收墓志铭，在人物研究上有一定程度的缺失。对于石敢当、阿弥陀碑、咒语碑、柱联、华表等亦未收录。

　　邱秀堂编著的《台湾北部碑文集成》，乃以《北台湾的古碑》、台湾大学人类室、省文献会拓本及各文献单位整理之碑文为主要对象，其碑志之范围包括苗栗、新竹、桃园、台北、基隆、宜兰等县市地区；时间则以清代为限，计收录 218 件碑志，依据碑文性质分为示禁、记事及其他，仅部分碑志附有图版，释文一同黄耀东《明清台湾碑碣选集》，以行款著录，不做标点。不过图版部分不限拓片，亦有原碑志照片。

　　林文睿等监修、何培夫主编的《台湾地区现存碑碣图志》，是目前收录台湾碑志最为齐全的一套资料，计 16 册，分别为台南市（上、下），澎湖县，嘉义县市，台南县，高雄县市，屏东、台东县，云林、南投县，彰化县，台中县市，花莲县，新竹县市，苗栗县，台北市、桃园县，台北县，宜兰县、基隆市，补遗。全书由"中央图书馆"台湾分馆出版，并以此为基础，建成今日台湾"国家图书馆"之"台湾记忆"数字系统。该书（"系统"）最重要的贡献就是把数据近乎完整地呈现，图版部分均比前面所有著作清晰，有形制说明，有释文，释文有标点，方便读者阅读及研究者参考。在"台湾记忆"系统中，作者何培夫针对各个碑志版本及内容做了相当程度的比较与说明。

　　何培夫先生除了做上述台湾碑志数据的集结外，还编有《南瀛古碑志》，收录台南县自南明永历至日昭和年间计 132 件碑志。该书参照清代方志记载，故除现今所存碑志外，尚依据方志数据记录已佚之碑文内容。

何培夫先生所主编的《台湾地区现存碑碣图志》与建立的台湾"国家图书馆"之"台湾记忆"数字系统，全面地搜集台澎金马地区碑志资料，是目前最完整的碑志集结成果，呈现了台湾碑志之现存状况（见表 1）。①

表 1　台湾现存古碑数量统计

出处 县市	台湾"国家图书馆"之 "台湾记忆"系统	《台湾地区现存碑碣图志》			
		现存	补遗	已佚	小计
基隆市	27	37	0	14	51
台北市	86	89	0	14	103
台北县	154	180	5	11	196
宜兰县	68	88	0	4	92
新竹市	44	45	3	2	50
新竹县	66	64	0	6	70
桃园县	76	81	0	0	81
苗栗县	125	114	7	4	125
台中市	23	23	0	0	23
台中县	72	76	0	7	83
彰化县	149	151	6	4	161
南投县	81	88	5	7	100
云林县	59	59	3	0	62
嘉义市	23	25	1	5	31
嘉义县	69	65	7	7	79
台南市	385	368	15	0	383
台南县	135	127	14	32	173
高雄市	35	46	1	9	56
高雄县	99	93	7	7	107
澎湖县	96	99	5	0	104
屏东县	109	106	6	4	116
台东县	9	8	1	0	9
花莲县	15	14	3	0	17
金门县	89	0	0	0	0
连江县	8	0	0	0	0
总　计	2102	2046	89	137	2272

注：耿慧玲制表。资料来源：台湾"国家图书馆"之"台湾记忆"系统，http://memory.ncl.edu.tw/tm_new/index.htm；林文睿监修、何培夫主编《台湾地区现存碑碣图志》，"中央图书馆"台湾分馆编印。

---

① 其他书籍所收之数据，或有何培夫所未收者，但数量差距不大，为清晰了解台湾碑志之全貌，仍以何培夫先生所收录为基础。至于本文所研究之海港碑志部分，则不仅仅以何培夫先生所收录碑志为唯一来源。

这些记载"当是时"历史的碑志，呈现了台湾这个新兴的移民开发地区许多重要的社会风貌，如台湾开发中的原汉关系、族群关系、农业开发、海上贸易、妇女地位、宗教信仰、税赋结构、政治事件、军事冲突、地方势力、政策推行等，均是台湾历史的见证。

二　台湾港口碑志中的示禁碑

港口是台闽之间互动的窗口。在台湾的碑志中，有关海港的碑志总数不是很多，却是彰显台湾海洋民风的重要载体。在台湾碑志中有关港口的碑志见附表《清代台湾港口示禁碑志表》①。

所谓"示禁"，是政府为了将敕条禁令明示于众，以起到制止民众违反禁例的目的，在纸本告示之外另于公开之地点刊立石碑，以示对于某事件的特别重视，并具有永久警示性。这种示禁碑又可以分为告示与晓谕、自律性公约与法制化公议三种，是清代地方自治管理机制的呈现，分别表现出不同层次的法律约束能力。② 由于示禁碑具有一定程度的警示约束效力③，反映出当时政府所需要积极"管理"的各类事件，故可以借此了解当时台湾的社会现象。

据曾国栋1996年的整理，台湾碑志计有272件关于官衙兵吏、恶习、冢地、拓垦、祠庙事业及杂项各类事件的晓谕与示禁碑④，虽然仅占所有碑志的12%，但是包含了如胥吏勒索、兵民抢夺商船、匠民越界私垦、恶丐强乞、借尸吓诈、自尽图赖、设场聚赌、聚党吵扰、械斗滋事、舟轿勒索、斗量纠纷、锢婢不嫁等与风习有关的记载，透露出一些值得注意的文化现象。

---

① 本文主要探讨台湾社会所呈现的海洋性质，着重于研究对外港口所具有之海洋性功能，以及因港口而产生的海洋性文化。例如，港口通常建有庙宇，如果该庙宇属于海神信仰，直接反映海洋文化则收录；若为移民携带而来、非具有海洋性质之碑志，如粤属移民所崇祀之三山国王庙，乃为携带而来的原乡保护信仰之类，则不纳入收录之范围；但如庙宇具有如会馆、接官亭之港口之功能，则收入。

② 耿慧玲：《台湾碑志与自治规约》，《大学商管教学策略与个案系列》专刊，《大学商管教学策略与个案系列4：历史明镜与商业经济》，2013年1月，第15~42页。

③ 颜章炮：《清代台湾寺庙的特殊社会功用——台湾清代寺庙碑文研究之一》，《厦门大学学报》（哲学社会科学版）1996年第1期。

④ 曾国栋：《清代台湾示禁碑之研究》附表一《台湾地区现存示禁碑总表》，台南：成功大学1996年硕士学位论文，第135~150页。

　　然而这些示禁碑究竟能不能真实反映台湾社会的面貌？在笔者曾经执行过的"台湾碑志研读计划"①中，曾有参与的学者提出质疑——这些由碑志记载的风习，会不会只是因为台湾当时属福建管辖，而将福建地区的风习作为共同管辖下的台湾所一并宣示的政策，而事实上并不一定是在台湾社会真实发生的？或者，这只是为政者的一种道德宣示，并不具有实际的功能？尤其是在丁日昌任内所刊立的示禁碑，更值得检讨，因为由丁日昌禁毁"淫书"的行动中，可以发现丁日昌特别重视"端正社会风习"的道德教化，即便是如《红楼梦》这样的书籍，也一样成为禁毁的对象。因而，这些刊立的示禁碑会不会只是丁日昌对于道德教化的宣示，而不一定有这样的事实，也不一定有效能？②那么，台湾碑志中的示禁内容，究竟可以反映怎样的台湾风习？针对台湾碑志之记载是否为台湾地区之风习与示禁碑是否具有实际的效能这两个问题，可以分述如下。

　　丁日昌在台湾的示禁碑传世者有两种：其一，《买补仓粮示禁碑记》，在台湾中、南部有八块立碑，分别在台中县东势镇巧圣仙师庙、彰化县鹿港镇中山路民宅、北斗镇奠安宫、台南县盐水镇护庇宫、后壁乡泰安宫、下营乡观音寺、台南市赤嵌楼小碑林与高雄县凤山市曹公祠碑林。其碑文内容大致相同，唯有立碑尺寸与边框花饰略有差异。其二，为《严禁自尽图赖碑记》，本件碑记与前项《买补仓粮示禁碑记》均系清光绪二年（1876）福建巡抚丁日昌给立之告示，碑文曾收录于卢德嘉《凤山县采访册》、屠继善《恒春县志》；并存两件实物，一在台南市大南门碑林，一在恒春镇南门城。③《严禁自尽图赖碑记》中记载：

　　　　照得自尽人命，律无抵法；而小民愚蠢，动辄轻生。其亲属听人挑唆，无不砌词混控，牵涉多人，意在求财，兼图泄忿。本部院莅闽以

　　① 该计划同时是笔者与毛汉光教授共同执行之"教育部""台湾碑志研读计划"，是一个跨学校、跨领域的研读计划，有中正大学、成功大学、嘉义大学、逢甲大学、大叶大学、云林科技大学、朝阳科技大学、吴凤科技大学八所台湾中南部地区大学的十七名助理教授以上的教师参加，计三年时间（2004～2007），每年完成24篇碑志研读，每一位导读者根据不同之学术领域，针对碑文作断读、隶定与注释，并根据碑志内容作历史背景的分析，共计完成72篇不同类型之台湾碑志研读。
　　② 陈益源：《丁日昌的刻书与禁书》，载《古典小说与情色文学》，台北：里仁书局，2001，第319～344页。
　　③ 请参见"台湾记忆"，http：//memory.ncl.edu.tw。

来，查核各属命案，此等居多。而地方官不详加勘审，任凭尸亲罗织多
人，辄即差拘到案。乡曲小康之户，一经蔓引枝牵，若不荡产倾家，则
必致瘐毙囹圄而后已。公祖耶？父台耶？祖父之待子孙，固如是耶？除
严饬各府、厅、州、县，如此后有将自尽命案滥行差拘良民，以致无辜
受累者立即分别严参外，合行剀切晓谕。

该碑文中有"本部院莅闽以来"字样，故被质疑其或系全闽共通的禁
令，实际上并非台湾地区民人风气。然而光绪朝《东华续录》卷12记载了
一则丁日昌的奏折：

> 台湾吏治，黯无天日；牧令能以"抚字教养"为心者，不过百分
> 之一二。其余非性耽安逸，即剥削膏脂。百姓怨毒已深，无可控诉，往
> 往铤而走险，酿成大变；台湾所以相传"无十年不反"之说也。臣今
> 年到任后查访各情，即将科派百姓捐输、津贴州县仓谷、自尽命案株连
> 拖累及牛捐诸弊政严行裁革；仍恐该厅、县阳奉阴违，复饬将告示勒石
> 摹拓、分贴各乡，俾百姓永远周知，不致再受讹索。①

由此可知，《买补仓粮示禁碑记》与《严禁自尽图赖碑记》所记"科派
百姓捐输、津贴州县仓谷、自尽命案株连拖累及牛捐诸弊政"，即便是全闽
共有，亦确为台湾存在的风习。台湾示禁碑志所揭示的内容，正是台湾真实
的社会风习。

至于示禁碑究竟是否具有实际的效能，正如同法律制定之后是否就
不会发生犯罪的情况是一样的。台湾的示禁碑志所反映的是明代以来中
国地方立法的实践，是地方法制建设的重要证明。② 其所具有的约束效
能，由某些事项不断立碑示禁的现象来看，对某些风习似乎无法有效地
禁绝，但学者也认为从明代开始大量出现的乡约之类的地方示禁文献
（包含碑志），在长期的融合过程中，已经成为清代基层社会行政化的基

---

① （光绪朝）《东华续录》卷12，第20页。
② 杨一凡：《明代地方性条约的编纂及其功能》，"往复论坛：第三届中国古文献与传统文化
国际学术研讨会"，中国社会科学院历史研究所、香港理工大学中国文化学系、北京师范大
学古籍与传统文化研究院合办，北京，2012年10月。

本模式。① 清代碑志中所记载的现象，正可以作为探索当时历史、社会真实面貌的引证。②

三　台湾港口示禁碑内容分析

在台湾的港口示禁碑中，依据其内容性质又可以分为陋规、恶习、产业与公约四类（见表2）。所谓陋规，指的是当时台湾港口官方所订定的一些巧立名目的苛征勒索；所谓恶习，则系势族土豪或一般人民基于自己的方便或利益所形成的社会现象；示禁碑中的产业类，一般是个人或家族产业的纠纷，为了确立产权，报请政府刊石立碑以彰显其在产业上的法律地位；所谓公约，则系地方人民基于某一团体之需要而制定的公议。陋规与恶习的示禁大都由政府以晓谕或告示的方式颁布，进行有法律效能的惩治③；而公约则为人民团体的公议，除非报由政府下令晓谕，否则并不具有绝对的约束力。

表 2　清代台湾港口示禁碑分类统计

年代/数量（件）/类别	陋规	恶习	产业	公约	总计
乾隆/60	4	2	0	1	7
嘉庆/25	5	1	0	0	6
道光/30	1	1	0	0	2
咸丰/11	0	0	0	1	1
同治/13	3	0	1	0	4
光绪/21④	0	1	2	0	3
无年月	0	1	0	0	1
总　计	13	6	3	2	24

① 常建华：《国家与社会：明清时期福建泉州乡约的地域化——以〈福建宗教碑铭汇编·泉州府分册〉为中心》，《天津师范大学学报》（社会科学版）2007年第1期。

② 王日根、周惊涛：《从示禁碑看清至民国闽南地方政府对社会的治理》，《中国社会经济史研究》2007年第4期。

③ 台湾碑志刊刻之后，可以作为民众诉讼之依据，据卢德嘉纂辑《凤山县采访册》第365页［光绪二十年（1894）《台湾文献丛刊》第七三种］壬部《艺文（一）·碑碣·丁抚宪禁碑》："以上皆系律例明文，何等严切。本部院当经饬属将此示泐石城门，尔等安分良民，如有实被自尽命案牵连者，准即摹拓石示，赴地方官呈诉，以免拖累。"

④ 光绪二十年（1894）甲午战争开始，次年签订《马关条约》，割让台湾。

根据港口示禁碑刊刻年代，大致又可以分为三个断代：乾隆时期，嘉庆、道光时期，咸丰、同治、光绪时期，每一时期为 60 年左右。

港口示禁碑的数量基本上呈现增长的趋势。其中陋规总数最多，所占的比例也最高，约占五成，是恶习的两倍；然若以台湾总体示禁碑来看，则台湾地区有关陋规的示禁碑总数比恶习少，可见苛征勒索的陋规是台湾港口比较严重的现象。① 本论文即以陋规作为讨论的主题，对台湾陋规碑志所展现的特殊风习进行初步探索。

（一）苛征勒索

这些苛征勒索的陋规，主要是港口胥吏针对进出港口的船只或个人收取不当的规费（此类示禁碑的名称、刊立时间、地点见表3）。

这些苛索陋规的示禁，自乾隆十年（1745）即已开始，其后随着时间的推移，这些陋规示禁从鹿耳门（台南）扩展到鹿仔港（彰化）、八里坌（淡水）、洲仔尾（台南县）、猴树港（嘉义）、岐后港（高雄）、乌石港（宜

---

① 曾国栋在其硕士学位论文《清代台湾示禁碑之研究》中，将台湾碑志分成官衙兵吏、恶习、冢地、拓垦、祠庙事业与杂项六类，分类与本文不尽相同，然而其官衙兵吏一类，多属官方所规定之扰民、欺民之规定，亦即本文所述之陋规。其所谓冢地类，在港口碑志中没有，然其内容则系民间势族、豪强占葬行为，应可纳入恶习类，拓垦与祠庙事业则可分入产业与公约两项，总体来说，台湾碑志之陋规总数与比例低于恶习，参见下表：

年代/数量 （件）/类别	陋规	恶习	冢地	拓垦	祠庙事业	杂项	总计
康熙	0	0	0	0	0	1	1
雍正	0	0	1	0	1	0	2
乾隆	14	14	3	24	4	3	62
嘉庆	6	7	6	7	7	1	33
道光	14	17	6	9	9	6	61
咸丰	1	5	4	1	2	3	16
同治	2	6	5	5	4	3	25
光绪	9	25	6	9	11	2	64
不详	1	1	1	0	1	4	8
总　计	47	75	32	55	39	24	272

　　有关讨论请参考耿慧玲《台湾碑志与自治规约》，《大学商管教学策略与个案系列》专刊，《大学商管教学策略与个案系列 4：历史明镜与商业经济》，2013 年 1 月，第 15~42 页。

表3　清代台湾港口苛征勒索示禁碑一览

序号	碑名	年代	现存地点	出处	备注
1	严禁借端苛索大[舡]船只碑记	乾隆十年（1745）	台南市中区大南门碑林	台南市下317南碑42	本碑立于乾隆十年，乃台湾知府方邦基严禁台湾县船总洪斌借端苛索贴补耗费。船户感德立碑。《台湾南部碑文集成》作《船户颂德碑记》
2	示禁海口章程	乾隆五十三年（1788）九月	台南市中区大南门碑林一排十六位	台南市下346	本碑立于乾隆五十三年，署海防分府清华、台湾道杨廷理、福建巡抚徐嗣增刊立福康安奏议拟定台湾海口章程，明定海口文武衙门对两岸港口货物运输项目挂验规费，严禁额外勒索，尤其鹿耳门汛口不得对回籍民人加索照费。《台湾地区现存碑碣图志·台南市（下）篇》作《海口章程》
3	严禁鹿港厅胥役重索规费碑记	乾隆五十五年（1790）二月	彰化市鹿港镇顺兴里中山石276号三山国王庙三川殿左壁。原位于鹿港海防理番同知衙门前。原碑日据时期在台中州鹿港凤山寺	彰化125中碑78明清150	本碑立于乾隆五十五年。台澎兵备道万钟杰应鹿港粤籍监生廖霖等人所请，以乾隆五十三年已订定之鹿耳门海口《示禁海口章程》为准则，收取商客往来规费，不准重索规礼
4	严禁海口陋规碑记	嘉庆元年（1796）四月	台南市西区神农街水仙宫	台南市下453明清336南碑433	本碑立于嘉庆元年，记载福建水师提督哈当阿与台澎兵备道刘大懿为禁止林爽文事件后，鹿耳门文武守口丁役，于正月内复有得受春彩礼名目之陋规，于台湾府城郊商聚议、船户活动之水仙宫内刊石示禁
5	严禁海口陋规碑记	嘉庆十七年（1812）九月	台南县永康市盐洲里中正南路洲尾街78号保宁宫。原碑日据时期在台南市新营郡永康庄洲仔尾	南碑439南瀛242	本碑立于嘉庆十七年，记载台湾知府汪楠奉台湾兵备道糜其瑜之命，查办嘉庆年间海贼朱渍、蔡牵骚扰沿海，衍生海口胥吏向船户索取"蓬号礼"之扰民陋规，除查办违例书役外，并出示晓谕严禁胥吏借端勒索陋规。《台南县志》与《台湾南部碑文集成》作《恩宪大人示谕碑记》
6	汛口陋规示禁碑记	嘉庆二十一年（1816）四月	嘉义县东石乡港口宫	嘉义县市34	本碑立于嘉庆二十一年，记载台湾总兵武隆阿禁止猴树港（今东石）、笨港等汛口兵吏勒索进出港口规费

序号	碑名	年代	现存地点	出处	备注
7	严禁苛索船商碑	嘉庆二十一年（1816）闰六月	台北新庄市中山堂。碑原立于新庄天后宫	台北县 402 北碑 11	本碑立于嘉庆二十一年，记载福建巡抚王绍兰据小船户廖义等人所请，为革除台湾府淡水厅胥吏借换给牌照索取规费的陋习，以及一切口岸的陋规，乃晓谕勒石，以裨遵行。又称《严禁胥差苛索船户陋规碑记》。本碑文于道光二十一年由噶玛兰通判徐廷抡奉抄重勒于宜兰
8	严禁胥差苛索船户碑	道光二十一年（1841）	宜兰市中山公园	北碑 16	本碑记系道光二十一年由噶玛兰通判徐廷抡奉抄重勒嘉庆二十一年福建巡抚王绍兰《严禁苛索船商碑》。主要禁止港口胥吏借换给牌照索取规费及其他一切陋规
9	严禁汛口私抽勒索碑记	同治六年（1867）五月	高雄市旗津区天后宫庙前左侧碑亭	高雄县市 274 明清 532	本碑立于同治六年，记载安平水师协标副将萧瑞芳因粤籍民人省亲、乡试多从旗后、东港往返而受到汛口书差私抽勒索故立碑示禁
10	严禁渔网陋规碑记	同治九年（1870）	金门县金城乡溪边顺济宫前	金门 166	本碑立于同治九年，严禁盗窃渔网，要求闽省沿海巡洋舟师应落实巡护，不得借分段护航捕鱼趁机勒索。本碑说明自福州五虎门至闽浙交界、金门至海坛、闽越交界之南澳至铜山为分段巡守的地区

兰）等港口，时间分布为乾隆年间 3 件、嘉庆年间 4 件、道光年间 1 件、同治年间 2 件，而这些陋规示禁碑出现的地点，似乎也与清代两岸对渡港口的逐渐开放若合符节。

需要说明的是，清政府为了管控两岸货物与人员的往来，在台湾初平之后的一百年间，对于对渡港口限制极严。两岸正口只有鹿耳门与厦门，直到乾隆四十九年（1784），才开放彰化鹿仔港与泉州蚶江之间的对渡路线。乾隆五十三年（1788）再开放淡水八里坌与福州五虎门之间的对渡路线，以方便台湾四县将粟米运至福建。其后，在道光四年（1824）又核定开放彰化五条港（海丰港）与泉州蚶江、噶玛兰乌石港与福州五虎门之间的对渡。

随着两岸人员与货物来往需求的不断增加，借助季风的来往优势，除了官方的对渡正口之外，两岸的对渡港口呈不断扩增趋势（见表4）。①

表4　清代台闽两岸对渡航线及合适的帆船航行模式

航　路		出现时间	合适的航行模式		备注
			冬季季风期	夏季季风期	
官方核定	鹿耳门—厦门	1685	适合侧风航行	相当适合侧风航行	南部主线
	鹿仔港—蚶江	1784	相当适合侧风航行	相当适合侧风航行	中部主线
	五条港—蚶江	1824	适合侧风航行	相当适合侧风航行	中部支线
	八里坌—五虎门	1788	相当适合侧风航行	适合侧风航行	北部主线
	乌石港—五虎门	1824	侧风、迎风、顺风航行，视情况调整	侧风、迎风、顺风航行，视情况调整	北部支线
民间自辟	后垄—南日	约1685	相当适合侧风航行	相当适合侧风航行	北路
	竹堑—海坛	约1685	相当适合侧风航行	相当适合侧风航行	
	南嵌—闽安	约1685	相当适合侧风航行	适合侧风航行	
	淡水—北茭	约1685	适合侧风航行	适合侧风航行	
	鸡笼—沙埕	约1685	勉强适合侧风航行	迎风或顺风航行	
	弥陀、万丹、岐后、东港、茄藤—古螺、铜山、悬钟	约1774	相当适合侧风航行	相当适合侧风航行	南路

资料来源：洪传祥：《季风影响下台闽历史性航路的开发》表一，台湾《建筑学报》2007年6月。

　　清政府基于政治、经济与社会的考虑，对于对渡的港口均设有文、武汛口作为查验船籍、船员、船客及货物之用。根据周凯《厦门志》的记载，船只出洋之前均需经过详细的登记，在给照挂验之后，方能放行。② 同时有

① 有关两岸港口对渡之研究，请参考林玉茹《清代台湾港口的空间结构》，台北：知书房出版社，2005；林玉茹：《从属与分立：十九世纪中叶台湾港口城市的双重贸易机制》，《台湾史研究》，第4~7页；洪传祥：《季风影响下台闽历史性航路的开发》，《建筑学报》第60期，2007年6月，第208~210页。

② 周凯：《厦门志》卷5《船政略·商船》："小船均于未造船时，具呈该州、县，取供严查确系殷实良民亲身出洋船户，取具澳甲、里族各长并邻右当堂画押保结，然后准其成造。造完，该州、县亲验烙号刊名，仍将船甲字号、名姓于船大小桅及船旁大书深刻，并将船户年貌、姓名、籍贯及作何生业开填照内，然后给照，以备汛口查验。"《台湾文献丛刊》第九十五种，第166~167页。

"凡往来台湾之人，必令地方官给照，方许渡载"，"滥给印照之官即行严参"的规定，① 使得各文武衙门的胥吏，具有检核的职责，也承担了职务上的压力。由此，各文武衙门"至海口巡查，饭食暨设立小船带引商船出入文武衙门，一切费用均不可少"，收取"挂验"的规费成为惯例。② 然而，胥吏既具有查验的职责与权力，百姓则深恐被留难，失去天时；同时，又因"内地各郡生齿日繁，需米较多"，台湾回内地的船只欲载糖、米以售利，但每船运载数量有明确的规定，③ 因此"以性命易锱铢"，凡有规索无不给付。④ 乾隆十年第一块苛索规费的示禁碑，便针对当时掌管换照的船总⑤洪斌借端苛索大（舶）船的弊端所刊立。⑥ 这时正口仅有鹿耳门至厦门一线。乾隆五十三年福康安平定林爽文后，根据在台所见，上奏朝廷建议明定鹿耳门海口文武衙门对两岸港口货物运输项目之挂验规费。同年，署海防分府清华、台湾道杨廷理、福建巡抚徐嗣增，依据福康安之奏议，立碑鹿耳门严禁额外勒索。乾隆五十五年粤籍监生因鹿仔港已开放正口对渡，然往返所收规

---

① 邓孔昭、陈后生：《清代大陆移民"偷渡"入台盛行的动力分析》，《台湾研究》2009 年第 6 期，第 61 页。

② 丁曰健：《与吴观察论治台湾事宜书》，《治台必告录》卷 1《鹿洲文集》："在府，则同知家人书吏挂号，例钱六百；在鹿耳门，则巡检挂号，例钱六百，而验船之礼不在此数。"《台湾文献丛刊》第十七种，第 57 页。

③ 《钦定平定台湾纪略》卷 61 "五月二十九日条"："查台湾回至内地船只，每船止准载米二百石，从前定例，原属因时制宜；但情形今昔不同，内地各郡生齿日繁，需米较多。其自厦门、蚶江等处来至台湾船只，无货不可贩运；而回帆装载只有糖、米二种，舍此，更无他物堪以带售；商民趋利如骛，势难禁遏。与其潜滋弊窦，不若明定章程，俾商贩流通，以台湾有余之米，补内地民食之不足。嗣后，横洋船一只，应请准载米四百石；按边船一只，准载米三百石，于印照上注明实数，内地收口照数查验。如例外多带，立予重究，米石入官；并将台湾管口员弁查参议处。"《台湾文献丛刊》第一〇二种，第 976 页。

④ 丁曰健：《与吴观察论治台湾事宜书》，《治台必告录》卷 1《鹿洲文集》，第 57 页。

⑤ 《重修台湾府志》卷 2《规制·海防·附考》："台属之澎仔、杉板头、一封书等小船，领给台、凤、诸三县船照，周年换照；三邑各设有船总管理。其各船往南北贸易，船总行保具结状，填明往某港字样，同县照送台防厅登号，给与印单，按水途之远近，定限期之迟速。该港汛员，查验盖戳入口。在港所载是何货物及数目，填明单内，查对明白，盖戳听其出口。回日将印单呈缴鹿耳门文武汛，查验单货相符，盖戳听其驾缴府澳各港。汛员仍将出入船只，每五日折报，听台防厅稽查；如违限未回，根究行保，并行各港汛员挨查，以杜透越诸弊。"《台湾文献丛刊》第一〇五种，第 90~91 页。

⑥ 此碑又名《船户颂德碑》，乃船户们感念台防同知方邦基主动"革陋规，严禁坐口书役需索。凡商船货足，无论早晚，随时验放，俾得顺风水之便；船户行家，肖像顶祝"之记录。见《重修台湾县志》卷 9《职官志·方邦基列传》，《台湾文献丛刊》第一一三种，第 347 页。

费明显不同，要求比照鹿耳门规例并立石示禁。此后，此类港口苛索陋规的示禁碑大致可以分为两类：一类是针对胥吏对船户的苛索，另一类则是针对胥吏对回籍人民的苛索。

　　针对胥吏对船户的苛索，自乾隆五十三年制定规例之后，大致皆以此作为标准。然而，嘉庆元年（1796）与嘉庆十七年（1812）因为林爽文事件与海贼朱濆、蔡牵事件的影响，又产生了新的陋规，即所谓的"春彩礼"与"蓬号礼"；而随着对渡港口的增加，管理的陋规也出现在猴树港、八里坌及乌石港等港口。这些苛索陋规的出现，显露政府管理与实际需求的不协调。港口贸易所产生的庞大利益，① 使得民众"自愿致送"②。实际上，名目繁多的管理规定，使得掌握行政权力的胥吏有上下其手的机会，嘉庆十七年的"蓬号礼"就是在查禁海贼的借口下所形成的陋规。由于台湾港口贸易的频繁，仅安平一地，在乾隆年间"凡船只入口，船户送给番银三圆；出口每船四圆；又额外多带米石，每百石给番银六圆，每年约收番银二万圆"③。可见官吏可以从中掠取的利润有多大。④ 而号称台湾最大贪渎案的柴大纪案，其每年个人所收到的港口陋规银两，即达 6688 圆⑤，这些都使得台湾港口地区的陋规屡禁难止。⑥

---

① 陈淑均、李祺生：《噶玛兰厅志》卷5《风俗上·海船·附考》记载："台湾广不满二百里，绵长二千余里，滨海之鹿耳门、鹿仔港、八里坌、五条港，商船辐辏，资重不下数十百万金。"《台湾文献丛刊》第一六〇种，第216页；连横：《台湾通史》卷25《商务志》："洎乾隆间贸易甚盛，出入之货岁率数百万元，而三郊为之主。……各拥巨资，以操胜算。南至南洋，北及天津、牛庄、烟台、上海，舳舻相望，络绎于途，皆以安平为往来之港，而南之旗后，北之北港，亦时有出入。"文海出版社，1980，第627页。
② 见嘉庆元年《严禁海口陋规碑记》："鹿耳门文武守口口丁役于正月内复有得受春彩礼名目，虽询系各船户因新正到口，自愿致送，并非勒索，亦非常规。"
③ 《钦定平定台湾纪略》卷61，"五月二十九日"条，第974页。
④ 丁曰健：《与吴观察论治台湾事宜书》，《治台必告录》卷1《鹿洲文集》："在鹿耳门，则巡检挂号，例钱六百，而验船之礼不在此数。若舟中载有禁物，则需索数十金不等。……台船每岁出入数千，统而计之，金以数千两矣。"第57页。
⑤ 《钦定平定台湾纪略》卷61，"五月二十九日"条，第971页。
⑥ 清代对于地方官吏的惩处相当严格细密，单从《吏部处分例》所载内容看，涉及州县官吏的就有180余条，占总条目的80%，其中有刑事处罚、经济处罚与行政处分三种，行政处分从罚俸一月起，可累加至革职、永不录用。有关清代州县官吏的惩处制度，可以参考柏桦《从历史档案看清代对州县官吏的惩处制度》，《北方论丛》1994年第4期。而碑志是具有法律效能的，在许多碑志中，都记载有"准即摹拓示，赴地方官呈诉"字样，可知碑志之立，有一定程度的阻遏效果。然有关此类苛索陋规在每个重要港口均有刊勒，时代又延绵甚久，可知如非利益甚高，应不致如此。

港口苛索陋规的出现除与政府的船只管理措施有关之外，当时的移民政策亦值得注意。

清代是汉人移民台湾最重要的一个时代。清廷统治台湾的二百多年时间里，汉人移民彻底改变了台湾的居民结构，台湾由一个原住民社会转变成为汉人社会。然而，台湾移民主要的来台方式，却以偷渡为主，这与清政府的政策有非常密切的关系。[①] 根据邓孔昭、陈后生的研究，康熙五十四年（1715），康熙皇帝要求福建督抚考虑开放开荒的弊害后，便制定了闽粤来台移民必须通过地方官给照方许渡载的规定，[②] 即便是已经"入籍台湾，偶因事故暂回内地，今欲仍往台湾者"，也需要详细具呈，由保人甘结，经厦、台同知查验后方能入台。这当然又赋予胥吏查验的权力，产生苛索的条件。不过，在乾隆五十五年与同治六年高雄岐后《严禁汛口私抽勒索碑记》的陋规示禁碑出现粤籍人士对于回籍民人造成的勒索困扰，却更值得注意。邓孔昭先生《台湾移民史研究的若干错误说法》[③] 一文，特别指出对于清代台湾移民政策的几个认识误区，认为所谓的"禁渡台三令"的说法是错误的，并举出蓝鼎元在雍正十年（1732）的《粤中风闻台湾事论》，说明在此之前，粤人在台种地，人数不下数十万，常于"岁终卖谷还粤，春初又复之台，岁以为常"[④]。如此若说康熙时期有限制粤人入台的说法，显然并不准确。然而在台湾有关回籍人士的三块苛索陋规示禁碑中，有两块是粤籍民人提出粤籍人士在出入港口遭遇到不公平重索之现象，则粤人在台湾的特殊地位，仍是值得注意的问题。

（二）垄断陋规

除苛索之外，陋规碑志还包含乾隆四十六年（1781）《严禁妄报官牙垄断市集碑记》、嘉庆四年（1799）八月《严禁垄断修船暨私买军料碑记》、同治八年（1869）《严禁连帮商恃强配盐碑记》（见表5）。

---

① 邓孔昭、陈后生：《清代大陆移民"偷渡"入台盛行的动力分析》，《台湾研究》2009 年第 6 期。
② 邓孔昭、陈后生：《清代大陆移民"偷渡"入台盛行的动力分析》，《台湾研究》2009 年第 6 期。
③ 邓孔昭：《台湾移民史研究的若干错误说法》，《台湾研究集刊》2004 年第 2 期。
④ 邓孔昭：《台湾移民史研究的若干错误说法》，《台湾研究集刊》2004 年第 2 期。

表5　清代台湾港口严禁垄断陋规示禁碑一览

序号	碑名	年代	现存地点	出处	备注
1	严禁妄报官牙垄断市集碑记	乾隆四十六年(1781)	金门县金城镇	金门14	泉州府马巷分府谕示金门一切米薪食用等物全赖内地,官牙不得垄断市集,应听民自便交易
2	严禁垄断修船暨私买军料碑记	嘉庆四年(1799)八月	台南县永康市盐洲里中正南路洲尾街78号保宁宫三川堂右壁。原碑日据时期在台南市新营郡永康庄洲仔尾	南碑434 南瀛239	本碑系台澎兵备道遇昌依船户所请给立告示,准洲仔尾地区渔船损坏得就近在澳修葺,唯应用军料等物务须悉向小厂户购买,不得向其他铺户购买私料混用,然商船仍须至指定船厂修理
3	严禁连帮商恃强配盐碑记	同治八年(1869)	连江县南竿乡历史文物馆	金门230	本碑为闽浙总督英桂严禁连江帮商依据《福建盐法旧例》特强勒令长乐船户在连江配盐,致阻挠渔民采补,贻误汛期。此碑有两块,原分别立于塘岐与桥仔,桥仔碑被村民作为过门前水沟盖板,1991年移至村公所左侧广场,字迹已模糊难辨;塘岐碑即本碑。两碑内容完全相同,仅勒石地点差异(《北竿乡志》)

　　这三块陋规碑志除《严禁垄断修船暨私买军料碑记》之外,均立于金门、马祖,所展现之内容,则为针对台澎金马地区特殊的社会环境所给予的比较宽松的政策。如《严禁妄报官牙垄断市集碑记》体谅金门生产不丰,日常生活用度全赖内地,不宜以官方垄断市场交易。而《严禁垄断修船暨私买军料碑记》则允许洲仔尾地区渔船损坏得就近在澳修葺。根据《台海使槎录》与《重修台湾省通志》的记载,清朝收复台湾初期船只的修造,例由福建省厅员分派修造,至康熙三十四年(1695)改归内地州县,若有尚可修整而不堪驾驶者,州县派员办运工料,赴台兴修。[①] 至雍正三年(1725)开始在台湾设厂,乾隆元年(1736)福建的战船,"福厂承修七十六艘,泉厂承修五十三艘,漳厂九十九艘,台厂九十二艘"[②]。此时台湾修建战船的力量已经非常重要。这对于台湾的发展有何优势?连横的《台湾

①《重修台湾省通志》,台湾省文献委员会,1990,第157页;黄叔璥:《台海使槎录》卷2《赤崁笔谈·武备》,第36页。
②连横:《台湾通史》卷13《军备志·师船》,《台湾文献丛刊》第一二八种,第381页。

通史》云：

> 顾自台湾设厂以来，开办料馆，沿山樟树，概归官有；南之琅峤，北之淡水，均委匠首；而匠首以伐木之外，私揽熬脑，而赢其利。……
>
> 然台厂自数十年来，津贴较少，工料日腾；修造战船，届期难竣；或至脆弱，不堪驾驶，历任搁置，赔累为难；是有遂具修船之名，而无用船之实也。①

亦即借由设厂承修船舰，将山林水泽收为官有，形成专卖，② 台湾少松杉，多樟木，因而在修建船只的过程中，反而促进了樟脑业的发展，使得樟脑与茶、糖同样成为清代以来台湾重要的经济作物。③ 然而，原料的采集却因为"锯匠稀少，生番寻衅，再加上山多鸟道，不管肩运或车运，均难以迅速送达，并且除樟木之外，其余造船原料全靠在福州采办得来，如果又因遭风漂失或姗姗来迟，往往不能在限期内完成"④。同时，采买的工料若遭风损失，依规定都要船户理赔，⑤ 如此一来，台湾修船的利基并不大。⑥ 清道光时陈盛韶所著《问俗录》中已说船厂修缮船只已经"价领诸司库，大半不敷；书差办公，不能不藉兹贴补。以山泽有余之利，供军需不足之用"⑦，因而借口"严海禁、查奸细，备不虞"，将船舰修缮独占垄断。实际上，则"巡差之利在船规，匠首之利在樟脑，厂户之利在铁价"，船只的修缮并不是船厂之利基所在。嘉庆四年（1799）的《严禁垄断修船暨私买军

① 连横：《台湾通史》卷13《军备志·师船》，第381页。
② 陈淑均：《噶玛兰厅志》（《台湾文献丛刊》第一六〇种）卷8《杂识（下）·纪文（下）·说·军工厂》："各城市有藤户，曰奉宪采藤也；非军工厂藤谓私藤，不敢卖。有小厂户，曰奉宪发卖余铁也；非军工厂铁谓禁铁，不敢用。有军工匠首，曰奉宪采料也；非军工厂采买之木谓偷透，非军工厂雇之匠谓私修。"第381~382页。
③ 有关樟脑的开发，可参考林满红《茶、糖、樟脑业与台湾之社会经济变迁（1860~1895）》，台北：联经出版社，1997。
④ 许毓良：《清代台湾的海防》，社会科学文献出版社，2003，第97页。
⑤ 许毓良：《清代台湾的海防》，第97页。
⑥ 连横：《台湾通史》卷13《军备志·师船》："然台厂自数十年来，津贴较少，工料日腾；修造战船，届期难竣；或至脆弱，不堪驾驶，历任搁置，赔累为难；是有遂具修船之名，而无用船之实也。"第381页。
⑦ 陈淑均：《噶玛兰厅志》卷8，第381~382页。

料碑记》，记载当时洲仔尾渔船户向台澎兵备道遇昌①陈情，希望体谅小渔船易毁易坏的特殊状况，让渔船能够就近在港澳修葺。遇昌处理的方式是，允许小渔船在澳修葺，但是仍然需要使用厂户的军工料；而且，其他商船均不得比照办理。也就是说，军工厂的垄断并没有被打破，厂户的利益也没有被侵犯。

至于《严禁连帮商恃强配盐碑记》则记载了连江县因丰沛的渔业资源导致连江县与长乐渔民间因"盐藏"② 习惯所形成之配盐纠纷。此碑要求连江县盐帮不得依循福建旧例以地配盐，需依照籍贯所在配盐，亦即长乐渔民可在长乐带盐出海，可不在连江辖地重新配盐，为警示连江县塘岐、桥仔两地盐帮，特于两地立碑示警。此碑详细记载了同治年间连江地区渔业的采补状况，也有助于人们了解当时福建配盐的实际执行状况，极富研究价值。

由前述陋规碑志之内容，可以归纳出清政府在台湾的统治，关于商业与移民的管制较多，渔业政策较为开放，也较为灵活；但严格的管理反而造成了一些负面效果，不论是出自人民的贿赂或者官吏的苛索，都因为贸易的兴盛而禁之不绝，反复再三。

结　　论

台湾位于东亚海域岛弧中央，是亚洲大陆通向太平洋的前沿，同时也是连接东北亚与南海的枢纽。但是在地理大发现之前，人类无法突破大海的限制，台湾只是陆权时期的边缘地区，待东洋针路出现，福建地区人民一波波向外拓移，加之西方势力的东移，影响到台湾的社会结构与历史发展。

明清时期，大量汉人进入台湾地区，属于汉人文化的碑志文化也传入了台湾。碑志是一种具有"永垂久远"及"昭示性"的文字记载，对于新

---

① 遇昌，满洲镶白旗人，生员。乾隆五十九年三月署台湾海防同知，嘉庆元年四月再署。嘉庆三年（1798）十二月护任分巡台湾道，四年三月升任；八月，加按察使衔。

② "盐藏"是沿海渔民对海水鱼类进行保鲜的传统方法之一。其原理是利用食盐溶液的渗透脱水作用，使鱼体水分降低，通过破坏鱼体微生物和酶活力发挥作用所需要的湿度，抑制微生物的繁殖和酶的活性，从而达到保鲜的目的。马祖·文史营区，http://mypaper.pchome.com.tw/hky1228/post/1310710191（2013/5/18）。

开拓的移民社会中所充满的机会与挑战，碑志成为记载"当是时"最重要的记录。港口碑志也应该可以作为探讨台湾海洋文化的主要切入点。由何培夫先生主编的《台湾地区现存碑碣图志》，以及以其为基础建立的台湾"国家图书馆"之"台湾记忆"数字系统，结合其他现存碑志书籍所搜集之港口碑志共 80 块，其中示禁碑有 24 块。根据碑志的内容，可以将这些港口示禁碑分为四类：陋规、恶习、产业、公约。陋规的数量最大，有 13 块，是恶习的两倍，但这与台湾总体示禁碑的比例不一样，显示出陋规是台湾港口比较严重的现象，亦即台湾港口的胥吏苛索要比一般民众基于自己方便或利益所形成的社会恶习更为严重。这在一定程度上反映出清代台湾社会吏治的不佳。

在 13 块陋规示禁碑中，有 10 块是与港口胥吏的借端勒索有关，时间则从乾隆十年开始，至同治年间为止，分别为乾隆年间 3 件、嘉庆年间 4 件、道光年间 1 件、同治年间 2 件，而这些陋规示禁碑出现的地点，似乎也与清代两岸的对渡港口若合符节，从鹿耳门（台南）扩展到鹿仔港（彰化）、八里坌（淡水）、洲仔尾（台南县）、猴树港（嘉义）、岐后港（高雄）、乌石港（宜兰）等港口，几乎可以说台湾重要的港口均有胥吏苛索的现象，这种现象的出现应该与清政府的管理政策有关。

清政府对于船只与个人来往两岸，有非常严格的检查机制，胥吏则拥有查验的职责与权力。两岸的贸易额极为庞大，因为台湾之米、糖正足以作为内地食粮不足的补充，而两岸之间的航行主要靠季风，商贾不愿因失时而蒙受损失，胥吏则以此作为苛索的利器。管辖权成为苛索的动力，每当社会有变乱，当局需要加强管控两岸之往来时，就出现常规之外的如"春彩礼""蓬号礼"之类的苛索。除了对商船的管控，移民政策也使得胥吏得以对回籍民众借机勒索；虽然"禁渡台三令"不见得真实，但是碑志中胥吏对粤民的重索，却非常突出，显示粤民在清代移民史上确实有一些特殊的"待遇"，值得再加注意。

除了在港口地区因管控查验所形成的苛索之外，台湾港口的陋规还包括对商业、渔盐业与造船的垄断，不过在这类示禁碑中，却可以看出清政府对于这些垄断事业的弹性作为。如对金门地区取消官牙垄断市集，以解除金门一切米薪食用等物需赖内地的经济困扰；对洲仔尾渔船可以就近修缮的体谅；以及解除旧例对于以地配盐造成渔民冲突的处理等，都可以看出清政府处理台湾与离岛地区、商业与渔业的不同措施。

附表　清代台湾港口示禁碑志表

类别	碑名	年代	现存地点	出处	备注
示禁陋规	严禁借端苛索大［舡］船只碑记	乾隆十年（1745）	台南市中区大南门碑林	台南市下317南碑42	本碑立于乾隆十年，乃台湾知府方邦基严禁台湾县船总洪斌借端苛索贴补耗费。船户感德立碑。《台湾南部碑文集成》作《船户颂德碑记》
示禁恶习	严禁占筑埔头港暨盗垦荒埔碑记	乾隆二十年（1755）六月	台南县麻豆镇大埕里复兴街24号。北极殿右侧庙室壁	南碑386明清434	本件碑记系乾隆二十年诸罗县知县辛竟可给立告示，重申严禁土豪、地棍占筑埔头港、盗垦两边荒埔，致生水患，侵害居民房舍、田园与坟墓。文中可见麻豆保汉人与先住民联合呈情，以及此类弊害自康熙四十年已屡蒙诸罗县知县、台湾道与台湾总兵示禁在案，却未能革除，乃重申示禁，永杜祸害。碑文曾收录于《台南县志》《台湾南部碑文集成》《明清碑碣选集》
示禁恶习	严禁屿内外设立缯棚碑记	乾隆二十一年（1756）	金门县金湖镇料罗村顺济宫天井左壁。碑原立于"屿内"之海边	金门、马祖165金碑154	金门料罗湾港在未扩建前，港湾两侧以沙洲地围绕，为船只所必经，村民称之为"屿内"，此碑立于乾隆二十一年，为禁止在湾内架设网缯，导致船只进出不便
公约建庙	佛头港福德祠碑记	乾隆四十五年（1780）五月	台南市西区景福祠	台南市下449明清318南碑122	乾隆四十三年戊戌，里民们公议景福祠旁邻的店铺不能改建增高，由当年轮值的炉主负责劝阻，不听则送官究办
示禁陋规	严禁妄报官牙垄断市集碑记	乾隆四十六年（1781）	金门县文化局。碑原立于金门县金城镇后浦临济寺后院	金门14	本碑立于乾隆四十六年，泉州府马巷分府谕示金门一切米薪食用等物全赖内地，官牙不得垄断市集，应听民自便交易

续表

类别	碑名	年代	现存地点	出处	备注
示禁陋规	示禁海口章程	乾隆五十三年（1788）九月	台南市中区大南门碑林一排十六位	台南市下346	本碑立于乾隆五十三年，署海防分府清华、台湾道杨廷理、福建巡抚徐嗣增刊立福康安奏议拟定台湾海口章程，明定海口文武衙门对两岸港口货物运输项目挂验规费，严禁额外勒索，尤其鹿耳门汛口不得对回籍民人加索照费
示禁陋规	严禁鹿港厅胥役重索规费碑记	乾隆五十五年（1790）二月	彰化市鹿港镇顺兴里中山石276号三山国王庙三川殿左壁。原位于鹿港海防理番同知衙门前。原碑日据时期在台中州鹿港凤山寺（台大）	彰化125中碑78明清150	本碑立于清乾隆五十五年。台澎兵备道万钟杰应鹿港粤籍监生廖霖等人所请，以乾隆五十三年已订定之鹿耳门海口《示禁海口章程》为准则，收取商客往来规费，不准重索规礼
示禁陋规	严禁海口陋规碑记	嘉庆元年（1796）四月	台南市西区神农街水仙宫	台南市下453明清336南碑433	本碑立于嘉庆元年，记载福建水师提督哈当阿与台澎兵备道刘大懿为禁止林爽文事件后，鹿耳门文武守口丁役，于正月内复有得受春彩礼名目之陋规，于台湾府城郊商聚议、船户活动之水仙宫内刊石示禁
示禁陋规	严禁垄断修船暨私买军料碑记	嘉庆四年（1799）八月	台南县永康市盐洲里中正南路洲尾街78号保宁宫三川堂右壁。原碑日据时期在台南市新营郡永康庄洲仔尾（台大）	南碑434南瀛239	本碑系台澎兵备道遇昌依船户所请给之告示，准洲仔尾地区渔船损坏得就近在澳修葺，唯应用军料等物务须悉向小厂户购买，不得向其他铺户购买私料混用，然商船仍须至指定船厂修理

续表

类别	碑名	年代	现存地点	出处	备注
示禁陋规	严禁海口陋规碑记	嘉庆十七年（1812）九月	台南县永康市盐洲里中正南路洲尾街78号保宁宫。原碑日据时期在台南市新营郡永康庄洲仔尾	南碑439 南瀛242	本碑立于嘉庆十七年，记载台湾知府汪楠奉台湾兵备道糜其瑜之命，查办嘉庆年间海贼朱濆、蔡牵骚扰沿海，衍生海口胥吏向船户索取"蓬号礼"之扰民陋规，除查办违例书役外，并出示晓谕严禁胥吏借端勒索陋规。《台南县志》与《台湾南部碑文集成》作《恩宪大人示谕碑记》
示禁陋规	汛口陋规示禁碑记	嘉庆二十一年（1816）四月	嘉义县东石乡港口宫	嘉义县市34	本碑立于嘉庆二十一年，记载台湾总兵武隆阿禁止猴树港（今东石）、笨港等汛口兵吏勒索进出港口规费
示禁陋规	严禁苛索船商碑	嘉庆二十一年（1816）闰六月	台北新庄市中山堂。碑原立于新庄天后宫	台北县402 北碑11	本碑立于嘉庆二十一年，记载福建巡抚王绍兰据小船户廖义等人所请，为革除台湾府淡水厅胥吏借换给牌照索取规费的陋习，以及一切口岸的陋规，乃晓谕勒石，以裨遵行。又称《严禁胥差苛索船户陋规碑记》。本碑文于道光二十一年（1841）由噶玛兰通判徐廷抡奉抄重勒于宜兰
示禁恶习	严禁佛头港货物分界独挑碑记	嘉庆二十一年（1816）十一月	台南大南门碑林第二排第十八位。原位于台南市西区西定坊景福祠	台南市下357 南碑446	本碑系台湾县知县温溶奉台湾兵备道糜其瑜处分台湾佛头港街蔡姓二族分界争挑互殴事端，严禁分立地盘霸踞挑货生理，应悉听佛头港街郊商行铺，自行雇人挑运
示禁恶习	严禁民乘危抢夺商船碑记	道光四年（1824）六月	台南大南门碑林第二排第二十位	台南市下359 明清370 南碑455	本碑为福建巡抚孙尔准禁止民众趁危抢夺商船，勒石台湾府城海口处

续表

类别	碑名	年代	现存地点	出处	备注
示禁陋规	严禁胥差苛索船户碑	道光二十一年(1841)	宜兰市中山公园	北碑16	本碑记系道光二十一年由噶玛兰通判徐廷抡抄奉重勒嘉庆二十一年福建巡抚王绍兰《严禁苛索船商碑》。主要禁止港口胥吏借换给牌照索取规费及其他一切陋规
公约	船户公约	咸丰九年(1859)	高雄市旗后天后宫	高雄县市319 明清530 南碑676	本碑由高雄港各船户共同立定公约,相互照应
示禁陋规	严禁汛口私抽勒索碑记	同治六年(1867)五月	高雄市旗津区天后宫庙前左侧碑亭	高雄县市274 明清532	本碑为安平水师协标副将萧瑞芳因粤籍民人省亲、乡试多从旗后、东港往返而受到汛口书差私抽勒索,故立碑示禁
示禁陋规	严禁连帮商恃强配盐碑记	同治八年(1869)	连江县南竿乡历史文物馆	金门230	本碑为闽浙总督英桂严禁连江帮商依据《福建盐法旧例》恃强勒令长乐船户在连江配盐,致阻挠渔民采补,贻误汛期。此碑有两块,原分别立于塘岐与桥仔,桥仔碑被村民作为过门前水沟盖板,1991年移至村公所左侧广场,字迹已模糊难辨;塘岐碑即本碑。两碑内容完全相同,仅勒石地点差异(《北竿乡志》)
示禁陋规	严禁渔网陋规碑记	同治九年(1870)	金门县金城乡溪边顺济宫前	金门166	本碑立于同治九年,严禁盗窃渔网,要求闽省沿海巡洋舟师应落实巡护,不得借分段护航捕鱼趁机勒索。本碑说明自福州五虎口至闽浙交界、金门至海坛、闽越交界之南澳至铜山为分段巡守的地区

续表

类别	碑名	年代	现存地点	出处	备注
示禁产业	严禁争占许氏渡船世业碑	同治九年（1870）	金门县金城镇后浦许氏家庙左外侧	金门50	此为许氏家人同治九年呈请官方平息渡船事业纷争所立告示。大正元年另有《严禁争占后浦许姓渡头事业碑记》,再申金城许氏家族,世管漳码、同、厦三处渡头,为避免争端,特立碑说明界址,以杜争端
示禁恶习	严禁拦断海口水路碑记	光绪九年（1883）七月	高雄县弥陀乡弥寿宫	高雄县市68	此为凤山知县武颂扬所立告示,禁止因海口水尾沙塞,致使居民田园、屋冢因而受损而拦断捕鱼
示禁产业	长和宫祀田示告碑记	光绪十三年（1887）六月	新竹市北区北门街135号长和宫	明清52 北碑129 新竹县市183	本件碑记系光绪十三年埔里社厅同知、署新竹县知县方祖荫给立告示,重申獭窟澳船户金惠兴捐置田业,以为长和宫祀田;文中明其范围与租纳,并给执照遵行。《明清台湾碑碣选集》《台湾北部碑文集成》皆以额刻《獭江祀碑》为碑名
示禁产业	兴安宫公业示禁碑记	光绪十三年（1887）十月	彰化县鹿港镇长兴里中山路89号兴安宫	彰化121	兴安宫在昔日鹿港码头边,创建于康熙年间,为福建兴化人所建的"人群庙",为鹿港三座妈祖庙之一。本件碑记系光绪十三年鹿港同知龙景惇给立告示,严禁侵占兴安宫祭祀公业,依租纳税;董事亦宜秉公收税,办理宫内春秋祭祀。文末开列宫属店屋住址、勒碑为据
示禁恶习	船筏取缔碑	无年月	原碑日据时期在台中州鹿港公会堂前		本碑立于鹿港镇街上,碑文内容为:"不许船筏混泊公界。如敢故违,拿究不贷。"

注：耿慧玲制表。

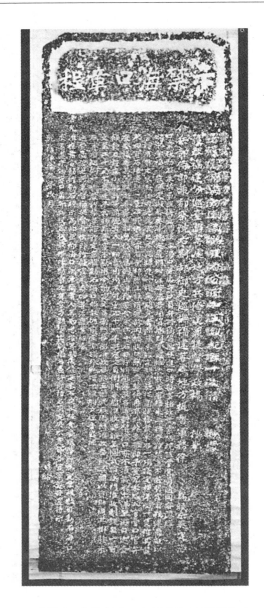

附图1 乾隆五十三年示禁海口章程碑

资料来源：台湾大学图书馆，拓片 RT00058。

附图 2　嘉庆四年禁垄断修船暨私买军料碑

资料来源：台湾大学图书馆，拓片 RT00067。

附图 3　严禁连帮商恃强配盐碑记

资料来源：《马祖地区现存碑碣图志》。

Taiwanese Harbor Steles Prohibiting Malpractices during the Qing Dynasty

Geng Huiling

Abstract：During the Ming and Qing Dynasties, waves of Han immigrants settled in Taiwan, and the practice of setting up steles with inscriptions were part of the immigrant culture. Inscriptions are perpetual and proclamatory texts inscribed upon steles that address opportunities and challenges of these novel colonial communities, and the contemporaneity of these documents make them primary historical evidence. Current surviving steles from Taiwanese harbors amount to 80 slabs, among which 24 are for prohibitory purposes, these can then further be divided into four types: those that address malpractices, public improprieties, industrial interests, and communal agreements.

In harbor contexts, malpractice steles are quantitatively more than impropriety steles. This indicates that the seriousness of malpractices among port authorities outweigh improprieties of the general public in these contexts, and hence agrees with the literary tradition regarding the notoriety of the Taiwanese bureaucracy. The distribution of these malpractice steles can be correlated with the historical development of ports-of-call on both sides of the Taiwan Strait, exhibiting how the institutions of port management were generally less than optimal. The problems of port management were related to the tension between the stringent design of gubernatorial oversight towards cross-strait communications and the social reactions against such oversight, originating from a natural demand for such communications. The problem of the extraordinary conditions which Cantonese immigrants were subject to can also be treated with harbor steles, as inscriptions from these steles often exhibit protests and reactions posed by Cantonese travellers during the Ming and Qing Dynasties who were subject to extraordinary regulations. In addition, harbor steles can show various degrees of oversight. In contrast to the extreme level of oversight in ports-of-call on the mainland and on Taiwan itself, the Qing Dynasty seemed to have a relaxed control and flexible regulations over small islands, and also industries that engage in fish and salt trade.

Keywords：Inscription; Taiwan; Harbor; Malpractice; Prohibitory Stele

（执行编辑：徐素琴）

海洋史研究（第六辑）
2014 年 3 月第 194～209 页

日据时代台湾盐对香港、澳门的输出

林敏容*

前　言

　　盐是人类日常生活中不可或缺的一种物质。日本殖民统治下的台湾（1895～1945），盐的生产与贩卖相对稳定，得到有效管理。1908 年，台湾盐田面积达到 1900 甲（按：1 甲等于 0.96992 公顷），全年生产盐 1 亿斤以上。台湾盐除了供应本岛所需之外，余盐大部分输往日本、朝鲜、桦太（库页岛南半部）及中国香港等地区。1928 年，台湾岛内盐的消费量为 7000 万斤，输出 7500 万斤，出售金额计 209 万日圆。[①]

　　从 1911 年起，台湾盐循着打狗（1920 年改称高雄）—香港航路开始运销到香港，但是初期的销路并不如预期顺畅。第一次世界大战期间，海上运输船只不足，运费不断高涨，导致安南等地的外国盐输向香港之正常航路受到阻碍。日本海运界趁机扩张，大阪商船株式会社加紧建造船只，增辟美洲、印度、南洋地区等十几条航路。1915 年，大阪商船株式会社增设了基隆—香港航线，台湾总督府专卖局乘势扩大台湾盐就近大量倾销香港的优势。1925～1926 年，由于香港发生大罢工，输往香港的台湾盐受波及而数量锐减，但是输往澳门的数量不受影响，反而大增。

　　本文就日据时代台湾盐输往香港、澳门的历程，港、澳两地输入台湾盐的诸种原因及其运销的现象等，进行初步考察。

---

　　* 作者系日本关西大学大学院文学研究科博士研究生。
　　① 日本改造社编《日本地理大系——台湾篇》，台北：成文出版社，1985，第 282 页。

一　台湾盐的发展

（一）日据时代之前台湾盐的发展

台湾位于北纬 22°~25°之间，为热带海岛，具备制造海盐的自然条件。元惠宗至正九年（1349），民间航海家汪大渊（字焕章，江西南昌人）在其《岛夷志略》一书中的"彭湖"条载："彭湖，岛分三十有六……煮海为盐。"① 可见，14 世纪中叶的澎湖群岛或已有汉人在那里煎煮海水，晒制海盐。

台湾盐的生产至郑氏时期有较大发展。顺治十八年（1661）九月，朝廷颁布《迁界令》，将中国东南沿海（浙江、福建与广东）濒海地区的人民强迫迁移内地五十里，并且禁止人民出海贸易。② 这个海禁政策的推行旨在封闭台湾郑氏与大陆之间的经济关系，以此打击台湾之生存。故这时期台湾日常生活所急需的食盐遂不能从福建漳州、泉州等地获取。康熙四年（1665），郑氏参军陈永华开始指导当时濑口（今台南市南区盐埕）地方的居民生产"天日盐"。稍后，福建同安县人江日昇在其《台湾外记》卷六有如此记载：

> （康熙四年，一六六五年）八月，以谘议参军陈永华为勇卫。初，兵部侍郎王忠孝与谈时事，大有经济，遂荐于成功。功用之……以煎盐苦涩难堪，就濑口地方修筑坵埕，泼海水为卤，暴晒作盐，上可裕课，下资民食。③

此记载应是台湾生产天日盐之最早历史记录。郑氏政权开始征收盐税，作为兵费的重要来源之一。当时，台湾盐田主要分布在统治中心赤崁（Saccam，今台南市中心）的邻近海岸（濑口、打狗、洲仔尾），盐田总面

---

① 汪大渊著，苏继颀校释《岛夷志略校释》，中华书局，1981，第 13 页。
② 松浦章：《清代海外贸易史研究》，京都朋友书店，2002，第 454~459 页。
③ 江日昇：《台湾外记》卷 6，台北：众文图书，1979，第 235 页。另有刘文泰等点校本，齐鲁书社，2004，第 199 页。

积共有 2743 格。①

　　清朝统治台湾后，清政府为了征税方便，笼络安抚民心，在台湾继续实行郑氏时期的盐业旧制，即允许人民自由晒制海盐，自由贩运。清政府根据盐埕格的实际面积，进行课征盐税（按：每丈课四钱九分），充作台湾的军费兵饷。② 不久，这种宽松政策就产生了种种弊端，如市场恶性竞争、价格不公平等，影响了一般民众的基本生活。雍正四年（1726），清政府遂将内地的盐业管理制度推行于台湾岛，由台湾府全面管理海盐的生产与贩运，并且严禁人民私晒私卖。

　　1729～1739 年任台湾知府、福建分巡台湾道的尹士俍（字东泉，山东济宁人）曾作《收销盐课》，记述这一新盐制，后编入其有名的《台湾志略》③ 中。根据尹士俍的说法，当时全台湾的盐场共有四处，即洲南与洲北（二场皆坐落于台湾县武定里）、濑南（坐落于凤山县大竹桥庄）与濑北（原坐落于凤山县新昌里，雍正九年并入台湾县）。上述四个盐场的盐埕（盐田）总共有 2743 格。值得注意的是，四大盐场的盐埕仍然维持着郑氏时期的盐埕总数 2743 格，没有任何的改变。

　　18 世纪中叶，台湾中北部土地不断得到开垦，出产稻米、茶叶与樟脑，移民逐渐增加。由于台湾交通尚不发达，中北部彰化县与淡水厅（1723 年设立）的居民日常生活所需的食盐，就由福建厦门等地的戎克船偷运，奸民挟带私盐到台湾西海岸甚至东北海岸，从事非法交易。19 世纪以后，福建盐大量被私运到台湾中北部海岸的交易活动，可从当时地方官吏的报告与文人的笔记中获得证实。④ 直到光绪元年（1875），福建私盐的贩运才获得台湾府（在台南）管辖下的盐务总局的承认与许可。台湾盐务总局在安平、打狗、淡水与基隆等港采购福建盐（当时名为唐盐），再由官府分配给民间

---

① 蒋毓英：《台湾府志》卷 7，收入《台湾历史文献丛刊》，1993，第 85～86 页。所谓"格"，乃盐田的一个区划，也就是一个结晶池。参见伊能嘉矩《台湾文化志》卷中，台北：南天书局，1994，第 743 页。一格是十步方，约三间半平方，参见卢嘉兴《记台湾清代最豪富盐商吴尚新父子》，《盐务》第 16 期，1971 年 1 月 15 日。

② 伊能嘉矩：《台湾文化志》卷中，第 741 页。卢嘉兴：《清代台湾北部之盐务》，《台北文物》第 7 卷第 3 期，1958 年 10 月 15 日。

③ 尹士俍：《台湾志略》（乾隆刻版），九州出版社，2003，第 36～37 页。

④ 关于这个问题可参见陈淑均《噶玛兰厅志》卷 2，《台湾文献丛刊》第 160 种，台湾银行经济研究室，1963，第 77 页；林豪：《澎湖厅志》卷 3，《台湾文献丛刊》第 164 种，台湾银行经济研究室，1963，第 100 页；吴子光：《台湾纪事》卷 1，《台湾文献丛刊》第 36 种，台湾银行经济研究室，1959，第 13 页。

合法的盐商，以进行贩卖。1891 年来台湾任台南知府的唐赞衮（湖南善化人）在其《台阳见闻录》"台盐"条里说："台湾盐务，场产不足，半由内地运售，名曰唐盐。"① 于是，福建的唐盐就成为当时台湾输入食盐最大的也是唯一的来源。这种方法不仅解决了福建盐的走私问题，同时满足了台湾社会对食盐的迫切需求。

　　光绪十一年（1885），刘铭传首任台湾巡抚，三年之后（1888）开始改革台湾盐务，提高行政管理效率。他在台北府成立全台盐务总局，又在台南府设立台南盐务分局，分别管理台湾南北的七个官营盐场及十个盐务总管（鹿港、大甲、新竹、艋舺、头围、嘉义、台南、凤山、恒春、妈宫）。当时，台湾全岛年产食盐 30 万 ~ 50 万石，其中台北二场 10 万 ~ 20 万石，台南五场 20 万 ~ 30 万石，不能满足全岛人民的需要。至于官盐专卖，全年收入大约有 50 万圆，扣除一切成本与支出之后，则只剩 20 万圆的盈余。② 当然，这笔收益在台湾全年财政收入中并不占据显著的、重要的地位。③

（二）日据时代台湾盐的发展

　　清王朝与日本在甲午战争后签订了《马关条约》，台湾与澎湖群岛成了日本第一个殖民地。从此，台湾土地资源的开发与利用成为台湾总督府最为重要的政务之一。由于气候炎热，台湾很快成为日本海外热带作物（甘蔗、稻米、香蕉等）大面积栽培的地方，也成为天日盐大量生产的地方。光绪二十一年（1895）七月，台湾殖民地第一任总督桦山资纪废除了清政府台湾盐的专卖制度，转而采取放任的政策，允许台湾人民自由买卖食盐。究其原因，一方面是要安抚台湾的民心，另一方面是为了使台湾人有廉价的食盐供给。然而，自由化的结果，又造成市场的纷乱：唐盐大量输入、各地盐价不合理、台湾盐田日渐废弃、盐工失业等。

---

① 唐赞衮：《台阳见闻录》卷上，《台湾文献丛刊》第 30 种，台湾银行经济研究室，1958，第 66 页。

② 参见临时台湾旧惯调查会编《临时台湾旧惯调查会第二部调查经济资料报告》下卷，1905，第 724、728 页；张绣文：《台湾盐业史》，《台湾研究丛刊》第 35 种，台湾银行经济研究室，1955，第 7 页；周宪文：《清代台湾经济史》，《台湾研究丛刊》第 45 种，台湾银行经济研究室，1957，第 48 页。

③ 按：以光绪十五年（1889）为例，台湾省盐课实收为 13 万两白银，而当时（1888 ~ 1894）台湾建省之后财政的岁入约有 440 万两白银，参见连横《台湾通史》（上册），台北：众文图书影印本，1979，第 237 ~ 239 页。

光绪二十五年（1899）五月，台湾总督府行政长官后藤新平（1857～
1929，日本岩手县人）为了控制食盐的价格与质量，开始实施食盐专卖制
度。[①] 当时，总督府在台北成立了"官盐卖捌总馆"，又在台湾各主要地方
设立盐务支馆，官方从盐田业者的手中收购食盐，再以公定的价格出售给一
般民众。在台湾总督府积极管理之下，台湾盐田面积日渐扩大。[②] 台湾总督
府全面控制食盐的生产与质量，凡是一切本地制造或进口的食盐皆须由政府
收购，并且实行专卖。毫无疑问，当时总督府实施食盐专卖制的主要原因，
首先应是为了杜绝人民私晒私卖食盐，其次是为了增加台湾财政收入，最后
是为了能够将台湾余盐运回日本内地。[③] 在实施食盐专卖制度后不久，台湾
盐的产量逐渐增加，已经不需要进口福建唐盐，并且开始有台湾盐输往日本
以及其他地区。

在实行专卖制度之后，台湾自1899年起不断增辟盐田，提高其年生产
量。1899年，全台盐田面积只有354甲，产量11.037吨；到了1901年，已
增加为1355甲，产量96.432吨。这时台湾生产的天日盐不仅可以自给自
足，也有余盐输往日本（1900年）、朝鲜（1903年）、库页岛及俄属沿海州
（1909年）等地。第一次世界大战期间，日本国内工业发展迅速，人口也大
量增加，因此急需一般工业用盐与人民日常生活所需的食盐。于是，1919
年7月日本在台南安平成立了台湾制盐株式会社，30年代以后，因日本化
学工业兴起，进一步增加了工业用盐的需求。1938年，南日本盐业株式会
社应日本紧急国策的要求而快速成立，并且在布袋、北门、乌树林（今高
雄县永安乡）扩建5600公顷的工业用盐田。1941年，台湾制盐株式会社为
了扩大其经营，并购台湾五家民间制盐会社（鹿港制盐、大和拓殖、掌潭
制盐、盐埕制盐、乌树林制盐）以及私人盐田，共计1143甲。当时的台湾
已经成为日本国内工业用盐及日常生活所需食盐最为可靠的海外供应地。大

---

① 1897年，台湾总督府为提高财政收入而在台湾极力推行专卖制度，因此陆续将鸦片、樟
  脑、食盐与烟草等纳入台湾专卖局的统一经营之下。1899年4月，总督府公布了《台湾食
  盐专卖规则及施行细则》。6月公布了《台湾盐田规则》，7月又公布了《台湾盐田施行细
  则》。参见井出季和太《台湾治绩志》，台湾日日新报社，1937，第384页。

② 1895年，台湾盐田面积只有200甲，年产量为1900万斤。1908年，台湾盐田面积增加为
  1900甲，年产则超过1亿斤，参见《台湾统治综览》，台湾总督府官方文书课，1908，第
  393～397页。

③ 台南州共荣会编《南部台湾志》（1934年刊本），台北：南天书局影印本，1994，第361
  页。

园市藏所撰的《现代台湾史》曾对盐的销路扩张及其输出地记述如下：

迨至大正六年（1917）盐田的总面积有一六七三甲，产额达到二亿六千六百余万斤，而销路亦渐扩张到朝鲜、桦太、露领沿海州、香港及马尼拉等地。①

可见，台湾盐早在20世纪20年代已循海上航路输往日本、朝鲜、库页岛（桦太）、滨海边疆区（俄领沿海州）和香港等地区。众所周知，台湾四面环海，当时输出途径只有海上航运。因此，台湾盐输往香港、澳门的情况，下文欲具体探讨。

二　台湾与香港、广东间的海上交通与运输

台湾盐输往香港，必须具备便捷而且健全的海上交通系统，此乃先决之条件。日本侵占台湾之后，台湾总督府曾将台湾海运分为命令航路及自由航路两种。大阪商船株式会社②在开辟台湾航路之前，主要以发展日本国内航路与朝鲜航路（1890年大阪—釜山线，1893年大阪—仁川线）为主。③台湾与日本的"内台航路"基隆—神户线，是在1896年4月由大阪商船株式会社开设。这条每月往返三次的定期航路使用三艘千吨级的汽船，其航线有两条：其一是神户—马关—长崎—鹿儿岛—大岛—冲绳—八重岛—基隆，每月往返一次；其二是神户—鹿儿岛—大岛—冲绳—基隆，每月往返两次。④翌年，总督府又命令日本邮船株式会社（创立于1885年）开设基隆—神户之间的定期直航，每月往返两次。⑤

①　大园市藏：《现代台湾史》（1934年二版排印本），台北：成文出版社，1985，第110页。
②　大阪商船株式会社设立于1884年5月，创立资金120万日圆，1943年资金达1亿日圆，所在地是大阪市北区。1941年12月末全国以及各国枢要地有支店二十四间以及办事处十间，有事务所十三间；在台湾有台北、高雄支店，基隆、花莲港办事处。参见竹本一郎编《昭和十七年台湾社会年鉴》《昭和十八年台湾社会年鉴》，台湾经济研究会、成文出版社，1999，第229、120~121页。
③　松浦章：《日治时期台湾海运发展史》，卞凤奎译，台北：博扬文化，2004，第242页。
④　台湾总督府官房调查课：《施政四十年的台湾》，台湾时报发行所，1937，第276页；吉开右志太：《台湾海运史（1895~1937）》，黄得峰译，"国史馆"台湾文献馆，2009，第75页；何培齐：《日治时期的海运》，台湾"国家图书馆"，2010，第127页。
⑤　井出季和太：《台湾治绩志》，第102页；松浦章：《日治时期台湾海运发展史》，第255页。

　　台湾与香港间的航路，早在清政府统治台湾时期就已开设。众所周知，香港是世界优良的不冻港之一，临南中国海，可南下东南亚。凭借其优越的地理位置，香港自 19 世纪中叶开埠以来就一直是东西方海上往来的重要国际自由贸易港及转口港。① 当时，台湾与香港之间的航路亦极为重要。同治十年（1871），英国道格拉斯（Douglas）轮船公司开始在台经营台湾与华南地区之间的定期航线，每两星期有三艘轮船，往来于淡水、安平、厦门、汕头与香港之间，遂独占华南海运市场，获利至丰。台湾日据初期，台湾总督府为了打破英商道格拉斯在华南海运的垄断地位，乃于 1899 年促令大阪商船株式会社开设命令航路，也就是淡水—香港线，每周设有一个航班往返于两地。1904 年，道格拉斯汽船不敌大阪商船株式会社的竞争，完全撤出台湾与华南航线。②

　　1915 年 4 月，日本将原本的淡水—香港航路改为从台湾东北部的基隆港出发，其使用的船只为开城丸及大仁丸。③ 1930 年之后，广东丸及凤山丸亦加入该航运队伍。值得一提的是，广东丸为此航路的专用货客船。此后，大阪商船株式会社鉴于基隆—香港线之重要性，于 1934 年开始建造一艘略与广东丸同型的海船（总吨数 2800 吨），航行于基隆—香港之间。④ 新造的货客船——香港丸于 1936 年开始加入运输的行列。1937 年 1 月，凤山丸因老旧退出航运。同年七月，日本侵华战争爆发，中国内地排日运动空前激烈，而中日之间的贸易往来关系几乎断绝，只剩下英属香港一隅。1939 年10 月，基隆—香港航路的行驶权及使用的船只，就由大阪商船株式会社全权转让给东亚海运。

　　南台湾与香港的航路，则于 1900 年由台湾总督府命令大阪商船株式会社另辟安平—香港线。此航线的使用船为安平丸，隔周航行一次。1907 年 4月，改为打狗—香港线。⑤ 南台湾打狗港起初条件并不完善，港口水浅且有暗岩礁，三千吨级的海船必须停泊于港外 2 里的海面。打狗港的筑港工事开始于 1904 年，但因经费太少，其现代化筑港计划的第一期工事一直到 1905

---

①　张作乾编著《现代香港对外贸易》，中山大学出版社，1988，第 1 页。

②　海运贸易新闻台湾支社编《台湾海运史》，海运贸易新闻台湾支社，1942，第 3 页。

③　大阪商船三井船舶株式会社编《大阪商船株式会社 80 年史》，大阪商船三井船舶，1966，第 286 页。

④　《配优秀船于基隆香港间》，《まこと》第 187 号，台湾三成协会发行，1934，第 6 页。

⑤　大阪商船三井船舶株式会社编《大阪商船株式会社 80 年史》，第 287 页。

年才真正展开。①

　　总之，基隆—香港航路以及打狗—香港航路开设之后，原来在台湾的起航点皆有所变更，这是当时台湾岛内的产业进步与港口建设事业顺利推行的结果。淡水、安平二港虽自清代以来就已成为台湾与福建之间戎克船海上来往的重要港口，可是到 19 世纪末 20 世纪初，淡水、安平逐渐淤塞，根本不容许大海轮出入。而基隆与打狗在现代化筑港工事的计划实施下，逐一完工。随着淡水、安平二港的地位逐渐没落，基隆与打狗二港遂取而代之（见表 1）②。

表 1　大阪商船株式会社经营之下台湾、香港、广东间的航路

航路	起点、中途停靠点、终点	使用船数	使用船规格		使用船	
			总吨数	旅客定员	船名	总吨数
基隆—香港线	基隆、厦门、汕头、香港	2	1500	200	广东丸	2820
					凤山丸	2341
高雄—广东线	高雄、厦门、汕头、香港、广东	1	1500	100	福建丸	2568

　　资料来源：海运贸易新闻台湾支社编《台湾海运史》，海运贸易新闻台湾支社，1942，第 12 页。

三　台湾盐向香港、澳门的输出

　　自 1911 年起，台湾盐开始输往香港，但是香港也是台湾盐输往华南及菲律宾的中转站（见表 2）。1911 年 6 月，居住在台南的日本商人小松繁吉曾提出台湾盐输往香港的请求。当时台湾盐输往朝鲜、库页岛等地的销路并不顺畅，台湾总督府专卖局为了扩大销路，随即与小松繁吉于 8 月 6 日签订《食盐卖渡契约书》。双方约定在 1911 年 8 月 20 日至 1912 年 3 月 31 日，台湾总督府专卖局必须卖予小松繁吉 500 万斤的食盐（下等散盐的价格为一百斤 25 钱），但是这批食盐不得贩卖于英属香港以外的地方。③ 台湾盐正式地输往香港，但是一开始销售并不理想，这是因为香港居民习惯使用由安南

---

①　井出季和太：《台湾治绩志》，第 115、494 页；何培齐：《日治时期的海运》，第 51～52 页。

②　海运贸易新闻台湾支社编《台湾海运史》，第 7 页。

③　松下芳三郎编《台湾盐专卖志》，台湾总督府专卖局，1925，第 503 页。

（法属印度支那）① 以及中国内地等地区所输入的盐。井出季和太曾提到当时香港所使用的食盐，除了上等盐为安南产以外，还有广东省平海、汕尾、大州、细布等地生产的食盐，同时亦可见到山东盐在香港贩卖。②

表 2　大阪商船株式会社、三菱商事株式会社停靠香港的航路

航路	中途停靠地	会社名称	船名
基隆—香港线	汕头、厦门	大阪商船株式会社	天草丸、开城丸
高雄—广东线	厦门、汕头、香港	大阪商船株式会社	四川丸、云南丸
神户—新加坡线	门司、基隆、香港、马尼拉	三菱商事株式会社	
基隆—马尼拉线	汕头、厦门、香港	三菱商事株式会社	

资料来源：三菱商事株式会社编纂《三菱商事社史》上卷，日本三菱商事株式会社，1986，第 151~152 页；井出季和太：《香港の港势と贸易》，台湾总督府官房调查课，1922，第 302~303 页。

台湾盐输往香港的初期，受到安南盐及其他地区所生产的食盐在市场上的竞争，以致销路并不顺畅，直到 1914 年 6 月 10 日，香港福明鸿记盐务公司代理人小田耕作正式接手台湾盐输往香港及澳门的业务之后，这种困局才有所改善。第一次世界大战爆发不久，战火波及全球海运，很多地方陷入货运遽增但船只不足的窘境，造成运费不断暴涨。这使得安南等地区的食盐输入香港的成本也随之增加，因此这时海上运输航线仅有 600 多公里的台湾盐就拥有较大的贩运优势。再者，此时台湾盐的生产相当丰足，台湾盐色泽优良，价格合理，颇具市场竞争力。台湾总督府专卖局借此机会扩大销量。1914 年 5 月 25 日，台湾总督府专卖局再度与小松繁吉签署契约。不过由于船只调度上的困难，香港方面虽有大量的订货，但台湾盐真正的输出量却不到 2.5 万斤。③

此处举出 1917 年 10 月 1 日的《台湾日日新报》一则有关台湾食盐输往香港的报道，以便略窥当时的一般状况：

苏州丸订来初三日，由打狗出帆，载台湾盐百三十五万斤，输出香港。台湾盐如此大宗输出，近来所罕见。即三井、铃木各办六十万斤，

---

① 有关法属印度支那的盐业，可参考《印度支那は于ける盐业》，《内外情报》第 78 号，台湾总督府官房调查课，1923，第 44 页。
② 井出季和太：《香港の港势と贸易》，台湾总督府官房调查课，1922，第 63 页。
③ 《大正四年度事业成绩》，1917 年 7 月 27 日，台湾盐业档案，典藏号 006060003001。

竹田商会办十五万斤。三井由北门屿，铃木由乌树林各产地，搭戎克回送打狗，以载于本船。又该船别载厦门行盐白糖百五十俵（百三十五片入），汕头行百六十三袋（百六十斤入）云。①

据以上报道，可知 1917 年承办台湾盐输往香港的商家计有三井物产、铃木商店、竹田商会等。而台湾盐乃先由产地北门屿（位于今台南市北门区）、乌树林（位于今高雄市永安区）装载于戎克船运到打狗，再从打狗搬换汽船径往香港。这次苏州丸载有台湾盐 135 万斤，三井物产及铃木商店各办 60 万斤，其所占的比率皆为 44.44%，竹田商会的 15 万斤则占 11.11%。

1916 年，台湾盐输往香港的贸易几乎是由日商（竹田龟之助、赤司初太郎）个人经营，此外尚有台湾盐业株式会社（系东洋盐业株式会社改名）。到 1917 年，获得贸易经营权的日商仍有两名，至于会社，除了台湾盐业株式会社之外，则增加了三井物产及大日本盐业株式会社（1903年创设于东京）（见表 3）。1916 年，台湾盐输往香港的数量计有 1352500斤，价值 3995375 圆；1917 年的数量计有 5000500 斤，价值 15728000圆。两年之间，台湾盐输入香港的总数量共计 635 万余斤，总价值 1972 万

表 3　1916～1917 年台湾盐输往香港情况

年度	交货地	品　种	数　量（斤）	输出经营者
1916	台南	上等盐	722500	竹田龟之助
	台南	下等盐	210000	竹田龟之助
	台南	下等盐	200000	台湾盐业株式会社
	台南	下等盐	220000	赤司初太郎
1917	台南 北门	上等盐	525500 525000	竹田龟之助
	乌树林 北门	上等盐	1260000 400000	台湾盐业株式会社
	台南	下等盐	20000	小松繁吉
	台南 北门	上等盐	620000 1250000	三井物产株式会社
	北门	上等盐	400000	大日本盐业株式会社

资料来源：松下芳三郎编纂《台湾盐专卖志》，台湾总督府专卖局，1925，第 505～506 页。

---

① 《食盐输出香港》，《台湾日日新报》第 6201 号，1917 年 10 月 1 日。

余圆。这个成果要比 1914～1915 年台湾盐在香港的贩售交由福明鸿记盐务公司代理经营时的成绩更为突出。因为该香港盐务公司两年的贩卖数量只有 37 万余斤，总价值仅 124 万余圆。① 值得一提的是，台湾盐输往香港的贸易并无特别指定的经营者，具有信用度者便可向台湾总督府专卖局申请签订契约，加入贸易行列。但 1918 年之后，台湾盐暂时停止输往香港。

台湾盐再度运往香港，是由于 1923 年香港的主要输入盐即安南盐生产不足，再加上青岛盐的输出问题未能解决（按：中国从日本手中收回青岛），导致两地的食盐皆无法正常输出。在这种情况下，香港市场上的盐无法满足需求，便又向台湾买入食盐。台湾总督府鼓励三井物产及铃木商店，实时取得食盐转售到香港。② 当 1924 年往香港输盐再度被开启之时，《台湾日日新报》曾刊载两则有关台湾盐输往香港的记事。

（1）第 8613 号，1924 年 5 月 9 日《本岛盐　香港输出复活》。

大正六年（1917）以来本岛盐输出香港被杜绝，不久以前再次经由三井、铃木之手而复活，两社已于今年从专卖局买入三百五十六万五千斤（三井）、三百八十四万七千斤的情况，共计卖出七百四十一万二千斤且已输送完了。

（2）第 8734 号，1924 年 9 月 7 日《本岛盐的发展　香港输出旺盛》。

本年度上半期本岛食盐的输出量有千五百八十九万六千二百八十八斤，其价格为二十二万四千四百四十八圆，是向来未曾有过的输出量……从前香港所使用的食盐系由安南地方直接供给，但安南地方的食盐生产额显著地减退，导致安南政府禁止食盐的输出。为此，本岛盐受到瞩目，逐渐唤起对其需要之情况。

由此看来，1924 年台湾盐大量输往香港，至少有 23308288 斤。另据

① 参见松下芳三郎《台湾盐专卖志》，第 503、505～506 页。

② 参见松下芳三郎《台湾盐专卖志》，第 504 页。

总督府盐脑课的报道，1924 年台湾输往香港的台湾盐总数量计有 35855000 斤①。

1925 年 5 月 30 日，上海发生"五卅惨案"，全中国兴起反抗外国在华势力的运动。为了支援上海人民反对帝国主义的热潮，香港各个工会组织在 6 月中旬成立"香港工团联合会"，于 19 日开始发动长期大罢工。于是短短数日，香港各界全面罢工罢市，参加者逾 25 万人，邻近的澳门、广州也随即响应，此即"省港大罢工"（1925 年 6 月 19 日至 1926 年 10 月 10 日）。② 由于当时香港海员及码头工人皆全面罢工，并且宣称要以武力封锁香港及新界的口岸，以阻止外洋船只的进入，导致香港航运进口连续两年衰退，香港对外贸易损失近一半。③ 当时台湾盐输入香港的贸易也受到直接的影响。

与此同时，台湾盐输往澳门的贸易反而显著增加。1925 年，台湾盐输入香港、澳门共计有 18000 吨，其交易经营者主要是三井物产。④ 当时台湾盐输入澳门之后，除了满足当地居民的消费之外，尚有相当部分被人私运进广东地区。盐税是当时广州军政府（1917 年 9 月由孙中山创立）的重要税收之一，因此当局严禁盐的私运。盐在广东地方的公开价格为每百斤 5 元，而台湾盐价格为每百斤 1 元，嗜利之徒自然甘冒风险，从澳门私运盐到广东。而广州国民政府（1925 年 7 月起，原军政府更名）急于筹集北伐军费，曾于盐税之上再课征附加税。对此一举动，日、英、法三国的总领事曾提出抗议。⑤

1927 年，台湾盐中只允许上等盐输往香港，其余的台湾盐品种一概禁止输入。此后，台湾盐对香港输出再度被迫中止，长达九年的时间中，台湾盐未再输往香港。直至 1936 年，台湾盐始恢复向香港输出，并由三井物产及大日本盐业株式会社共同负责执行。1936 年 2 月 4 日《台湾日日新报》报道：

---

① 塩脑课：《食盐专卖施行三十五年を顾みて》，《专卖通信》第 13 卷第 9 号，台湾总督府专卖局，1934，第 56 页。

② 齐易编《广东航运史（近代部分）》，人民交通出版社，1989，第 262 页；邓开颂、陆晓敏主编《粤港澳近代关系史》，广东人民出版社，1996，第 227～235 页。

③ 齐易编《广东航运史（近代部分）》，第 265 页。邓开颂、陆晓敏主编《粤港澳近代关系史》，第 229、233 页。

④ 《本岛盐の澳门输出激增》，《台湾日日新报》第 9303 号，1926 年 3 月 30 日。

⑤ 《广东课盐附加税》，《台湾日日新报》第 9422 号，1926 年 7 月 27 日。

……又香港市场欢迎台湾盐，年买四五百万甅（按：1 甅等于
266.6 贯，约 1 吨），最高三千万斤。对此方面输出台湾盐，非开拓新
贩路，乃旧贩路之复活。将来台湾若造成工业盐田，则与南洋盐竞争，
台湾盐亦应制胜也。盖广东、福建两省下，高课盐税，消费者苦之。一
方香港澳门，因自由贸易，得买贱物。结局台湾盐当以香港为目标，与
南洋盐对抗。第此事不可徒委商人，凡府外事课领事。军部方面，须求
协力，研究合理方法也。①

从上述报道可知，台湾盐再度受到香港、澳门市场的重视，且其实力可
与南洋盐（即安南盐）相竞争。然而香港市场所传言其欲购台湾盐的数字
显然有夸大之处。

台湾总督府及日本财阀不愿错失商机，将台湾盐大量输往香港、澳门。
1936 年，经由三井物产株式会社及大日本盐业株式会社输往香港的台湾盐
总计有 149940 甅（1 甅等于 0.26667 贯，约 1 公斤）。② 其输往香港的台湾
盐样本检定成绩及成分见表 4。

表4　输往香港的台湾盐样本检定成绩

船名	引渡局所	品种	出帆月日	销售地	成分			检定成绩
福建丸	台南	并（上?）等盐	5.20	香港	水分	夹杂物	氯化钠	89.17
					5.47	4.01	90.52	

资料来源：《香港输出见本盐检定成绩》，1936，台湾盐业档案，典藏号 006060026007。

井出季和太分析了香港市场食盐的输入与消费之数量。香港所使用
的食盐几乎均由安南、青岛等地输入，1918 年的输入量仅有 112000 余担
（picul，1 担等于 100 斤），1919 年则有 755000 余担，到了 1920 年暴增
到 1568000 余担。另者，1920 年香港再输出的食盐数量计有 121000 余
担，而此数量大约占这一年香港输入量的 7.7% 而已，不到一成。然而，
当时香港的人口约有 50 万人，假如一年每位港人食用盐 20 斤来计算的

① 《台湾盐进出菲律宾香港澳门销售有望》，《台湾日日新报》第 12878 号，1936 年 2 月 4 日。
② 《大日本盐业株式会社取扱移输出盐积出费调》，1936，台湾盐业档案，典藏号
006050031029。

话，一年则只需要 10 万担。如此的话，1920 年香港至少应有 120 万担（按：约 2000 吨）的余盐可能被私运往广东地区。① 由于广东与港、澳交通极便，往来船只及旅客甚多，常可见民众私带货物闯关。时人蔡谦记叙：

> 乡民私运进口者多为布匹、水产品等货，米盐等物亦有时私携进口者。此辈目的，仅为贪图价廉，购进自用，或转赠亲友，非如私枭之纯为牟利，公开出售。②

在此，虽然无法确切了解剩余的 120 万担食盐被销往何处，但可确定的是，当时广东市场仍需要大量的食盐。据 1928～1930 年的统计资料，广东平均每年生产食盐 3655000 余担，唯其生产不敷供销，需从福建运入食盐。③ 由此可知，广东产的食盐根本无法满足本地需求，需从福建、香港等其他地方引进食盐，方可满足其市场需要。

20 世纪上半叶，台湾盐输往香港、澳门的历史事实，不仅显示台湾盐的产量丰足，更表明台湾总督府以实施食盐专卖制度而抽取食盐贩运的大量税金，充实日本殖民政府的财政基础。

小　结

台湾沦为日本殖民地之后，诸多产品输往岛外，率由日本人经营的各大商船会社之海船直接运送，鲜有例外；而台湾盐输往世界各地（包括香港在内），也例由日本海船直接装载到相应海港口岸。

台湾总督府在其统治之初，曾一度废除了清代台湾由盐务总局所管辖的官收、官运、官销的专卖制度，改为任由台湾人民自由生产贩运，结果出现了食盐生产锐减、盐田荒废、市场纷乱等弊端。1899 年 5 月，台湾总督府开始实施食盐专卖，推行相对严格的生产计划，于是台湾盐的生产逐年增加，不仅自给自足，稍后更大举输往日本、朝鲜、库页岛、中国香港

---

① 井出季和太：《香港の港势と贸易》，第 263～264 页。
② 蔡谦：《粤省对外贸易调查报告》（商务印书馆 1939 年影印版），收入于《民国丛书》第一编经济类，上海书店出版社，1989，第 34 页。
③ 田秋野、周维亮编著，朱玖宝校订《中华盐业史》，台湾商务印书馆，1979，第 397～398 页。

等地。

　　台湾南部大港高雄与香港之间的海上距离只有 600 多公里，而台湾盐田大都分布于南部濒海地区，自然优势使高雄港拥有将台湾盐输往香港的便捷条件。1911 年台湾盐开始运往香港，可是初期的销售并不理想。究其原因，香港乃系英属自由港，安南盐、广东盐与山东盐等早已占有其市场，而晚至的台湾盐进入香港市场，必然需要进行激烈竞争。第一次世界大战期间，由于国际海运船舶缺少而致运费高涨，安南盐的正常输送陷入困境，这就给台湾盐从高雄就近输入香港提供了机会。但 1918 年之后，海上交通恢复常态，香港食盐市场再度成为安南食盐的天下。1924 年，因为安南盐的生产不足，以致安南殖民当局暂时禁止安南盐向海外及香港的输出。于是，1924～1927年香港再度大量采购台湾盐，此期间发生的"省港大罢工"曾给台湾盐输入香港口岸带来极大影响。1936 年，应香港之需求，台湾盐再次输入香港市场，达 149 吨左右。总之，大抵只在安南盐出现了运输困难或是生产锐减之时，台湾盐在香港市场才凸显出重要性（见表 5）。

表 5　台湾盐对香港输出的数量

年份	数量（吨）	备注
1911	1002	
1912	—	
1913	—	因价格颇高，贩卖数量极少
1914	90	香港市场再开，因台湾盐价格颇高，贩卖数量极少
1915	135	第一次世界大战爆发，海运运费高涨，使得运送距离较近的台湾盐的输出量增加
1916	769.5	受到香港时局的影响，台湾盐的贩卖数量增加
1917	2820	
1924	21531	受安南盐输入突然中止的影响
1925	1500	
1926	—	
1927	1980	销路再开，只输入上等盐
1936	149.94	销路再开
1937	1215.05	

资料来源：张绣文：《台湾盐业史》，台湾银行经济研究室，1955，第 60～69 页。

Exports of Taiwanese Salt to Hong Kong and Macau during the Period of Japanese Rule

Lin Minrong

Abstract: After the First Sino-Japanese War (1894 – 1895), Qing China ceded the whole island of Taiwan to Japan by *The Treaty of Shimonoseki* in April 1895. The modern salt monopoly system in Taiwan was established by the Taiwan Governor-General's Office in April 1899. The manufacture and the distribution of salt in the island was under the control of the Salt Monopoly Bureau, any smuggling is prohibited by law. At the first decade of the twentieth century, the annual amount of Taiwanese salt manufactured openly, and purchased by the authorities was very huge, but even so, a large amount still remained over for export after fully satisfying the requirements of the islanders. In the history of Hong Kong, the local inhabitants consumed an enormous amount of salt imported from Annam and Guangdong each year. The exports of Taiwanese salt to market of Hong Kong began in 1911. This paper attempts to discuss questions concerning the exports of Taiwanese salt to Hong Kong and Macau during the period of Japanese Colonial Occupation in Taiwan.

Keywords: Taiwanese Salt; Hong Kong; Macau; The Period of Japanese Rule

（执行编辑：杨芹）

海洋史研究（第六辑）

2014 年 3 月第 210 ~ 229 页

Maritime Security and Fishery Production

—Transition of Marine Fishery Protection Institution （MFPI）
of Zhejiang Province in Modern Era

Bai Bin （白斌）*

I. Introduction

We often see fisheries administration ships when fishery conflict is reported in contemporary China, and their functions are to maintain normal order of fishery production and guarantee the security of marine fishing boats. Actually, fisheries administration ships had appeared already during the Qing dynasty, as a role played by *Shuishi* （Navy） ships. Regarding traditional fishery administration management, the main function of academia was considered to control fishermen and collect fishery tax, ignoring the important function of marine fishery protection[1].

---

* Instructor, Faculty of Liberal Arts and Communication at Ningbo University.

[1] At present, the thesis directly related to marine fishery protection has only one: Hen Xingyong and Yu Yang, Zhang Jiang and Marine Fishery in Modern Times, *Pacific Journal*, No. 7 （2008） . This paper discussed in detail the relationship between maintaining marine fishery equity and maritime sovereignty, as well as the endeavor to maintain marine fishery sovereignty of Zhang Jiang in modern times. Other papers as Li Zhimin, *On the Transformation of Qingdao's Marine Fishery in Modern Era*, Master Dissertation of China Ocean University, 2011; Su Xueling, *Research on Fishery Administration of Shandong Coast in the Late Period of the Qing Dynasty and the Republic of China*, Master Dissertation of China Ocean University, 2011; Wu Min, *Research on the Development of Marine Fishery in Jiangsu Province during the Republic of China Era*, Master Dissertation of Nanjing Agricultural University, 2008; Li Wenrui, *Discuss upon the Maritime Administration in Ancient China*, Doctoral Dissertation of Xiamen University, 2007; Li Yong, *The Research on Fishery Development and Fishermen's Lives of Southern Jiangsu in Modern Times*, Doctoral Dissertation of Suzhou University, 2007; Yu Hangui, Review about Fishery Management Regulations of Central and Guangdong and Guangxi Province during the Republic of China era, *Gujin nongye* （Ancient and Modern Agriculture）, 1994 （1）; Yu Hangui, Fishery Administration during Qing Dynasty and Marine Fishery in Liangjiang Coastal, *Gujin nongye* （Ancient and Modern Agriculture）, 1992 （1） etc. These theses all involve questions of marine fishery protection when talking about marine fishery management problems.

Until now, there has not been any research about traditional Marine Fishery Protection Institution (MFPI) and its variation in China. This paper will solve three problems:

1. How traditional Marine Fishery Protection Institution (MFPI) was established,

2. How it transformed from traditional to modern times,

3. What are the experience and lessons of Marine Fishery Protection Institution (MFPI) and its implementation in modern China for fisheries administration enforcement and maintaining of marine fishery sovereignty in the present age?

Solving these three questions can not only improve the researches about Marine Fishery Management (MFM) and the history of maritime defense, but also provide some historical insight for fisheries administration enforcement and development of institutional infrastructure.

Marine Fishery Protection Institution (MFPI) belongs to the research category of emergency management of marine and fisheries social security in contemporary subject categories, and the research subjects include the system of fishery emergency management together with emergency management of fishery natural disasters, emergency management of accidental disasters and emergency management of public health events. [1] In this article, "Marine Fishery Protection (MFP)" has two meanings: protecting normal order of fishery production and maintaining marine fishery sovereignty of the state. The former is original intention of establishing Marine Fishery Protection Institution (MFPI) of China, and the latter is the function that emerged gradually after the invasion of China's maritime sovereignty. In contemporary China, the activity of marine fishery protection that we pay close attention to usually tends to the latter. In addition, the area of "Marine Fishery Protection (MFP)" not only prevents illegal fishing by foreign countries on the sea, but also boycotts large-scale dumping of foreign aquatic products and maintains normal cyclical order of the fishery and so on. The methods of protecting marine fishery include economic, political and law methods besides

---

[1]   Li Zhujiang, Zhu Jianzhen, *Emergency Management of Ocean and Fishery*, Beijing: Ocean Press, 2007.

deploying fishing patrol boats and warships.

II. Traditional Marine Fishery Protection Institution (MFPI) of Zhejiang

In traditional society, the biggest threats to marine fishery production and security were the raven of pirates and war between fishing boats. Along with economic development of marine fishery and increasing coastal fishery population, in order to maintain the order of marine fishery, besides defending against foreign invasion, another important function of coastal *Shuishi* (Navy) was patrolling along the coast, preventing the collision between fishing boats and pirates which would threaten the stability of coastal society.

Marine fishery management began after the event of "The Japanese Pirates in the Jiajing period (1521 – 1567)" (*Jiajing da wokou*). The Ming government at that time started to pay attention to the importance of marine fishing boats during the defensive war against the Japanese pirates (*wo kou*). As well as restricting the size of fishing boat strictly, the government enhanced the production and management of marine fishing boats. In August 1553, Wang Guozhen, *gei shi zhong* (title of his official position) of South Zhili province, submitted "General Plan of Defending against Japanese Pirates" (*Yuwo fanglue*), and requested the imperial court that "fishing boats, chopping wood boats and other boats should not impede sea defense, should be scheduled serial numbers, and then be allowed to come in and go out of the coast after checking". The imperial court permitted the request. [1] In January 1574, in "Six advises of Maritime Defense" (*tiaochen haifang liushi*), Fang Hongjing, *xun fu du yu shi* (as provincial governor) of Zhejiang applied to the imperial court for scheduling serial numbers to fishing boats for Zhejiang coastal fishers and these advises were implemented in Zhejiang after Military Headquarter (*bing bu*) passed. [2] As to

---

[1] *Mingshizong shilu* (Memoir of Shizong Period at Ming Dynasty), Vol. 401, Taibei: "Zhong yanyuan" lishi yuyan yanjiusuo, 1961, pp. 7031 – 7034.

[2] *Mingshenzong shilu* (Memoir of Shenzong Period at Ming Dynasty), Vol. 21, Taibei: "Zhong yanyuan" lishi yuyan yanjiusuo, 1961, pp. 558 – 560. See also Gu Yanwu, *Tianxia junguo libingshu* (Advantages and Disadvantages of Every Province in China), Vol. 22. In *Xuxiu siku quanshu*, Vol. 597, Shanghai: Shanghai guji chubanshe (Shanghai Classics Publishing House), 2002, p. 49.

this method of compulsory registration of Marine fishing boats by state institution,
Shen Tongfang, a scholar living in the late Qing dynasty, believed that this was
"the beginning of political interference in marine fishery, and also the beginning
of maintaining marine territory [by government]". [1] From then on, the country
must consider marine fishery when confronting maritime problems, and the
country's sovereignty of marine territory developed precisely from marine fishery
protection.

The characteristics of marine fishing boats production and institution of
"Relevance and Guarantee Between every Fishing Boats" (*Lianzong hujie*) for
marine fishing boats implemented by the government, resulted in marine fishery
collectivization, especially at the fishing season every year. During the fishing
season, while scrambling for fishery resources, machete attacking between marine
fishing boats happened occasionally. [2] In order to assure the security of marine
fishing boats, and at the same time prevent them "contact with others from other
areas or countries" (*Jiaotong neiwai*), the government would dispatch *Shuishi* to
supervise the activity of marine fishing boats during the fishing season. During the
late Ming dynasty, *Shuishi* of Jiangsu and Zhejiang, which patrolled the sea,
would consider the protection of marine fishing boats during fishing season, and its
effect of sea defense concerned not only the security of marine fishing boats, but
also sea defense itself. If *Shuishi* could not protect marine fishery boats effectively,
the impact for sea defense security became deadly when maritime intruders
controlled marine fishing boats on the sea. [3]

After cancelling the ban on marine trade in the early Qing dynasty, the
outside ambient pressure of sea defense has disappeared. Therefore, ocean
management of marine fishery by *Shuishi* was recovered to maintain normal order of

---

[1] Shen Tongfang, *Zhongguo yuye lishi* (History of Fishery in China), Wan Wucui lishi leigao,
     Shanghai: Zhongguo tushu gongsi (Shanghai Book Company), 1911, p. 3.

[2] Gu Yanwu, *Tianxia junguo libingshu* (Advantages and Disadvantages of Every Province in China),
     Vol. 6. In *Xuxiu siku quanshu*, Vol. 595, Shanghai: Shanghai guji chubanshe (Shanghai Classics
     Publishing House), 2002, p. 757.

[3] Gu Yanwu, *Tianxia junguo libingshu* (Advantages and Disadvantages of Every Province in China),
     Vol. 21. In *Xuxiu siku quanshu*, Vol. 597, Shanghai: Shanghai guji chubanshe (Shanghai Classics
     Publishing House), 2002, pp. 1 - 2.

the marine fishery, and to prevent the robbery of marine fishing boats. From the document record, few robberies of marine fishing boats in the Zhejiang coast occurred in the period of Kangxi (1662 – 1722), but it happened frequently in the Qianlong period (1736 – 1795), especially during the late Qianlong period. In January 1794, JueLuo Jiqing, *Xunfu* of Zhejiang province, after attentively analyzing the robbery events by pirates at that time, pointed out to imperial court that "the coast of Zhejiang is near to Fujian province, and most of marine fishing boats in Fujian were fishing along the coast of Zhejiang when south wind was well-off. Profit [of fisherman from Fujian] was due to the abundant fishery resources during the fishing season, or to violent robbery. Some local fishing boats, also would be inveigled to join in, but [they] gathered and dispersed without a fixed base, different from the situation when pirates were living on the islands at the period of Kangxi (1662 – 1722)". [1]

For the insurance of the order of marine fishery, coastal *Shuishi* changed the prevention key from outside to inside. Similar to what happened in the Ming dynasty, the patrol time of coastal *Shuishi* coincided basically with fishing season, with the purpose of preventing illegal fishing or piracy on the sea. At this period, the main mission of marine fishery protection by *Shuishi* was "controlling merchant ships and fishing boats, and if meeting robbery incidents, they would apprehend robbers." After the fishing season, "fishing boats went back to the port, and the (*Shuishi* = *Navy*) soldiers were recalled". [2] Among the causes of ineffective patrol, which "resulted when somebody colluded with pirates, they would be downgraded three levels and transferred to another post of officers of that patrol coastal, and *Tidu* (provincial commander-in-chief) and *Zongbing* (city commander-in-chief) would be downgraded one level but remained in office. If officers connived bribes and the facts were known, they would be dismissed and interrogated [by government], and downgraded one level and transferred to

---

① *Qinggaozong shilu* (Memoir of Gaozong Period at Qing Dynasty), Vol. 1445, Beijing: Zhonghua shuju (Zhonghua Book Company), 1986, p. 283.

② *Qinggaozong shilu* (Memoir of Gaozong Period at Qing Dynasty), Vol. 247, Beijing: Zhonghua shuju (Zhonghua Book Company), 1986, pp. 189 – 190.

another post of *Tidu* and *Zongbing*". ① Nevertheless, piracy problems could not be solved even if they were limited in giving material assistance to marine fishermen's livelihoods in the Jiaqing (1796 – 1820) and Daoguang (1821 – 1850) periods, and pirate activities were not reduced, but resumed more savagely in late Qing dynasty.

Ⅲ. Institution Collapse and Spontaneous Establishment of Marine Fishery Protection Institution (MFPI) by Civil Marine Fishery Organization (CMFO)

In 1855, When William Alexander Parsons Martin (1827 – 1916) came back Ningbo from Putuo Island, he saw fifteen pirate flatboats shooting at some naval vessel of army, which was anchored in the harbor, and showing contempt. The navy boats weighed anchor, and chased after them, but soon came back to the anchorage. ② Someone in Zhejiang also recorded at that time that " many pirates were on the sea and the government commanded Shuishi to protect merchant ships. Shuishi feared [pirates], and remained anchored in the harbor, even when Ye Shaochun, Tidu of Shuishi, went to Zhenhai and urged them". ③ During this time, most of organizers and sponsors of pirates group were coastal wealthy folk. For example, Tidu of Zhejiang province wrote a memo to the imperial court in 1843, and pointed out that "recently, tricks of pirates in Fujian province were more and more stranger, and actually, coastal wealthy folk invested to operate boats in partnership, manufactured guns, cannon and ammunition privately, and recruited coastal poor people as partners, then commanded [them] to rob on the sea and distributed stolen goods equally. This mostly existed in along the coast, as well as the coast of Taizhou prefecture of Zhejiang province, above all in Ma-xiang district of Quanzhou city (*Fujian*), and coastal villages of Tong-an and Hui-an

---

① Kun Gang, Liu Qiduan, *Qinding daqing huidian shili* (Instance of Statute Book Determined by Emperor in the Period of Qing Dynasty), Vol. 630. In *Xuxiu siku quanshu*, Vol. 807, Shanghai: Shanghai guji chubanshe (Shanghai Classics Publishing House), 2002, p. 769.

② William Alexander Parsons Martin, *A Cycle of Cathay*, Guilin: Guangxi shifan daxue chubanshe (Guangxi Normal University Press), 2004, p. 82.

③ Duan Guangqing, Jinghu zizhuan nianpu (Chronological Complied by Duan Guangqing Himself), *Qingdai shiliao biji*, Beijing: Zhonghua shuju (Zhonghua Book Company), 1960, p. 100.

prefecture [of Fujian province]". [1] Secondly, most pirates were coastal fishermen, who depended on catching fish for living. These fishermen would change to pirates if they encountered other feebler boats when fishing at sea. A customs report of Zhejiang province at that time, pointed out that along the coast of Zhejiang "cuttlefish (*Sepiella maindroni*, Ch: *moyu* or *wuzei*) production was adversely affected by lack of coastal safety, and most of the pirates were fisherman". [2]

During this period, the serious pirates problem was directly related to battered *Shuishi* (Navy) of China during the Opium War [the First Opium War (1840 – 1842) and the Second Opium War (1856)] . Because of the war, the sea defense power of the country was extremely weak, and re-building or renewing naval power took a long time. Therefore, during the fishing season, the responsibility to protect fishing boats was taken from the state to the folk. At this time, Lodges (*gong suo*), as the organizer of marine fishery production, collected funds spontaneously, and employed marine protection boats (*hu yang chuan*) to protect marine fishery production. On the basis of available data, the earliest marine fishing Lodge of Zhejiang province was established in 1724, as a main contact center between government and fishermen, and organized fishery production and wreck salvage. [3] Studying marine fishery protection of civil organization, archives of Fenghua city in a batch of files in the period of Qing dynasty, were collected from a fisherman's family living in Tongzhao village of Chunhu town in 2007. These revealed payment vouchers of self-financing and employed boats to protect the South Seas (*nan yang*) by Fish Merchants (*yu shang*) in 1864. [4] It can be seen that when coastal *Shuishi* could not assure marine fishery security, marine fishery

[1]   Zhongguo diyi lishi danganguan (The First Historical Archives of China), *Yapian zhanzheng dangan shiliao* (Historical Archives of Opium War), Vol. 7, Tianjin: Tianjin guji chubanshe (Tianjin Classics Publishing House), 1992, p. 374.

[2]   Hangzhou customs, *Economic and Social Situation of Treaty Ports in Zhejiang Province at Modern Era: Trade Report Integrated of Customs in Zhejiang*, *Wenzhou, Hangzhou*, Hangzhou: Zhejiang renmin chubanshe (Zhejiang People's Publishing House), 2002, p. 56.

[3]   Bai Bin, Trade Association of Zhejiang Marine Fishery in Qing Dynasty, *Journal of Ningbo University* (Humanities and Social Sciences), 2011 (6).

[4]   Fu Zhuxiu, From Common Fishermen Family to Archives: Collected of a Batch Historical Archives at the Period of Qing Dynasty, *Zhejiang Archives*, 2007 (11).

lodge organization filled the gap left by government management. Contrary wise, spontaneous action of marine fishery protection by lodge would terminate automatically when sea power of the state enhanced and could assured the security of marine fishery area. In 1870s, coastal fishing lodge in Zhejiang province reduced their marine protection boats (*hu yang chuan*) one after another, in order to restore and develop China naval forces. [1] And the state also took the responsibility again to protect marine fishery production in this period. On June 8, 1892, Wu Fuci of *Ning-shao-tai* Road (area include Ningbo, Shaoxing and Taizhou prefecture), who worried about recent pirate robbery after observing every fisherman go out for fishing one after another, took the *Chao Wu* warship especially for, "patrolling the sea, arresting pirates and protecting people". [2]

In the Sino-Japanese War of 1894 – 1895, China's Navy was again mauled heavily. In March 1896, in order to further enhance the management of coastal fishermen, supervised and urged by Qing government, Liu Shoufeng, *xun fu* of Zhejiang province, commanded the establishment of a Fishing Militia (*yu tuan*) simultaneously in the district and prefecture (*ting xian*) of Ningbo, Taizhou and Wenzhou city in the same year, and the regulations permitted the employment of protection boats and the organization of fishery protection for each fishing groups (*yu bang*). [3] However, in practice, this mission of fishery protection was generally completed together by fish lodge (*yu ye gong suo*) that contained fishing groups (*yu bang*), coordinating with fishing militia (*yu tuan*) and local government during the fishing season. In the period of the fishing season, city and prefecture government appointed local gentry with good fame and prestige, to cooperate with the fishing militia (*yu tuan*) to collect protection fees (*bao hu fei*) for employing marine protection boats (*hu yang chuan*) to protect the marine fishery. [4] At the same time, fishermen also would "prepare their own axe, buy

---

[1]   Buyu fangdao (Fishing and Prevention of Pirate), *Shenbao* (*Shanghai News*), May 7, 1878.

[2]   Guandao xunyang (Patrol by Customs and Road), *Shenbao* (*Shanghai News*), June 5, 1892.

[3]   Li Shihao, Qu Ruoqian, *Fishery History of China*, Shanghai: Shangwu yinshuguan (The Commercial Press), 1984, pp. 34 – 36.

[4]   Hu Yuan, Huangyuan riji (Huang Yuan Diary) . In *Qingdai gaochaoben* (*Manuscript in Qing Dynasty*), Vol. 21, ed. Sang Bing, Guangzhou: Guangdong renmin chubanshe (Guangdong People's Publishing House), 2009, p. 227.

their own uniform, and employ soldiers to patrol and protect". ① Mangers of Fishing Lodge (generally in the charge of local gentry with good fame and prestige) came out to coordinate and prevent troublemakers, and communicate with local government to maintain the order of marine fishery production. According to the outlays of Fishing Militia Bureau of Ningbo (FMBN), apart from the normal office expenses, most outlays were used in employing warships to protect fishery production. The warships included one navy warship, one boat belongs to Fishing Militia Bureau of Ningbo (FMBN) and one steamboat was also employed. ② Remarkably, the Militia Bureau, with the official backing, could employ active navy ships to perform the task of marine fishery protection during the fishing season.

Spontaneous marine fishery protecting action by Civil Marine Fishery Organization (CMFO) played an important role in maintaining Marine Fishery Security (MFS), and filled the vacuum left by departure of the state sea power. Under the protection of fishery protection boats employed by marine fishing lodge organization, marine fishery production was able to continue, but many people made use of this opportunity to seek self-interests. For example, Huang Jia, scribe in Customs of Ningbo (*ningguandao shuli*), set up a lodge of fishery protection privately, "lending money to fishermen frequently, and his younger brother, Huang Yi, under his protection, cheated fishermen and did as many bad things as possible". ③ Wu Fuci, as observation of *Ning-shao-tai* Road (area include Ningbo, Shaoxing and Taizhou prefecture) during that period, pointed out that "each fishing merchant collected funds and employed [marine protection boats] themselves to replenish the lacking of fleet boats (*zhoushi*), and the purpose was not so bad. Merely, someone's inappropriate handling and poorly-conceived statute led to loss instead of income, which needed caution and proper

---

① Yuye gongsuo juding dongshi (Elected Mangers of Fishing Lodge), *Shenbao* (*Shanghai News*), May 18, 1907.

② Shen Tongfang, Zhongguo yuye lishi (History of Fishery in China), *Wan Wucui lishi leigao*, Shanghai: Zhongguo tushu gongsi (Shanghai Book Company), 1911, pp. 39 – 40.

③ Geban shuli (Dismissed and Prosecuted of Scribe), *Shenbao* (*Shanghai News*), Dec. 9, 1879.

handling". ①

IV. Fisheries Crisis and Establishment of Modern Fishery Protection System (MFPS)

In the early 20th century, the ocean crisis of China was further deepened. France, UK, Japan, and Russia invaded coastal areas of China, and plundered marine fishery resources. Aided by low customs tax rates, a large quantity of foreign seafood flowed into China, occupying a large part of market. Meanwhile, because of frequent civil war in China and economic transition, traditional fisheries declined, and as a result of poor living standards, plenty of fishermen joined pirate groups, causing further deterioration of marine fishery production environment.

The marine fishery crisis of China in the early 20th century, started from Germany and Japan's incursion against China's sovereignty and plundering of marine fishery resources of Shandong province. In March 1904, Zhang Jian, as a Absentee Writer of the Imperial Academy (*zaiji hanlinyuan xiuzhuan*) in Jiangsu province, submitted a memorial to the imperial court proposing the preparation of a new fishery company, "trying to raise shares by each Governor" ② and using new methods to prevent outsider boycotting tugboat fishing, "protecting fishery right and area" . At the same time, global arrangement would be done at first before the invasion of foreign seafood so that fishermen's income would be ensured. ③ Because of political and economic reform taking place in China at that period, the imperial court approved the advice very quickly. In April 1905, with the support of the Ministry of Commerce, Zhang Jian prepared head office of Jiangsu-Zhejiang Fishery Company (JZFC) in Shanghai, established each five branch offices in Jiangsu and Zhejiang, and ordered a German steamship, while promoting new fishing methods

---

① Tingche huchuan (Stopped and Repealed of Protection Boat), *Shenbao* (*Shanghai News*), May 14, 1894.

② *Qingdezong shilu* (Memoir of Dezong Period at Qing Dynasty), Vol. 528, Beijing: Zhonghua shuju (Zhonghua Book Company), 1986, p. 25.

③ Shangbu toudeng guwenguan zhangdianzhuanjian zicheng liangjiang zongdu wei yichuang nanyang yuye gongsi wen (Zhang Jian with Top Adviser of Commerce Ministry Memorial Liangjiang Governor to establish Nan Yang Fishery Company), *Dongfang zazhi* (*The Eastern Miscellany*), Vol. 1, 1904 (9): 147 – 150.

from the west. ① The steamships of the Jiangsu-Zhejiang Fishery Company（JZFC）, a fishery company supported by government, from its establishment, took the responsibility of patrolling the sea and protecting fishing. From the clause of "Brief Statue of Jiangsu-Zhejiang Fishery Company"（*Jiangzhe yuye gongsi jianming zhangcheng*）, we can see that items 1 − 6 all involved marine fishery security:

1. Bought one fishery steamship from a German company in Qingdao of Jiaozhou and changed the name to "Fu Hai". If adding ships in the future, all would order with the word "Hai".

2. This steamship was ordered by government funds. As a protection ship of Fishery Company, it would be armed with one artillery gun, ten breechloaders and sharp swords distributed by government, the captain and mate supervised sailors drilling together at regular intervals to protect each fishery boat on the sea of Jiangsu and Zhejiang province.

3. When fishery boats were fishing on the sea, each fishery boat must be at a distance within eye sight of one another, and if meeting a pirate, hang a red-white flag on the masthead in daytime and red-white light on the masthead at night. The steamship must rescue it immediately when seeing the signal.

4. The fishery steamship protected the security of fishing boats, and prohibited any attacks according to statue. If pirate was captured, the pirates and boats were driven to the nearest relevant local officer who punished them promptly, and reported to the Fishery Company at the same time.

5. The number of stolen fishery boats recovered by the fishery steamship should be recorded and reported to the Fishery Company every three years. Nanyang Minister was requested to reward captains and sailors, and the officials were promised to promotion, and civilians would be given honors（*gong pai*）.

6. The fishing places of casting nail boats（*pao ding chuan*）, big trap boats （*da bu chuan*）and web boats（*zhang wang chuan*）were always near the islands. The Fishery steamship avoided the reef and never infringed［the fishing place］（*liu wang chuan*）. The fishery steamship would get out of the way of slip

---

① *Qingdezong shilu*（*Memoir of Dezong Period at Qing Dynasty*）, Vol. 544, Beijing: Zhonghua shuju （Zhonghua Book Company）, 1986, p. 225.

net ship and never infringe. For other boats, fishing and sales places were the same as usual without infringement. ①

From the above content, we can see that for effective fishery protection, "Fu Hai" steamships were loaded with heavy weapons, and adopted the institution of daily training and rewards, as well as signaling of shipwrecks. Hereto, based on the reference to western experience, a full complement of sea rescue was established in China. At the same time, considering the sea area division between modern fishery and traditional fishery production, Statue reduced the hindrance to developing new marine fishery as soon as possible. In 1906, "Particular Statue of Jiangsu-Zhejiang Fishery Limited Company" not only confirmed the fishery protection function of the Fishery Company, but also refined the provision of economic activity. Most notably, according to this Particular Statue, the head office of Jiangsu-Zhejiang Fishery Company (JZFC) could "assign warship patrol in addition and assist protection on the basis of safety on the sea". ② In other words, the Fishery Company had the right to require the Navy to assist marine fishery protection. Because of the slow reconstruction work of navy and the Qing government being abruptly overthrown, we cannot know whether or not the Particular Statue would have been implemented effectively. However, Navy role in marine fishery protection during the fishing season had already became a part function of Admiralty on entering the period of the Republic of China.

In addition, on the advice of Zhang Jian, Qing government's cognition of marine fishery sovereignty was enhanced. The establishment of a fishing boundary and marine sovereignty started from coastal defense. Government set up *Xun* (a basic military management organization in coastal areas) and built piers and developed anchorages that merchant ships and fishery boats used in the Jiajing period (1521 – 1567) of Ming dynasty, "therefore, [China] had the developed

---

① Jiangzhe yuye gongsi jianming zhangcheng (Brief Statue of Jiangsu-Zhejiang Fishery Company), *Dongfang zazhi* (*The Eastern Miscellany*), Vol. 1, 1904 (12), p. 189.

② Jiangzhe yuye gufen youxian gongsi xiangxi zhangcheng (Particular Statue of Jiangsu-Zhejiang Fishery Limited Company), *Dongfang zazhi* (*The Eastern Miscellany*), Vol. 3, 1906 (6), p. 127.

concept of respectively independent seaway and inside and outside of the sea". [1]
Under the situation of deepened crisis of sea defense and marine fishery at the later
period of Qing dynasty, the government confirmed the practice of fishery
production areas as basis of marine fishery protection, which was not only
concerned marine fishery development itself, but also closely connected with state
sovereignty of territorial sea. Therefore, scholars at that time have done detailed
investigations and records in the book named *Illustrate the Coast of Jiangsu-
Zhejiang-Fujian*, which was published in 1899, provided detailed descriptions of
coastal islands, maritime spaces and fishing areas in Jiangsu, Zhejiang and Fujian
of China. [2] On the basis of this book, the subsequent book *Fishery History of
China* gave a detailed sub-division of marine fishery areas throughout the
country. [3] In 1905, the Italian government invited the Qing government to attend
The Agricultural Exposition to be held in 1906, and Zhang Jian "suggested that
the [Qing] government to check and ratify the Meridian and Parallel on the basis
of Third Script Chinese Direction Book which belonged to Chart Bureau drawn up
by Zongbing Bolter (*bolite*) of UK illustrating the close relationship between
fishery and state sovereignty of territorial seas". [4] For authority over coastal sea
regions, the division of marine fishery areas of China would not be done until the
period of the Republic of China.

The Government of Late Qing Dynasty adopted the Fishery Company as a civil
economic organization, introducing advanced production technology of marine
fishery and promoting the ability of high sea fishing on one side, and replacing the
role of the traditional Fishery Lodge and Fishery Militia in organizing fishery
protection during fishing season on the other side. Compared to the semi-official
Fishery Militia, the economic function of the Fishery Company was greatly

---

[1] Yu Hangui, Fishery Administration during Qing Dynasty and Marine Fishery in Liangjiang Coastal,
Gujin nongye (*Ancient and Modern Agriculture*), 1992 (1), p. 68.

[2] Zhu Zhengyuan, *Jiangzhemin yanhai tushuo* (*Illustrate the Coast of Jiangsu-Zhejiang-Fujian*),
Shanghai juzhen banyin (Shanghai Juzhen Block-print), 1899.

[3] Shen Tongfang, *Zhongguo yuye lishi* (History of Fishery in China), Wan Wucui lishi
leigao. Shanghai: Zhongguo tushu gongsi (Shanghai Book Company), 1911.

[4] Yu Hangui, Fishery Administration during Qing Dynasty and Marine Fishery in Liangjiang Coastal,
Gujin nongye (*Ancient and Modern Agriculture*), 1992 (1): 68.

strengthened, and with the support of the government, the Fishery Company had advanced fishery protection ships and could get the assistance of the state's sea power. In terms of developing the institution, it had already had the rudiments of a Modern Fishery Protection System (MFPS). That is, civil economic organization, in support of the government, become the organizer and implementer of marine fishery protection, while the state's sea power was being used when needed as reserve forces. Under the serious situation of fishery protection, the Fishery Company could employ warships to take part in marine fishery protection as a nongovernmental behavior, which was not only beneficial to improve fishery protection of marine fishery, but also, at the same time, reduced the possibility of military conflict under the circumstance of foreign countries' fishing illegalities.

V. Improvements and Inherent Defect of Modern Fishery Protection System (MFPS)

After the founding of the Republic of China, the marine security situation of China was not improved, but showed a trend towards deterioration. As for the international situation, Japan established its marine sanctuary in 1911, and after prohibiting fishing ships net dredging fish, coastal fishery boats of Japan had to explore fishing ground in the ocean. In 1914, Japan extended its marine sanctuary, and fishing boats could not fish in "the prohibited area which was to the east 130° E of coastal Korea ",[1] the result was to push a large number of fishing boats into the coast of China. Afterward, fishing of Japan fishing boats in China Sea area grew from being sporadic to group fishing illegally. For example, in November 1913, fishermen at sea of Dinghai of Zhejiang province found "six – seven foreign fishery ships with blue hull, black chimney and without flag, and the fishermen in the ship were all Japanese ".[2] In the 1930s, Japanese government even supported encroaching fishing action of Japanese fishing ships. To protect security of Japanese marine fishery production, Japanese government often dispatched accompanying warships to protect the fishing fleet. The protection of the Japanese government,

---

[1]   OuYang Zongshu, *Sea People: Marine Fishery Economy and Fishermen Social*, Nanchang: Jiangxi University Press, 1998, p. 198.

[2]   Wairen qinyue linghai yuye (Foreign Encroach Territorial Fishery), *Shenbao* (*Shanghai News*), Nov. 9, 1913.

low tax rate of Chinese customs and the perishability of fishery resources became the main reasons for fish dumping by Japanese fishing ships in Chinese market. Based on the rough estimation of *Republic of China Daily* (*Minguo ribao*) in July 1932, "encroaching fishing in Shanghai by hand-network fishing ships of Japan was most rampant from 1928 to July 1930, having 38 fishing ships [of Japan in Shanghai]. As minimum statistics counted as calculated about 30000 Yuan per one fishing ship per year, 840 000 Yuan would be lost every year by encroaching fishing". [1] Japan's encroaching fishing and dumping in China, not only led to many fishermen of China becoming bankrupt, but also many merchants "lost heavily", and suffered a lot. [2] After bankruptcy, fishermen often joined the pirates for survival, and plundered coastal villages and passing merchant-fishing boats, so the situation of sea security became worse day by day. In this situation, the government of Republic of China gradually accelerated institutionalized construction of Marine Fishery Protection System (MFPS) nationwide.

In April 1914, Agro-Commerce Department (*nongshang bu*) published 12 "Reward Regulations of Marine Protection and Arresting Pirates for Fishing Boats" (*yuchuan huyang jidao jiangli tiaoli*). In April 1915, 16 Implementing Rules of Reward Regulations were published, including hunting areas when meeting pirates during fishing boat production, applying for fishing boat license of marine protection and arresting pirates and equipping with weapons. [3] The matching for Implementing Rules became the foundation department of national marine security: Water Police Agency (WPA) (*shuishang jingcha ting*). According to No. 1 provisions of "Water Police Agency Administrative System" (*shuishang jingcha ting guanzhi*) published in 1915, Water Police Agency (WAP) was set in "the areas of the coast, riverfront, lakeside and river-cross", for maintaining water

① See Li Shihao, Qu Ruoqian, *Fishery History of China*, Shanghai: Shangwu yinshuguan (The Commercial Press), 1937, pp. 201 – 203.

② Ningtai yushang zhi huyu sheng (Calls of Ningbo-Taizhou Fish Merchants), *Shenbao* (*Shanghai News*), Feb. 28, 1930.

③ Yu Hangui, Review about Fishery Management Regulations of Central and Guangdong and Guangxi Province during the Republic of China Era, *Gujin nongye* (*Ancient and Modern Agriculture*), 1994 (1): 78.

public security. ① However, in practice, pirates of Zhejiang "all hold quick-guns, and their chief was proficient in tactics that water police could not catch up with". ② In the initial actions of attempting to seize pirates, the water police of Zhejiang were always defeated. On the contrary, there were different degrees of disturbance behaviors by water police during law-enforcement. ③ Therefore, in May 1918, fish merchants such as Ding Zhaopeng united fishermen of Ningbo, Taizhou and Wenzhou to organize Zhejiang Fishery Group (ZFG) and order each fishing boat to load warning signals as well as self-defense weapon. ④ On June 1, 1922, fishery merchants of Ningbo, Taizhou and Wenzhou established the Fishery Merchant Security Federation (FMSF), elected Sheng Bingji as chairman, and collected marine protection taxes (*huyang fei*), and employed a steamship to protect the marine fishery. ⑤

Although Water Police Agency of Zhejiang (WAPZ) still spared no effort to besiege pirates, but occasionally the pirates ransacked coastal villages. In April 1919, Dongsha fishing season of Zhejiang ocean began and over 100 000 fishermen and merchants gathered. In order to ensure the security of fishing areas, Water Police Agency of Zhejiang (WAPZ) deployed patrol ships for two and three districts⑥, and asked for the Navy's help, who deployed " Yong Fu" warship "patrolling the sea of Taizhou". ⑦ In 1921, to enhance the effort of besieging Zhejiang pirates, the Admiralty established a *Qing Hai* (clear sea) Bureau in

① Shuishang jingcha ting guanzhi (Water Police Agency Administrative System), *Dongfang zazhi* (*The Eastern Miscellany*), Vol. 12, 1915 (5): 7 – 8.

② Haidao yu shuijing zhi aozhan (Fierce Fighting between Pirate and Water Police), *Shenbao* (*Shanghai News*), May 5, 1918.

③ Shuijing ting bianding chuanzhi paizhao zhi yanli (Harshly Arrange Boats License of Water Police Agency), *Shenbao* (*Shanghai News*), Aug. 22, 1916.

④ Yumin qingzu yuyetuan (Fishermen Request to Organize Fishery Group), *Shenbao* (*Shanghai News*), May 9, 1918.

⑤ Jiangzhe yushang qingshe yushang baoan lianhehui (Fishery Merchants of Jiangsu-Zhejiang Apply for Establishing Fishery Merchant Security Federation), *Shishi gongbao* (*Current Events Communiqué*), Aug. 1, 1922.

⑥ Baohu yuxun zhi buzhi (Arrangement of Protecting Fishing Season), *Shenbao* (*Shanghai News*), Apr. 8, 1919.

⑦ Diaopai bingjian xun taiyang (Deploy Warship Patrol Sea of Taizhou), *Shenbao* (*Shanghai News*), July 27, 1919.

Shenjiamen of Dinghai, Zhejiang. ① The stationed Navy had a certain deterrence for pirates, but *Qing hai* Bureau took this opportunity to collect local marine protection taxes (*huyang fei*) under the boycott of each local fishery organization, *Qing hai* Bureau was suspended in 1922. ② On November 5, 1923, because of a sailboat named Jin Yu Long belonging to *Guang Rui* Wood Company (*guangrui muhang*) was robbed, Ningbo General Chamber of Commerce (NGCC) requested the provincial government to dispatch warship to rescue, allowing "specially sent 'Wu Chao' warship to track, pursue, capture, and rescue [sailboat] out of danger". ③ Henceforth, Navy maintaining marine security together with Water Police Agency became established practice, but the contradiction between local fishery organization and navy had not been eliminated. Because of the *Qinghai* Bureau collecting taxes at the local level, Zhejiang fishery organization objected to the Admiralty establishing Fishery Security Agency in the coast of Zhejiang. ④ However, because of the aggravated situation of marine security, the marine protection boats (*hu yang chuan*) was employed by fishery organization and Water Police Agency could not completely protect normal fishery production⑤, so protection by navy warship became particularly important. In terms of the Admiralty, having insufficient funds for sea defense, a subsidy earned from marine fishery protection became an important resource to improve the quality of life of officers and soldiers. Therefore, under the situation of insufficient subsidy, fishery protection of navy became "Getting Some Soy Sauce". However, fishermen stuck between Admiralty and local fishery organization, paid license taxes to pirates (marine protection taxes for

---

① Haiju cunfei zhi wenti (Retain or Abolish Problem of Sea Bureau), *Shishi gongbao* (*Current Events Communiqué*), June 4, 1922.

② Huifu haijun banshichi zhi fandui zheng (Objection Voice of Restoring Navy Agencies), *Shishi gongbao* (*Current Events Communiqué*), Nov. 9, 1922.

③ Dianqing pai wuchao jian jiuhu shangchuan (Telegram to Request to send *Wu Chao* Warship to Rescue Merchant Ship), *Shenbao* (*Shanghai News*), Nov. 8, 1923.

④ Ge tuanti fenqi fandui yuye baoweichu (Each Organization Opposed Fishery Security Agency), *Shenbao* (*Shanghai News*), May 18, 1925.

⑤ Marine protection boats protected marine fishery also from robbing by pirates. See Huangyangjian beijie (Marine Protection Ship Robbed), *Shenbao* (*Shanghai News*), Feb. 22, 1930.

government and fishery organization)[1], in order to continue fishing at sea normally. The result was that local fishery group collecting protection fee and the Water Police Agency could not protect fishermen's safety. The Admiralty that could protect and assure their safety could not collect sufficient protection fees. The fishermen had to collect and pay protection fees for fishery group, government and pirates so that they could sustain normally fishing. The widespread poverty of fisherman and proliferation of pirate groups could be imagined. Although Industry Ministry (*shiye bu*) with Interior Ministry (*neizheng bu*) published 17 " Fishery Police Regulations" (FPR) (*yuye jingcha guicheng*) in 1931, and published numerous rules and regulations in 1933, such as 25 "Work Regulations of Marine Fisheries Service" (WDMFS) (*haiyang yuyeju banshi xize*) and 16 " Cruise Service Regulations" (CSR) (*xunhang fuwu guize*), the vicious circle situation of Zhejiang marine fishery security remained unchanged.

In the respect of Japanese fishing illegalities, although in 1930, in order to restrict Japan fishing ships fishing illegalities on the coast of China, Nanjing National Government ruled that the limits of the territorial seas of China was 3 national miles and the limit of customs suppressing smuggling was 12 national miles[2], and raised import tariff of aquatic products substantially after expiring of the Sino-Japanese Tariff Agreements (SJTA) in 1933. [3] However, with Japan's accelerated comprehensive invasion to China, backed by strong military power, Japanese fishermen's pillaging and smuggling of fishery resources of China's ocean meant that the measures taken by Chinese government made little impact.

VI. Conclusion

It can be seen from the establishing process of Chinese Marine Fishery

[1]   Haidao zhengshou zhaofei haiwen (Shocking of Pirate Collecting License Taxes), *Shenbao* (*Shanghai News*), July 19, 1926.

[2]   Li Zhimin, *On the Transformation of Qingdao's Marine Fishery in Modern Era*, Master Dissertation of China Ocean University, 2011, p. 21.

[3]   Feizhi zhongri guanshui xieding yu zhenxing shuichan (Abolish Sino-Japanese Tariff Agreements and Revitalization of Aquatic Products), *Shanghaishi shuichan jingji yuekan* (*Monthly Magazine of Fishery Economy in Shanghai City*), Vol. 2, Issue 4, May 15, 1933, 24. In *Zaoqi shanghai jingji wenxian huibian* (Compilation of Economic Literature in Early Shanghai), Vol. 30, Beijing: Quanguo tushuguan wenxian suowei fuzhi zhongxin (Miniature and Replication Center of National Library Document), 2005, p. 130.

Protection System （CMFPS） that the state's cognition of marine fishery protection appeared after the economic development of marine fishery and advanced techniques, and different fishery groups causing dispute in the case of fishing area and overlap of fishery resources. Because of the publication and liquidity of marine fishery resources, even though today that aspect ocean science develops well, the management of marine fishery is still very difficult. Just because of marine fishery disputes, the state began to set up fishery protection system, and establish marine fishery protection power. Although the earliest marine law enforcing ranks were " *Ke Chuan* " （means part-time job） by *Shuishi*, the state's cognition of maritime sovereignty and protection of marine resource exploitation stepped forward. When the state's sea defense power became strong, government could accomplish the function of marine fishery protection effectively, on the contrary, when the state weakened, security management of marine fishery was mainly turned from the state to the civil organization. However, from the practice of a modern civil marine fishery protection system, we can realize that due to defects of institutional design and puniness of marine fishery protection, when encountering a large plume of pirates, a civil marine fishery protection system is always powerless. Hereto, Navy participation in marine fishery protection becomes inevitable. But in practice, how to solve the conflicts of interest between Admiralty and Civil Fishery Organization is the key to whether this institution would be implemented effectively. （Local organizations opposing the Admiralty in trying to establish Fishery Security Agency were a very bad denouement in the Republic of China. ） To construct the institutions of civil fishery organization and Admiralty's marine fishery protection together, the model of Jiangsu-Zhejiang Fishery Company in the late Qing dynasty is very noticeable for us. According to this model, civil fishery organization assumed the main mission of marine fishery protection, but under the emergency situation it could employ navy warship to protect the marine fishery. Therefore, in the situation of a fishing war between China and foreign countries, civil organization can prevent escalation of the situation, and navy ships can be changed from active service to reserve service and back at any time, the employing model of civil marine fishery protection organization would greatly enhance marine fishery protection power and reduce daily funds needed for marine fishery protection. As a result, the conflict of interest between civil fishery organizations and Admiralty would be solved effectively.

(Thanks for Dr. Sun Jinwen of Tongji University giving suggestions for this paper and Prof. Michael Heir and Miss Luo Na are revising the grammar.)

海洋安全与渔业生产

——近代浙江海洋护渔制度的变迁

白　斌

摘要： 国家对于海洋渔业的重视是从明代中后期开始的。为加强海上防卫力量，国家海洋护渔制度出台并逐步完善。到清代中期，为有效保证海洋渔业安全，此时的水师成为海洋护渔的主要力量。随着晚清中国海上防卫力量的衰落，民间海洋渔业组织成为海洋护渔体系的主导者。但是民国时期浙江海洋护渔制度的实践告诉我们，民间护渔组织并不能有效保证海洋渔业区域安全，海军参与护渔成为必然选择。从历史经验来看，以民间海洋渔业护渔组织为主，在紧急情况下，租赁海军现役军舰的模式，不仅可以有效维护海上安全，还能避免中外渔业纠纷的升级。

关键词： 近代　浙江　海洋安全　海洋渔业　护渔制度

（执行编辑：王潞）

海洋史研究（第六辑）
2014 年 3 月第 230～252 页

流动的神明：硇洲岛的祭祀与地方社会

贺　喜*

中国的沿海、沿江、沿湖地区生活着大量的"水上人"。在南中国，这些人被称为"疍""九姓渔户"等。在这些称呼的背后，往往交织着"陆上人"与"水上人"之间的权力关系。比如，自宋朝以来，在文人的笔下，他们的形象半人半獭。直到近代，在讨论民族识别的时候，还有学者在论辩他们是否属于一种少数民族，或者，在身体的特征上是否存在与汉人不同的特征。近年来的研究则认为"疍民"并非一种特殊的血缘群体，而是在岸上没有入住权的人群。他们在生存状态上浮生而居，在地方社会的概念中，他们不得上岸。"水上人"是否可以定居、上学、考科举、埋葬、与岸上人通婚等问题，造成了长久以来"陆上人"与"水上人"在社会等级上的分歧。

突出"疍民"的地位往往令学者把海边的人群分成"水上"与"陆上"的对立群体。我们可以想象，"上岸"是个很长时段之内发生的过程。"上岸"的先后，可以影响到不同群体的经济权利和社会地位的确立。所以，"陆上"的群体有可能是从"水上"变化而来。同时，也因为他们有"水上"的经历，有可能在"陆上"定居以后还会保留某些"水上"的风俗习惯。也因为"水上人"识字率很低，所以他们所用的文献不多。假如历史学者需要了解他们的社会架构，唯有结合非文字的材料，所以笔者在

* 作者系香港中文大学历史系研究助理教授。
　本研究是香港特别行政区大学教育资助委员会卓越学科领域计划（第五轮）（AoE/H‒01/08）：中国社会的历史人类学研究成果。感谢陈志坚、窦广栋、谭浩然、谭友国、陈存华、陈鸿铭等先生以及硇洲岛的乡亲们为田野考察所提供的大力协助。

讨论"上岸"以后"水上人"是否会从家屋的状态走向宗族时，采用的办法就是通过研究"上岸"后的"水上人"举行的宗教仪式来探讨他们对宗族的概念认知和实践。笔者立足于从仪式入手探讨社会史的视角，探访了湛江外的硇洲岛。笔者的出发点是希望凭借田野调查寻觅到的宗教和礼仪资料，可以重构硇洲岛自清代以来的社会结构。笔者得到的结果，与想象中的并不一样。在本文中，笔者一方面讨论田野考察，另一方面说明笔者放弃原来假设的理由和补救的想法。

硇　　洲

硇洲是湛江外的一个小岛，在清代隶属高州府吴川县（见图1）。康熙二十二年（1683），清廷废止迁海令，工部尚书杜臻巡视闽粤时，形容它"长七十里，广十里"①；道光《广东通志》记录它"可容千余家……东西相距十余里，南北相距三十余里"。硇洲岛给时人的印象极为荒凉。宋末行朝曾短暂地驻扎于此，在清初海禁时，岛上有几个村曾迁移。

有关硇洲岛的地理形势，道光《广东通志》说：

> 硇洲孤悬海中，东边怪石浮沉数十里，难以泊舟。西边多石，通舟往来。南北亦多石，可以泊舟其间。桑麻间井，自成一区。哨舶台汛，声势相连。俨如一城矣。②

因为四周"多石"，船只主要在西线活动，岛之南北可以泊舟，而陆地上另有村落，周围有驻兵，这就是道光《广东通志》的作者对硇洲岛的印象——这是一个有船只也有村落的地方。

清代岛内的驻兵，与高雷防卫有关。乾嘉年间，"吴十一指、乌石二等跳梁于惊波骇浪中，出外洋则掳商船，入内河则劫村庄"，这一带的港口是"安泊销赃之所"，并且，"其地居人复潜为盗线，巧资盗粮，几于不可究诘"。道光《广东通志》曾细致地考察了从硇洲入雷州的地形，曰：

---

① 杜臻：《粤闽巡视纪略》卷2，台湾商务印书馆，1973，第4页。
② 道光《广东通志》卷127，《建置略三》，台北：华文书局股份有限公司，1968，第23页。

　　凡舟之从硇洲北而入雷州海头各港，必从广州湾而来。凡舟之从硇洲南而入雷州双溪各港必从砂尾而至。而东山数十里地方正当其冲，今于东山墟增设师船，官兵与硇洲营协同堵御，重关叠险，表里相依，奸民不敢恃险窃发，即外匪亦无从飞渡。①

　　上述材料提到，从硇洲入雷州主要有南、北两条水路，清初实行海禁，官府堵截水道，以保证"郡城安如磐石"。

图1　光绪《吴川县志》之硇洲地图

---

①　道光《广东通志》卷124，《海防略二》，台北：华文书局股份有限公司，1968，第18页。

至于岛内的防卫策略，清初复界后，康熙四十三年（1704），清政府置硇洲营，设都司守备驻防，率千总一员，防淡水汛；头司、二司、三司把总各一员。① 在岛的北部、西部以及西南部，康熙五十六年（1717）建有四个炮台，当年又增加一个。从海岸的地貌可以推测，东边的怪石是天然的屏障，相较之下，可通舟楫的西线海岸是硇洲营防卫的重点。雍正八年（1730），清政府恢复了明代嘉靖以后所设的硇洲镇巡检司，建巡检司署。②

北港与南港

"可以泊舟其间"的南、北港口，分别叫南港、北港（见图2）。北港在岛的北部偏西，南港则在岛的西边。清代的官府衙署都司署以及巡检司都建于南港附近，即今天的宋皇村。咸丰年间，岛上的翔龙书院在重修之际也迁移到都司衙门旁边。

同时，淡水附近的津前天后宫是岛上历史最悠久、规模最大的一座神庙。当地人称，该庙建于正德元年（1506）。庙内宣传栏展示了庙内保存的万历三年（1575）"海不扬波"匾。笔者看到的主要是清代文物，包括乾隆二十九年（1764）的铁钟、道光五年（1825）的宝炉炉座以及光绪六年（1880）的"海国𫘦𫘨"匾额。其中，铁钟的铭文是非常难得的清代资料：

> 罟长吴官招罛黄富上、郭建现、黄国贞、何起上、林奂聚、石广富，罟丁众等全□洪钟一口，重一百二十余斤，在□硇洲天后娘娘殿前□□□□。旨乾隆廿九年□□吉旦立。文名炉造。

乾隆二十九年铁钟铭文中的"罟长""招罛""罟丁"等字眼，在多种词典的解释中"罛"与"罟"都是指渔网、渔夫。但是，在硇洲的碑记中"罛"字的书写形制都很特别，"罛"字之上往往有负责招罛者的名字，"罛"字之后所开列的名字往往以小字双排显示。一看就让人想到，前者在某方面需要对后者负责，或者是具有权力的。这显示当时渔民中已经有了罟长与罟丁的组织。道光五年宝炉炉座铸有"津前天后宫"大字，铭文未说

① 光绪《高州府志》卷17，《经政五·兵防》，台北：成文出版社，1967，第5页。
② 《大清一统志》卷449，上海古籍出版社，1995，第18页。

图 2　Google 所见硇洲岛地图

明敬奉者身份，仅曰："沐恩弟子郭□□村　□□　等□□　宝炉一座重四百余斤敬。岁道光五年。"光绪六年的匾额则是吴川县硇洲司巡检葛诚敬献，当然表达了来自官员的认可。这几件实物正好显示了至少在清代津前天后宫已经是庙宇形制的建筑，并且拜祭者既有渔民，也有官员。

　　今天南港（淡水）仍是岛上最重要的港口，但是从清末到 20 世纪 70 年代，北港曾经有过长期的繁荣。港口的转变对于硇洲岛地方社会的演变很重要。在今人的回忆中，直至 20 世纪 70 年代，罟帆大都集中在北港。北港边的港头村镇天帅府存有道光八年《捐开北港碑记》，记录了开港的故事，曰：

　　兹硇洲孤悬一岛，四面汪洋，弥盗安良，必藉舟师之力。且其水道，上通潮福，下达雷琼，往来商船，及采捕罟渔，不时湾聚。奈硇地并无港澳收泊船只，致本境舟师商渔各船坐受其飓台之害者，连年不少。本府自千把任硇而陛授今职，计莅硇者十有余，其地势情形可以谙晓。因思惟北港一澳，独可澳船，但港口礁石嶙峋，舟楫非潮涨不能进。于是商之寅僚捐廉鸠工开辟必越厥月工乃竣，迄今港口内外得其夷坦，如此则船只出入便利，湾泊得所，纵遇天时不测，有所恃而无恐。在军兵则将师查缉，陸遇飓台得以就近收澳，而朝廷经制战舰可保在商渔，则往来采捕可以挠守，风险阻不虞。此乃一举两得，军民相宜，其于为国便民之道，或亦庶几其少补云，是为引。①

　　这段材料清楚地说明硇洲岛在海上贸易的地位——"上通潮福，下达雷琼"。而且，除了商船外，还有渔船停泊。但是，岛上没有港澳，有飓风时，没有避风港。"北港一澳，独可澳船"，但是"礁石嶙峋，舟楫非潮涨不能进"。因此，需要辟除怪石，"得其夷坦"。可以想象，这次工程主要在于加深北港。碑记的题捐者包括特授广东硇洲水师营都闻邓旋明，以及一位千总、三位把总、外委五员，"合营记名百队兵丁"。这意味着硇洲营所有的官兵都慷慨解囊，至少在记录上表示了支持。除此之外，还有监生吴作舟、李超明、罟棚总理吴景西等题捐。和津前天后宫的铁钟类似，这块碑依稀可辨，人名后有"众"的字样，在"众"之后又有小字的人名，比如"吴作舟两众""李超明两众"。除了道光八年《捐开北港碑记》，庙里还存有《告示碑》，碑石风化严重，仅可以辨认"特授硇洲水师营都阃府"以及"硇洲分司"字样。可见，开港以后，水军"将师查缉"，"就近收澳"，北港成为了岛上最重要的军港。

　　北港旁边的港头村也由此而繁荣。20世纪50年代，港头村还设有粮所、邮电所、供销社、医疗所、信用社等，当地人说今天淡水（南港）有的，港头村原本"全部齐"。这些机构都设在港头村的庙宇"镇天帅府"附近。虽然开港以后直至20世纪70年代北港地位重要，但是，北港的开港并没有改变清初就建立的衙署格局。

　　这几段史料，配合光绪《吴川县志》中硇洲地图，为我们提供了探讨

----

　　①　道光八年《捐开北港碑记》，碑存于北港村委会港头村吴三七庙。

硇洲渔民转移的历史的线索。《吴川县志》的硇洲地图中把津前汛放在正西。但是，在今天的地图上，其位置是在岛的西南。所以，道光八年碑之"西边多石，通舟往来。南北亦多石，可以泊舟其间"，南边就包括了津前，船进入西南港口依次经过的地点有津前、淡水、下港、南港等。北港开辟之前，人们的经济活动大概主要是在淡水、津前一带展开。康熙四十三年（1704），清政府置硇洲营，设都司守备驻防，率千总一员，防淡水汛；头司、二司、三司把总各一员，分防津前、南港和北港。岛上最早的庙宇津前天后宫就建在这个地方。当地居民，包括渔民（就是罟长、罟丁等）有足够的实力捐造庙钟。北港开辟后"港口内外得其夷坦"，成为了理想的避风港，从而在湾泊条件上超越了南港。但是，对于官府而言，这里主要是一处军港，衙署、书院等机构依然设置在南港。虽然"罟棚总理"参与了北港开港的捐款，但是在笔者访问过程中，当地人提到罟棚从来都是说在南港，也就是淡水一带，这一带至今还有"棚底""橧棚"等地名，没有人提到北港曾有罟棚。

1973 年前后南港扩建，更适合机械大船的停泊，繁荣多年的北港逐渐衰落。在笔者访问的时候，北港已淤塞，仅有几艘木船停泊此间，一派萧条。笔者采访的几位七十岁左右的长者都参与过南港的扩建，他们亲眼见证了四十年间南北港之间此消彼长的兴替过程。

陆地的居民

现在的硇洲岛面积 56 平方公里，人口 5.3 万人，包括塘北、北港、南港、孟港、宋皇等村委会以及淡水、红卫社区。社区和村在当地人的印象中是有所区别的，村子住的是本地人，上岸以后的"水上人"住在红卫，而淡水主要是外来人居住，比如民国时期因生活困窘而从吴川来硇洲从事搬运工作的吴川人就居住在此，他们讲吴川的白话，住的地方被称为"吴川街"。

那么，谁是本地人？前文所引康熙年间工部尚书杜臻提到，在他巡视之时，硇洲"有上北村、下北村、中村、南村俱移，今未复"①。南村、中村和北村（上北村、下北村）今天仍存在，当地人多次说起，这几个村是岛上最古老的村子。从光绪《吴川县志》的地图上看，与其说是三个村子，不如说这是由北向南分布于硇洲岛中轴线上的三组村落群。这样的格局和今

① 杜臻：《粤闽巡视纪略》卷 2，台湾商务印书馆，1973，第 4 页下。

天大致相同。但是，在光绪《吴川县志》的地图上，硇洲岛标示出来的村落远远多于这几个村落群。尤其是环海一线，都有乡村分布。我们没有更多的材料可以展示迁海以前的情况，显然今天看到的村落布局都是复界以后的结果。

嘉庆十五年（1810）七月，两广总督百龄在总结广东海防局势时，特别注意到高雷海岸的人数与居民点。他说：

> 硇洲周围三十里，烟户二千七十余家，东海围约二百余里，迤东一带皆沙土，惟西南毗连东山墟地方，居民分上、中、下三社，共烟户五千八百余家。广州湾周围六十余里，其烟户只有零星村落一百余家。皆编列牌保甲长，造册准查。[1]

"烟户二千七十余家"是文献中所见最早的关于硇洲岛的户口统计数字。百龄认为，硇洲岛和东海围（即东海岛）、广州湾一带的乡村都已经编列了牌保甲长。他引用的户数大概就是保甲的登记数字。

有关硇洲的保甲，也有旁证。有三块碑记录硇洲岛的"十甲"组织，其中有两块与翔龙书院重修有关。湛江市博物馆收藏的同治八年《重建翔龙书院碑志》，比较详细地描述了当时的情况，碑曰：

> □□之季，为元兵所迫，左□相陆公□国公张□□□公而航粤。文信公屯兵江浦为战守计，丞□公越国张公卜硇而迁端□享国。未几一年，帝昺继立，而上因改硇洲为□县……凡□令纪纲皆□□张二公之手。陆公日书□□章句，此勒讲逊，建书院□□流离播迁，陆相尚关心于道学，盖其意以为□□□而迁。咸丰之初，硇绅窦熙捐赀倡率，复迁于都司之……兴，瓦椽颓倒，父老呈请巡司王公□□□甲父大令莫邑侯札下修之士庶乐从倾囊□□□成，并列斋房，左为三忠祠，右为宾兴祠，布局则□□嘉靖间大同而小异。自是课徒得所□聘□师则□士，如此当亦不忘书院，由宋将见慕陆相之精忠□□□□□陆相之里学而心术以纯则不愧为名儒□出，国家右又兴化知不限于偏隅而选俊登贤莫谓尘

---

① 卢坤、邓廷桢：《广东海防汇览》卷22，《方略二十二·保甲》，河北人民出版社，2009，第856～857页。

露无裸□□□也。□董事劝捐者都□陈君魁麟，上舍生陈君魁元，吴□李君花□，亦兴其劳者。赞政曰：君登辉也。增贡生□□州判邑人林植成撰。

梁开爵、窦壮文、吴嘉树

十甲首事

谭士表　吴君□　谭上德　窦可敬　窦明文　窦美□　梁文炳　洪和拔　谭德改　陈德宏

同治八年岁次己巳立石

这块碑刻主要讲述了三个方面的内容：第一，作者追溯书院的渊源到宋帝行朝，即宋帝昰的故事。他多次强调"流离播迁，陆相尚关心于道学"，但是并未言明当日是否在岛上建立了书院。第二，碑记中提到的重建有三次，分别在明嘉靖、清咸丰和同治年间，并且作者判断咸丰年间的重建大致依照了嘉靖的格局，左为三忠祠，右为宾兴祠。第三，这次重修得到官员的支持，"硇绅窦熙"通过硇洲巡司呈请，获得了吴川知县的批准。这次行动倡修者是有功名的硇绅，而支持者则是十甲父老。碑末特别列出了"十甲首事"的名讳。

另外一块与书院有关的断碑，今存于书院遗址。碑文主要记录书院的膏火田产，曰：

> 至清嘉庆十五年荷　百制宪靖海……至渥也。十甲职员吴卓成，缘全首事豆广照等深沐宪恩，有怀不已，议田存为膏……不敷者向甲捐成。

这块碑更加清晰地记录十甲在其中的作用，有"十甲职员"，有"首事"，书院膏火亦"向甲捐成"。从这两张碑的记录来看十甲的范围应该是指整个硇洲岛。

光绪年间的《告示碑》显示出十甲对于硇洲日常事务的参与。石碑风化严重，从仅存的模糊字迹，大致可以看出事情的来龙去脉。碑曰：

> 钦加同治衔特授吴川县正堂加十级记录十次唐为出示禁革事。现奉府宪杨批据，茂邑□赵元赴辕呈称：□□□地理□偶到硇洲地方，伊之夫轿亦到硇洲住宿以便往来。不料硇洲有一夫头，备轿养□色□□□客

往来□自带夫轿□人不得（口斗）杜，伊即查问土人。据称：凡有客人到硇，必□要用此处夫轿，□□轿过街路不□□□名□□□□□。若□加远，饭食另给，工钱加倍。遇有□□□事，便然照数推□□□□□□请禁革。□□□□□□硇洲地方有夫头把持，勒□□□非虚，殊属可恶。□吴川□查明严禁。□□□□□□硇洲□巡检一□知照等。□□□□□□年在□饬间，随据监生吴继良、州同梁□汉、武生□□□胜□十甲首谭□□□□□□□□□□窦明文、梁文□、方大富、谭□□、窦□□□□连等具呈，以硇洲□□□□□□□□□□□□□□□□□□□□□□□愈索愈多，如过穷民势□□□□□□勒石示禁。□□□□□□□□□□□□□□□所不容，□即查禁拘究，并札硇洲司将轿夫头□□□□□□□□□□□□□□□□□□有夫头□□合行出示，勒石严禁。□凡示□硇洲附近□□□□□□□□□□□□□□□□□先□□公平给价永遵，不准再有夫头□母□□无□□□□□□□□□□□□□□□□□宜禀遵毋违特示。赖之从仍取藉名居□勒□□也。光绪十□年□月告示

　　这块碑主要讲述了官府禁革硇洲把持市场的轿夫夫头，这里的"十甲首"仅可辨认数人，其中"窦明文"在同治碑也有记录。这三块碑都没有出现与罟船有关的字眼，一种猜测是住在罟棚的人不属于十甲之内；另外一个猜测是，到了嘉庆年间平定海盗"编列牌保甲长"之后，原本的罟棚组织也逐渐顺应时势地置于十甲的架构之内。

　　在今天的访问中，没有人再提到"十甲"组织。村民往往会说岛上有"一谭、二梁、三窦"三大姓。在十甲首事中，这三个姓也很常见。除了窦姓有简单的族谱外，其他姓氏均未见族谱，村民也表示这里没有修谱的传统。

　　笔者所访问的窦先生掌管着津前天后宫，是岛上一位德高望重的老人。他收藏的《窦氏族谱》分两个部分：窦氏家族溯源以及窦氏历代名人录。族谱在世系图部分以黄帝为始祖，最末一代为115世，所有谱系几乎均为单线，缺漏甚多。比如，从2世直接连至69世，87世直接连至101世。族谱也称其为"断续世系图"，表明编修者无法整理出连续的世系，当地人原先没有记录谱系的传统。关于硇洲岛一支仅寥寥数语：

　　再次是长房正宗公子孙，也于当年避难逃往硇洲居住，开发于今三百余载，十余村落，约人口五千人，由于当地宗族观念薄弱，至今仍不重视编谱，也无历史记载。我们只知道历史记载道光二十年（1840）十五世祖振彪将军出生于此。①

　　这一份文字资料，正好是对岛上原本无修族谱传统的佐证。

　　族谱提到的窦振彪是硇洲岛的著名人物。他是那甘村人，道光二十年（1840）任广东水师提督，后任福建水师提督，曾在鸦片战争中抗击英军，道光三十年（1850）卒于任内。咸丰元年（1851），窦振彪归葬于硇洲岛北港糖房村，墓园至今尚存。在宋皇村衙署前的旧街上还立有咸丰元年皇帝敕赠的石牌坊一座。

　　族谱记载，民国十六年（1927），吴川大寨窦姓人将窦振彪之纪念祠扩建为窦氏大宗祠。这部《窦氏族谱》主要是由吴川的窦姓人编修而成。因此，硇洲的窦氏族人是在这样的背景下被该族谱提及，为了将硇洲一支连至吴川的房支，硇洲一支作为长房正宗公后裔，于明清之交的战乱中逃到硇洲。

　　虽然没有祠堂，族谱也没有明确的谱系，但是当我们提到宗族的时候，窦先生还是会讲一个祖先开基的故事。在口述的故事里面，硇洲岛的窦氏人将自身的历史与宋皇的历史联系起来。窦先生说，宋帝赵昰、赵昺为躲避元兵逃至硇洲，开设帝基，建造行营。当时，岛上的窦姓人都是为了保护宋皇而迁来的。②

　　在岛上，虽然没有祠堂，但是家家户户都有一个神龛供奉神主。神主牌分两类，一类被称为"家神"，即故去的先人，用当地人的话说"人走了，就成为家神"；一类是神，即各家所奉神明。当地人都说，刚过世者单独立神主牌，故去三年以后就可以把名字写进总的神主牌。但是每一块神主牌上要写夫妇两位的名讳，假如一位过世，则要等另一位也故去，写在一起后，再过三年才可以写进总的神主牌。如果忘记了先人的名讳以及故去的年纪，那么就用一块写有"本家堂上老幼历代家神"或者"某门堂上历代老幼家神位"代替。家神的神主牌有固定的书写格式。根据过世先人的年龄，分作幻化（25岁以前）、壮化（25～34岁）、顺化（35～44岁）、艾化（45～

---

① 《窦氏族谱》（未刊稿），编纂年份不详，湛江市硇洲岛。
② 关于窦姓族谱的讨论，参见贺喜《亦神亦祖》，三联书店，2011，第238～239页。

54 岁）、寿化（55～64 岁）、耇化（65～74 岁）、耋化（75～84 岁）、耄化（85～94 岁）、期颐（95 岁以上）几类，"十岁一化"。比如南村谭姓人家的总的神主牌从左至右依次是：

定安郡

智（耋）化显考□□□□□□□□

幼化显妣祯俭庄儒人之神位

壮化显考阳讳耀新大公神位

寿化显考阳讳枝奕大公神位

本家堂上老幼历代家神位

智（耋）化显妣慈俭谭儒人之神位

顺化显考阳讳定山二公之神位

这一家一共供奉 4 位男性祖先，2 位女性祖先，由于神主牌位不会写明各位家神的代数，所以无法判断他们之间的代际关系。据笔者观察，大部分的家庭奉祀的家神为 8～10 位，很少有超过 20 位以上家神的。家神之间的代际关系的模糊与没有系谱是相符合的。在谭道士的记忆里，村民的家神用的都是木主，没有雕刻小神像。各家神龛之上供奉的神明也用木主表示，名号各异，就笔者所见很少有完全相同的两家人，可见岛上人的神明信仰非常多样。

轮祭的神

怎样算一个乡村？在硇洲，笔者无法分辨一个村与另一个村的分界线。有人说这里有 101 个村，也有人说有 108 个村，也有人用"我们这一片"的说法来指称自己所在的社区，并区别于乡邻的"另一片"。在珠江三角洲的乡村，虽然也难免类似困扰，但是通过土地公庙、祠堂这一类与地缘关系结合在一起的建筑，观察者比较容易地在空间上区别出一个聚落的核心以及边界。但是在硇洲岛，神明祭祀分为驻庙以及驻家两类，没有固定的地点，以轮流的方式供奉神明，才是植根于当地社会的祭祀传统。以轮流供奉为基础建立的组织，不会随时向所有人开放，外来者很难弄清楚究竟哪一尊神何时供奉于哪一位缘首的家中，因此参与者必须是明白其俗例的人。在一个没有庙宇，也可以说处处是庙宇的社会，外人很难找到一个聚落的核心地点，更不要说区别村子的分界线。

谭道士告诉笔者，他"掌管着岛上百分之八十的神"。他在仪式中用到过一张表文，列有全岛的军主、境主、会主、埠主、福主等47位神祇。有19位神是"搭庙"的，余下的28位神全部无庙，在村中轮祭。笔者最近在考察时，刚好碰到多个轮祭神祇的祭祀，比较清楚地显示出这些神祇在维系地方社区中的作用。

驻家之神轮祭的方式非常复杂，总体而言，大体可以概括为三类。第一类神驻于庙中，但是常常被村民迎请外出。例如，整个北港村委会有13个自然村，除了妈祖等全岛有份的神，还主要祭祀"境主镇天吴三七都大元帅"（见图3）以及"境主敕赐调蒙灵应侯王"。这两尊神的庙宇就坐落在隔港相对的港头村和黄屋村。港头村"镇天帅府"，正对着港口，光绪《吴川县志》的地图上标注的是"三七庙"，吴三七是庙里的主神。当地人说，他原本是一块漂流至此的浮木，在三月初七被村民拖上岸来，雕刻神像，这就是"吴三七"之名的由来，神诞也因此定于三月初七。每逢造船，村民都要祭拜吴三七。吴三七是驻庙之神，村民有事，才会迎请回家供奉。事毕，送归庙中。

黄屋村有调蒙宫，也称大王庙。据当地人说，庙址原本不在此地，黄屋村的人把庙迁到了村里，此后庙才正对港口。村民称大王就是陆秀夫。当笔者问及为什么不写陆秀夫的名号时，他们的解释是"不能透露了根基"。大王的供奉方式和吴三七相同。笔者访问的时候，正好有村民将请回家的神像送回来，安置在神坛上。在庙墙外，贴满了"预约"请神的请帖，有为"新建屋拜贺"，也有"到家祈求赐福"。酬神送戏的村民，也会将送戏的时间标红预约，在这个时间，其他人就不可再将神请走了。这一类用红纸写成的请帖，当地人称作"标红"。大王所管的村子包括那光、大浪、梁屋、周屋、庄屋、后角，这些村都在北港村委会管辖的范围之内。每年五月初五是大王神诞，庆祝八日。

村民说，当北港兴盛的年代，红卫的"水上人"曾祭祀吴三七以及大王，他们组织赛龙舟的活动。随着红卫大队的离开，赛龙舟也就停止了。

在孟岗村委会存亮村的水仙宫，祭祀的方式与北港相似。该庙就坐落在海岸边，我们到达的时候，只有天后在庙，其他的神都被人请回家了。不一会，两位妇女带着几尊神明回来。安置后的顺序，从左至右为白马将军、谭五郎新像、谭五郎旧像、妈祖。妇女们并不清楚谭五郎的故事，她们说，请神是为了造船，"这些是我们村里的神，我们想请一个管区的大神，当然也把村里的神请回去喝酒"。"大神"在那昆村。可见，在村民的心目中，这些流转的神是有等级的，有的"管区"大一些，有的则小一些。谭道士解释说，"管区"就是"境"的意思。

图3　境主镇天吴三七都大元帅

第二类神有庙却不驻庙，只有在节诞之期才回庙，平时就在村民家中轮祭。比如，孟岗村委会西原村的平天庙，供奉"境主上国平天侯王"。村民说，这就是文天祥。由于神像平时在村民家中轮流供奉，所以庙里只有用红布包裹的神主牌。诞期的时候，神像才会被请回庙中。该庙里现存最早的是民国乙丑年（1925）的对联，说明至少在那个时候已经有庙宇的建筑。在庙门边也贴着许多预约请神的标红。

笔者访问的当日，神像供奉在孟岗村委会谭等村的梁姓人家（见图4）。供奉文天祥的缘首一年4位。梁先生住的地方是新屋，家神的神龛仍留在老屋，因此接神、送神的时候都要由道士在老屋进行。平时，神像就供奉在新屋。在梁姓人家门口贴满了预约请神的标红。平天侯王只在十一月初七神诞才会回到平天庙中。

第三类神没有庙宇，完全以轮祭的方式供奉。比如南港供奉的"会主

图 4　供奉在缘首家中的境主上国平天侯王

广兆泰山康皇大帝"，每个月换一家供奉，一年需要找 12 位缘首，闰年则
需要 13 位。每个月的农历十六新旧缘首交接，神像就会被新任缘首请去。
在南港的谭探村笔者正好遇到了新缘首谭先生在"接驾"。和孟岗村的梁家
一样，谭家也建了新屋。因此他们首先把神请到供奉有神主牌的老屋供奉，
道士拜忏之后，神像才能被安在新屋中。在这一个月中，这里就是一座临时
的庙宇。其他的村民要迎请康皇奉祀，规矩与庙中一样，也需要事先预约，
将标红贴在这户人家的门口。

"会主老相正一灵官广化马君"也是在南港流转的神明，笔者采访的当日，他本应奉祀在咸宝村的村民家中。但是，德斗村的村民将神请走了。请神的这家人不仅请马君，同时还请了两位妈祖、广兆、华光，以及土地公、土地婆。在一个范围内可以同时有多尊神明流转。南港村委会就至少有30多位神。整个南港境都没有庙宇，每逢庙会，村民就为神明露天搭建一个木棚。

总而言之，在庙宇内祭祀神明在当地不是历史久远的普遍现象，今天所见的庙宇，大多为近年新建。显然，这样的方式有利于祭祀群体内的整合。不过由于没有固定的地点，神明的历史更多地只能在口传和仪式等非物质的层面保存下来。

岛上的天后众多，堂号各异。用窦先生的话来说，津前的三尊妈祖"坐稳了的，不能动；其他的都走来走去"。"走来走去的妈祖"往往二尺余高，安放在一个小巧神龛之中。有的有多尊神像，供奉范围遍及全岛，比如金身军主天后圣母元君、玉相军主天后圣母元君；有的只有一尊神像，在某一个村落群内流转，比如满嗣军主天后圣母元君、南村军主天后圣母元君。津前天后宫的三尊大的天后是常年驻庙的，由此显得更加与众不同。笔者在《亦神亦祖》中讨论过津前村的"三月坡"仪式，简单来说，这个仪式上驻家和驻庙的两种天后都参与其中。仪式很重要的部分就是用卜杯的方式选出来年的缘首，以供奉金身军主天后圣母元君。

对于整个硇洲岛而言，最重要的四尊神是会主广福康皇、会主广福车大元帅、会主广德康皇、会主广德车大元帅。正月游神都是由他们开路，日子也由他们决定，其他的神则由抽签决定如何排位。四位神都没有庙，在全岛范围轮祭，只有这四位神的轮祭遍布全岛。全岛乡村分为六班，每一班包括十余个村，每年轮一班。至于如何分班，谭道士称是旧社会已经确定的规矩，今天大家仍遵守。

广福和广德的仪式在三月和七月进行，每年三月二十五至二十八，广福和广德都要朝修以"还父母孝"。"东岳天齐仁圣长生大帝"（道士简称其为"齐天大圣"）是这四尊神"还孝"的对象。齐天大圣不是岛上的神明。但是，谭道士并不能说出齐天大圣与这四尊神之间的故事，以及为何要还孝。谭道士所用的科仪书传自他的大伯，都是民国时期的手抄本。其中绝大多数是关于广福与广德的朝修。谭道士引以为荣的一点是，广福和广德繁复的朝修仪式，岛上只有他可以做出来。

　　道士会用十四面旗在露天围营，所有入营者都要斋戒。仪式进行的过程中，广德和广福一定要在露天的坡地上经历风吹雨打，以尽孝道。谭道士一再强调，不论刮风下雨，神都不能进棚。说到这里的时候，他很动情地喃唱起科仪书中的这样几句：

　　　　我今朝礼东岳主，报答当时许愿恩。十月怀胎娘受苦，三年养育母娘辛。义重恩深难报答，一占一礼答天恩。在堂双亲增福寿，已往父母早超生。①

　　谭道士说，因为是还孝，所以做仪式的时候要特别悲伤。四尊神还会带着一盆纸花巡游乡村，以酬还齐天大圣。这一盆花村民不能摘取，仪式结束后就会烧化酬神。这一段仪式完成之后，新旧班就会在三月二十八早晨交接神像。

　　七月与三月的仪式目的不同，因而做法有很大差别。七夕是广德、广福的宝诞。村民会在烟楼村搭庙，让四神安坐。同样会供奉一盆纸花，分红、白两种。此时村民可以摘花求子，白花代表男孩，红花代表女孩。摘得的花要插在自家家神处，点香供奉。若来年如愿，则要还一盆花作为答谢。

　　烟楼村的宝诞结束以后，四位神就要坐着船去往徐闻，因为"从硇洲迁移到徐闻的村民仍然有份"。这一俗例，现时仍在延续。在硇洲岛，神始终是跟随着人流转的，有份的村民到哪里，神就到哪里，与地点的关系却相对薄弱，这也许是和长久以来"水上人"浮生而居的生活方式相关。但是，这些神也并非全然没有地缘上的对应，谭道士依然可以为表文上的47位神一一标明地点，只是这一些地点的意义很不相同，有的代表庙之所在，有的表示约定俗成的搭庙地点，有的则表示祭祀的大致范围，还有"全岛"都有的神，则是常年在村民家中流转。

　　对于住在河海边缘的人群，业渔是最普遍的生计。在岛上，绝大多数的乡村都有船，岛上随处可见捕鱼的工具和织补渔网的村民。当地人，有的说自己是渔民，但是居住在陆地上。存亮村修造渔船的妇女也不认为自己是"水上人"。谈及以前的情况，没有一处说他们是从水上搬到陆地上来的。所以，笔者在硇洲岛访问期间，基本上没有碰到"水上人"。唯一大家都同意从水上搬上岸来的，就是红卫社区（以前的红卫大队）。

　　──────────

　　① 《东岳忏号、玉皇诰壹本》（手抄本），存于湛江市硇洲岛民间。

从罟棚到红卫

　　即使在对红卫居民访谈过程中，他们也同意，只有红卫的人以前住在水边叫"罟棚"的棚屋。但是没有人说得清楚，究竟从什么时候起岛上有罟棚。村民们都说 20 世纪八九十年代淡水的沿岸还有很多木棚，十年前才全部拆完。红卫的居民记得，"过去周围都是做海的人，上四府的人来到这里，所以这里讲白话，形成群体；过去住木棚，漂流，叫疍家。过去红卫一带都是坡岭荒地，最简单，就是安居在这里"。"住棚的"红卫的人曾被称为"棚仔佬"，有时候也会被轻蔑地称作"棚仔猪"。

　　水上与陆上的分歧，乍一看是在居住的形态上，是住棚还是住村。其实，除了濒海的木棚，硇洲岛还有一层消失了的图景，那就是茅草房。直到 20 世纪 70 年代，这里的村子大部分还是茅草房。比之于砖瓦房，棚屋、茅草房都不能耐久。但是茅草房与棚屋最大的区别在于，茅草房的根基建在陆地上，而木棚的基脚扎在海里，潮起潮落，基脚时隐时现。涨潮的时候，"水上人"就划船回家。

　　水上与陆上的分歧，体现在当地人对自己生计的认知上。住在陆地上的村民往往说自己"半农半渔"，而红卫人是"纯渔民"。陆地上 70 多岁的老人特别强调一个解释，"他们驶的是大船，我们都是小船"。红卫的李书记，五十多岁，父亲就是红卫的老书记，已经过世。李书记说："红卫是属于纯正的深海渔民；其他村，包括津前，都不是深海渔民。"

　　"大船"与"深海渔民"在今天的访问中变成了混杂在一起用来解析红卫与其他村村民区别的字眼。笔者注意到使用不同字眼的人有年龄之别，他们所表达的很可能是记事时岛上对水上与陆上的普遍印象。也就是说，70多岁的陆上人讲的是 20 世纪 50 年代前后，甚至是 1949 年以前的情况，而50 多岁的红卫人则讲的是六七十年代的情况。这些字眼的差别因此而变得有深究的必要。

　　笔者还没有找到任何直接的文字材料描述岛上早期的生产方式。显然，大船与小艇给当地人带来完全不同的感受。从硇洲岛所见，小艇非常普遍，有些村落可能家家都有，他们即所谓的"半农半渔"。岸上的老人一直强调红卫与大船之间的联系。大船存在雇佣关系，受雇者有外地人，或许也有本地人。但是，陆上的老人只说自己使用的是小艇，不说自己受雇于大船。红卫的老人则说："渔民往往都是用小舢板捉小鱼，后来召集到渔船上做活。"
可见，陆地人认知上的"纯"与"不纯"是与身份挂钩的标签，在生活中
没有那么严格的界限。

在红卫，笔者对 72 岁的吴伯作了比较长时间的访问。吴伯说自己原来
是老板的孩子，父亲有一艘木头船，但是船遇风打烂了。父亲是电白人，抽
鸦片。吴伯三岁的时候被卖到这里。之后在岛上的很多间小学读过书，"解
放后还读了两年"。读书的时候，都不需要查什么证，不用写什么身份。但
是，人家知道底细，称他们为"疍家人""罟棚猪"。

1952 年，他开始"落船"（航海），驾驶帆船，船不是自己的，是私人
老板的。他曾到过汕尾、海南八所、昌化、三亚捕鱼，哪里渔汛好就去哪
里。渔汛是有季节性的。捕到鱼之后，做成咸鱼，咸鱼可以保存很久。一般
8～10 天返航。

他也记得 1952 年的时候这里是淡水乡淡水镇，都还是私人老板。一条
船上有十三四个男人，4 个女人，女人们一般是老板的亲属。1953～1954 年
农村搞土地改革，这里搞渔改，就是对渔民的改革，对渔民定成分。渔民分
为有船渔民、没船渔民、渔栏。他是渔工，成分好。

吴伯 20 世纪 60 年代结婚。结婚的时候就住在木棚里。一般木棚都有两房
一厅，厅在中间。那时候，硇洲有发电厂发电，木棚里也有电灯，一个家庭
装一盏灯。每晚 11 点半熄灯。淡水则用井水，用桶来担。结婚之后，吴伯要
去打工，很多时间都是在船上度过的。老婆就住在棚里面，没有落船，那时
候家属不能落船。老婆在岸上种菜。当时，生孩子就在棚里，没有去医院。

谈到住在罟棚的年代，吴伯总流露出怀念之情。他说，那个时候，出海
住船上，回来就和老婆孩子住木棚。这片海岸过去全部都是棚。棚屋是请人
做的，不用缴租，舒服；拿掉一块板，空气好，舒服；大小便都落到海里，
方便，潮水一冲就干净了，卫生。这里以前叫作百家笼。

他说，以前只有罟棚，没有红卫。红卫是"文化大革命"以后才有的。

笔者曾问过红卫的几位老人，既然住棚那么好，为什么要上岸？大家并
没有给出答案。李书记说，公社化以后，公社统一规划，统一建屋。但是要
自己出钱买。

从访谈掌握的资料看，随着捕渔业向深海发展，渔民造船、祭祀等的方
法、方式也随之转变。这个转变到 20 世纪 70 年代才彻底完成。吴伯说，以
前木头船在阳江、北海做，本地人也做木头船。成立渔业大队以后，大队有

机械厂、造船厂。做船的时候，到北港的大王宫吴三七处祭拜。他说，以前雷州半岛最大的渔港就是硇洲北港。木头船、疍家船都集中在北港，有几千艘船，船也集中在北港修理，广西草潭、江洪的船都去北港。南港水很浅，船很少。七十年代就改变了，1973 年省里要扩建南港，南港适合大船，北港现在不行了。

从有关渔产的买卖，可以看出渔民与外地人的关系。吴伯说，旧社会有渔栏，鱼就卖给他们。渔栏从外地过来，比如北海、徐闻。村里也有几个渔栏。大船上的深水鱼全部是咸鱼。那时候在近海打鱼才会有新鲜的鱼，因为早上出去，中午就可以回来。五十年代成立水产站（后来叫水产公司），鱼就卖给水产站了。

在笔者的询问下，他也谈到了祭祀的情况，他说以前船上都有神，那时老板祭拜的有很多小菩萨像，现在都找不到了。过去在北港，就拜吴三七。红卫的水仙宫很早就建了，他读书的时候有人说祭拜的是屈原。以前这里空地多，老人死了就葬在荒地上。土地也不用买，合适就葬。他们在家里，用一个神主牌来拜祖先。神主牌后面还有什么时候生、什么时候死的记录。他说五代之内，按照神主牌位就知道人名。他可以数到四五代祖先，知道祖父、父亲的名字。他并不忌讳谈论生死，他说："如果我死了，就把我加进去，写名字进去就可以了。留两三代就可以了。"他的家里没有族谱，但是他知道字辈。他和另一个吴姓年轻人一起写出了吴姓字辈。他们都知道自己属于哪一个字辈，吴伯读书时用的名字就是按照字辈取的。当问到亲戚，他说红卫大队的人亲戚最多。他的亲戚都住在其他渔港，在汕尾、乌石、北海都有，他们过去也都是到处漂流。红卫大队姓吴、周、梁三个姓的人数不少。他们的祖先有从电白、吴川、汕尾来的，也有从附近来的。

红卫大队和陆上人的祭祀情况基本一致：都是用神主牌，供奉的大多是近世的祖先，超过五代的祖先往往不会再被记住名字，仪式主要在家庭的范围内进行，世系也只是以字辈的方式延续。他们祭拜的神灵与陆地上人祭拜的一样，他们也参与集体的祭祀活动，比如端午节时他们会在北港赛龙舟。

结论："水上人"上岸的历程是否可以说明沿海村落的历史？

那么，"水上人"上岸的历史，可以解析沿岸社会的分化吗？从对硇洲岛的初步观察来看，拥有在岸上的入住权当然还是问题的关键。但是，一个水边的社会似乎远比当初的设想要复杂。硇洲岛在清代以来的社会结构中，的确有"水上人"和"陆上人"的区别，这种区别更多地体现在户口以及保甲制度的分类上。交织其中的，就是入住权的问题。从生计上来看，很多陆上的乡村也以捕鱼为业。发展到后来，岛上的人普遍接受以"纯渔民"和"半农半渔"的分类来解释操持同一生计的人的身份之别。

自明代中期，特别是清代以来，硇洲岛就有常设的政府机构，当然也有与政府有关系的岛民。他们需要一个定居的故事时，就会追溯宋末行朝的故事，也会提到"赤马村""宋皇村""宋皇井""翔龙书院"等地名，还有文天祥、陆秀夫以及张士杰等地方神。这段有文字可考的早期历史虽然短暂，却是这一地区与大历史最密切的联系所在，也是村民重构自身文化脉络的可资利用的资源。

岛上有些乡村自清初海禁后就已经有人居住。可以想见，在道光八年（1828）北港还未扩港之前，包括津前、淡水在内的南港一带，是帆船的主要停泊处。当然，这不等于北港完全没有船停泊。道光八年以后，北港逐渐发展成为繁荣的港口。在南港和北港的碑记或铁钟上我们都看到了"罟丁""罟棚总理"等字样，可以推断从乾隆年间至道光年间，岛上也肯定存在某种"水上人"的组织。

那么，乾隆至道光年间的罟丁哪里去了，他们是红卫的前身吗？抑或，他们早就已经上岸？由于文献材料的缺乏，这个问题很难回答。从现有的社会情况来看，在没有很强的地缘关系的硇洲岛，当原本"水上人"的身份被埋没或者淡忘以后，他们就是"陆上人"。这个转变并不困难。至于红卫社区的人们，究竟是什么时候迁到硇洲岛，不能一概而论，这是一个漫长的变动过程。从今天的访问可知，在他们的记忆中，不少人直到20世纪30年代才从其他地方迁移而来。这一些新来的移民，往往会到大船上去当雇工，他们就是最早的和机械打交道的人。也正因为渔船的机械化，大船上的渔民可以到离岸更远的海域捕鱼。而驾驶小船的渔民则仍维持在近海作业。由此产生的观念就是"纯渔民"/"半农半渔"、"小艇"/"大船"、"近海"/"深海"的区别。渔改之后，私人老板退出了历史舞台，原本大船上的渔民，最早进入了渔民大队，纯渔民的身份也因此固定了下来。当人们需要一个与"疍"相对应的群体时，因为在岛民观念中生计的不同，因为登记在册的渔民大队的身份，也因为罟棚居住的经历仍活在这一代人的记忆之中，红卫就成为了指向所在。这个转变，还有待进一步的研究。

就社会结构而言，在硇洲岛，"水上人"和"岸上人"没有根本的分野。即使在早期有人定居的乡村，也还没有明显地从家屋的状态走向宗族。在岛上，有的乡村有坟墓，但是，"水上人"和"陆上人"都没有按照家庙形制修建祠堂，也都没有修族谱的传统；他们有字辈的观念，以神主牌祭祀近代的祖先，但并不追远，也不溯源。归根结底，硇洲岛的地方社会是以神祇的流转为核心来运作的，神随人走，神在哪里，庙就在哪里。这些流转的神明之间还有层次上的分类，通过广福和广德在全岛范围内的轮祭，分布在不同轮祭圈的村民最终可以整合到一个共同的祭祀活动之中。在年复一年延续下来的节日活动，以及无处不在的与神明相关的日常生活中，村民们维系着口耳相传的历史记忆与共同情感。也就是说，在宗族建构方面，由于长期以来没有可资模仿的对象，即使他们有宗族的理想和观念，也很少进行礼仪上的实践。

由于"水上人"很少掌握文字，有关他们的历史撰写，往往取决于"陆上人"的视角，这也影响到当地人对于自身的认知以及当他们面对外来者时的表达。当学者甚至是当地人要对一个文字记录不全面的水陆社会进行历史总结的时候，往往会利用"上岸"来解释社会的分化。由于上岸的时间不同，又由于保障定居而产生的对于土地的控制权，由"上岸"而引发了身份上的差异。但是，"上岸"恰好就是一个水陆对立的预设，因此这个"上岸"的历史，也是个先入为主的偏见，影响到"水上人"、"岸上人"甚至第三者之间的相互认知。或者，只有当我们完全抛开了"水上"和"陆上"的区别，我们才能真正地进入那个神明流转的浮生世界。

The Gods Who Migrate: the Rituals and Local Society on Naozhou Island

He Xi

Abstract: For a very long period time in history, those people who live on the boat along the coast of the sea, the river, or the lake, are called the "Dan" or "the Nine Surnames Fishing Households (*Jiuxing yuhu*)" etc in South

China. Those labels represent the complicated relationship between who live on land and on water. This paper tries to reconstruct the social structure of the Naozhou Island, Zhanjiang from the Qing dynasty, trying to answer the following questions: how do we understand a society that has scant written records? Can we understand the process of social divisions by examining the history of the landing of the boat people?

Keywords: Dan; Boat People; Local Religion; Naozhou Island

（执行编辑：王一娜）

海洋史研究（第六辑）
2014 年 3 月第 253～265 页

河海网络的交织与互动

——省港澳与广东侨乡形成研究

郑德华*

当我们考察 19、20 世纪之交广东沿海地区历史的时候，一定会注意到海港城市的兴衰和变化。它们的变迁除了与海洋贸易息息相关之外，亦与邻近地区的经济、社会的变化有直接的关系。从地域研究的角度看，这个历史阶段中广东的海港城市，尤其是省（广州）、港（香港）、澳（澳门）这三个海港城市，不仅是珠江三角洲地区颇具影响力的核心城市，对该地区的社会、经济、文化有着重大的影响，即使从广东地区的范围来看，它们也堪称具有影响力的核心城市。

在这个历史时期，广东沿海一带另一个令人瞩目的社会变化就是侨乡的形成。在 19 世纪中叶开始的出国劳工潮的带动下，广东沿海的移民潮持续不断，促使海外华人社区迅速发展。与此同时，晚清政府逐步改变对海外移民的态度和政策。在各种历史因素的作用下，海外移民与家乡联系的网络开始建立。这种网络关系大大促进了广东沿海地区的社会变化，一些有众多海外移民的地区逐步显露出与其他地区不同的特点，它们就是我们常说的"侨乡"。

广东侨乡不仅仅是由于该地区海外移民数量众多而形成的，它是很多因素综合作用的结果。本文重点研究的只是其中的一种，这就是地域核心城市

---

* 作者系澳门大学社会科学及人文学院中文系教授。

关于省、港、澳是广东（岭南）地域核心城市的论述，参见郑德华《省、港、澳：近代岭南文化核心及其对外文化交流》，载饶宗颐主编《华学》第九、十辑（二），上海古籍出版社，2008，第 622～634 页。

即省、港、澳与侨乡形成的关系。①

从本质上看，任何社会转变和发展都需要一定的自然条件和社会条件。所以，我们首先从这两方面去探索省、港、澳与侨乡形成的关系，然后再进一步剖析它们之间的相互影响，即互动。

我们把当时的历史大环境作为研究的出发点，把地域研究理论和社会网络研究理论作为基本方法去进行探索，希望能够为南中国的海洋研究提供一些具体的素材和方法。

一　19 世纪中后期的省港澳与广东侨乡

从自然地理角度看省港澳和广东侨乡的关系，它们最明显的共同点是同处于珠江三角洲的自然区域内，若再进一步观察，便可以看到它们都有濒临或靠近海洋的特征。

广东，特别是珠江三角洲，河流纵横交错，在航空和高速公路作为人类社会主要的交通运输方式出现之前，内河水道既是古代最重要的运输渠道，也是市镇和乡村联络与沟通的管道。所以由河流所组成的交通网络，实际也是市镇和农村的社会交际网络，它与市镇和乡镇的发展休戚相关。我们在侨乡形成的过程中看到的省港澳与侨乡的相互关系，正是这种关系发展和作用的结果。

这里必须说明一点，就是在 19 世纪中后期，广东沿海地区有众多的大小海港，② 为什么我们只提出省港澳三个作为研究对象？其主要的原因是它们并非一般的沿海港口，而是具备特殊能力的港口：它们一方面有直接通往国际航道的海上贸易运输，是当时中国通往国际三大航线的始发或中继港口，③ 尤其是在两次鸦片战争之后，随着西方轮船运输的开始，西方国家纷纷在中国通商口岸开办轮船公司，使省港澳与国内和世界的沟通

---

① 有关广东侨乡的形成，笔者的另一篇专题论文《再论广东侨乡形成》，参与 2012 年 11 月 20～21 日在广东江门五邑大学的"国际移民与侨乡研究"国际研讨会，可供参考。文章已选入会议论文集，正在出版中。

② 广东沿海有 219 个大大小小的港湾。参见司徒尚纪《岭南海洋国土》，广东人民出版社，1996，第 13 页。

③ 这里说的"国际三大航线"是指南海—南印度—欧洲、南海—台湾海峡—长崎、南海—马尼拉—南美洲三条航线。

更为直接①；另一方面，这三个港口又位于当时与西方势力接触和冲突的前沿地带，特别是它们是西方殖民主义者掠夺中国劳工的重要基地。这种自然和社会因素使它们与沿海的海外移民运动结下了不解之缘。

当然，省、港、澳由于崛起的时间不同，发展的过程不一样，它们在珠江三角洲和广东地域所形成的社会网络和影响力也有明显的时代差异。②但到了19世纪中后期，它们成为贩运劳工和中国海外移民重要的出口港。

咸丰十年（1861），河南道御史杨荣绪在奏折中严厉地指出："臣闻粤东省城自夷人入审以来，居民已不聊生，近年更有一种匪徒，拐掳良民，贩与夷人，男女被拐者以数万计。夷人于省城之西关、番禺县属之黄埔、香山县属之澳门，及虎门外之香港等处，设厂招买……"③明确把省港澳同时列入广东贩卖劳工的黑名单中。

同年，广东巡抚耆龄的奏折更具体地罗列了省港澳贩卖劳工的资料：

是年（按：指1861年）十月间，英吉利、佛兰西、吕宋三国夷人，于省城太平门之外迪隆里设馆三所，名曰招工公所……英吉利招去华人七百二十余口，佛兰西馆招去华人二百余口，吕宋馆招去华人五百五十余口，多系壮丁，间有妇孺跟随着。其香港之下环揩、断龙两处，英、法夷亦设有招工馆。粤门（按：指澳门）之红窗门、三巴门、人头井、水坑尾四处招工馆系西洋及吕宋各夷所设。黄埔之长洲地方则均系趸船，并未设馆。统计香港、澳门、黄埔，约共招去五百余口。④

西方殖民势力在贩运劳工的过程中把省港澳作为向中国掠夺劳工的基地，成为刺激这个地区社会变化的一种诱因。从区域网络的角度看，首先显露出的结果是移民原居地和出国口岸的联系迅速加强。但移民出国口岸与移

①　如由英国人和葡萄牙人合办的"省港澳轮船公司"（1865年），总店设在香港，有支店在广州；英国人开办的"伦敦中国行业公司"（1866年）在香港设有办事处；英国人开办的"印度中国航业公司"（1877年），在香港设有分公司；等等。参见程浩编著《广州港史》，海洋出版社，1985，第82~86页。
②　有关省港澳成为广东地域核心城市的历史过程，参见注①。
③　《河南道御史杨荣绪奏请严治略卖良民匪徒折》，陈翰笙主编《出国华工史料汇编》（第一辑），中华书局，1985，第48页。
④　《河南道御史杨荣绪奏请严治略卖良民匪徒折》，陈翰笙主编《出国华工史料汇编》（第一辑），中华书局，1985，第49页。

民原居地的关系如果仅局限于集中运送劳工出国，它不可能构建一种重要的社会网络，它的影响力也非常有限。因此，我们不应孤立地看待苦力贩运的过程，只看到"猪仔馆"这一行业在省港澳的发展，把它看作影响广东沿海侨乡出现的唯一条件，而是要进一步考察它如何与其他社会因素配合，共同促使区域性的社会变化，特别是对移民原居地和省港澳双方的社会影响。

移民出国和出国口岸，在中国古代就已经存在，但由于缺乏在海外华人与故乡之间建立一条较为稳定和持久的联系渠道，所以侨乡一直没有形成。从历史的角度看，侨乡是近现代社会发展的产物，它的出现需具有一定的社会条件，而19世纪后期到20世纪初，适合它形成的社会因素逐步浮现。

我们上文提及的19世纪中期以后出现的劳工出国潮就是其中因素之一。另外，海外华人社区的发展[1]、晚清政府开始改变对海外移民政策[2]，特别是海外排华运动[3]，这些都是促使广东侨乡出现的重要因素，它们在同一历史时期出现，汇集成为一股强大的社会因素，促使广东侨乡形成。

如果从内因和外因的角度去分析广东侨乡的形成，我们会把省港澳与侨乡的联系作为内因看待，因为这种关系所奠定的是区域内部的联系和互相影响，亦是侨乡能接受海外华人影响的重要成因。不仅如此，这种区域内部新关系的确立，还同时开拓了双方发展的前景。省港澳在广东侨乡形成过程中的作用很快便得到回馈。19、20世纪之交，省港澳更进一步成为侨乡与海外华人社会往来与联络的中转站、海外华人生活物资的重要供应点和金融及经济往来的枢纽。广东侨乡的发展从而也得到了进一步的巩固。

我们在研究近现代广东侨乡形成的时候，非常强调海外华人的影响力，这无疑是正确的。但与此同时，亦要看到广东侨乡在形成过程中的许多重要变化，即除了受海外华人和西方社会各种因素的直接影响外，同时亦受区域内部的影响，尤其是区域内核心城市的影响。过去，我们在研究侨乡历史发

---

[1] 19世纪中叶到20世纪初，是海外华人社区发展的重要时期。在美洲、东南亚和澳洲的华人社区均迅速发展。参见麦礼谦《从华侨到华人——二十世纪美国华人社会发展史》，三联书店（香港）有限公司，1992，第25~66页；王赓武：《南海贸易与南洋华人》，姚楠译，香港中华书局，1988，第229~233页；刘渭平：《澳洲华侨史》，香港星岛出版社，1989，第72~98页；等等。

[2] 颜清湟教授对晚清时期中国对海外华人政策的转变作了深入的研究。参见颜清湟《出国华工与清朝官员——晚清时期中国对海外华人的保护（1851~1911）》，粟明鲜、贺跃夫译，姚楠校订，中国友谊出版公司，1990。

[3] 关于海外排华运动，参见沈己尧《海外排华百年史》，中国社会科学出版社，1985。

展的时候，往往忽视或低估了这方面的作用。

19 世纪中后期，亦即海外移民运动兴起的年代，广东沿海的人口除了向海外迁移之外，亦向省港澳这三个城市移动。我们不要忘记，在 19 世纪 70～80 年代，在香港和澳门这两个由西方势力管辖的海港，华人的经济力量同时成为社会的最重要支柱，这并非历史的偶然，而是因为在鸦片战争时期，广东省内一大批华人及资本向这两个城市转移，特别是珠江、韩江三角洲和东江流域一带的民众，他们不少来自后来被称为侨乡的地区。所以到了 20 世纪，我们看到这三个城市都有广东三大方言（粤、客、潮）的居民，同样以粤语（广府话）为社会交际语言。他们与故乡有密切的联系，天然成为省港澳与侨乡联系的主力军。由此可见，省港澳的人口结构，为它们与侨乡的联系奠定了牢固的社会根基。

河海交汇的自然因素成为省港澳与侨乡互相作用的最基本条件，而时代背景就是最好的催化剂。广东沿海侨乡的出现，是中国近现代农村社会转变的一种特殊的案例，它具有中国农村走向现代化的性质。① 在这个过程中，地域核心城市的影响力一直存在，而它的形成无疑对地域核心城市的发展亦有一定的反作用。

二　省港澳与侨乡互动的渠道和方式

研究省港澳与侨乡互动的渠道和方式实际是研究它们所建立的社会网络及其特色。

我们认为，任何社会网络都首先与人有着不可分割的关系，所以研究社会网络，最重要的一环就是了解人类用什么方式进行联系和沟通，从而对社会产生何种影响；然后，社会网络一定要能配合社会发展的需求，必须与社会的存在和发展挂钩，否则就会被淘汰。由此可见，它有明显的依赖性和可变性。根据社会网络这种性质，我们重点从建立省港澳和侨乡社会网络的人和其重要的活动去研究这个课题。

我们在上文曾提及，在 19、20 世纪之交，省港澳已成为侨乡与海外华人社会往来与联络的中转站、海外华人生活物资的供应点和经济往来的枢

① 关于侨乡"具有中国农村走向现代化的性质"，是一个较为复杂的问题，笔者拟另撰文论述。

纽，而侨乡亦逐步出现明显的社会变化。我们可以用下面的图示概括海外华人社区、省港澳和侨乡三地之间的关系：

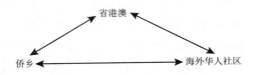

这种关系确立的关键原因就是在 19、20 世纪之交，省港澳和海外华人社区都拥有广东各地侨乡的人口。它们的存在是三地网络形成的基础。

19 世纪中后期，随着鸦片战争爆发、太平天国起义、洪兵暴动、土客械斗等一系列的社会变动，经济能力较强的人口纷纷向城市迁移，没有能力的人口不少则成为出国劳工。而向城市流动的人口，省港澳就成为他们的重要目标，尤其是新崛起的城市——香港。这种区域内的人口大调整，从社会网络的角度看，有利于新的联络渠道的形成和出现。19 世纪区域内部的人口移动，就是省港澳与以后出现的侨乡的网络关系形成的一个先决条件和基础。

当我们进一步研究这些在省港澳聚集的新人口的活动时，便会看到他们所带有的血缘、地缘和业缘关系是促使地区网络强化的具体关键因素，而直接受这"三缘"作用影响而出现的是一系列的民间社会团体：会馆、同乡会和商会、行会组织。几乎在同一历史时期，海外华人社区的会馆、同乡会和商会、行会亦同时崛起。① 当然，在这同一历史时期在省港澳和海外华人社区出现的会馆、同乡会和商会、行会，具有基本相同的社会功能，但亦有一些差异。在省港澳，它们主要是适应商业发展和华人凝聚力量的需求，这种社会团体的出现标志着华人商业势力的凝聚和崛起；而在海外华人社区，这些社团除了适应华人凝聚和商业发展的需要外，还有帮助华人在当地立足、对抗排华运动的重要功能。②

---

① 关于省港澳的会馆、同乡会和商会、行会出现的情况，下文将会论述。至于海外华人会馆、同乡会和商会、行会出现的情况，参见麦礼谦《从华侨到华人——二十世纪美国华人社会发展史》，第 28～46 页；刘伯骥：《美国华侨史续编》，台北：黎明文化事业公司，1984，第 173、206 页；刘渭平：《澳洲华侨史》，第 137 页。

② 对这个历史阶段的海外华人社团具有抵抗排华运动和加强内部团结的功能，参见 1929 年旧金山中华总商会发表的宣言，其中提出"举凡一切侨务，无不负责办理"，总体包括七种事务：1. 交涉不平等事件；2. 抗议苛例；3. 排难解纷；4. 挽回利权；5. 联络感情；6. 办理公益；7. 振兴商务。参见刘伯骥《美国华侨史续编》，第 217～220 页。

在省港澳这三个地域核心城市中，以香港因人口流动而强化区域网络，促使地域核心城市与侨乡和海外华人社区的联系加强最为典型。

据学者研究，香港开埠初期，即 19 世纪 40 年代，迁入的华人来自潮州、梅县、惠州一带，多是以采石为生的客家人，约占人口的三分之一。另外还有来自邻近地区，如新安、澳门和黄埔等地的人。① 这些人多数为"苦力、仆役、打石工人、小贩，都是原来国内最低下阶层的人"②，相当部分人是来自农村。19 世纪 50 年代，由于国内动乱加剧，更多的华人来到香港，其中不乏有资财的富人。③

19 世纪中叶，来到香港的华人按照在国内的社会传统，把社团组织移植到香港，于是华人社团纷纷出现。"从 1842 年到 1870 年间，他们所办的机构除各种行会外，还有庙宇、义祠、同乡组织、更练团、街坊会、义学和医院。"④ 其中行会和同乡会发展尤为突出。19 世纪 70 年代，"南北行公所"成了香港非常有势力的华人商会组织。而来自广东各邑的华人会馆在同乡组织的基础上，亦纷纷成立。1901 年，番禺的"敦义堂"、三水的"敦善堂"、台山的"新宁会馆"、南海的"福仁堂"和东莞的"东义堂"都已先后设立。⑤ 在香港华人世界中，无论上层还是下层都有社团组织。它们不仅对凝聚新来到香港的华人和保障其生存有重要意义，而且对香港构建的社会网络有重大的意义。

19 世纪中后期，香港正朝着转口贸易港发展，它需要有与内地和海外畅通的联系，需要有强大的运输网络和贸易网络。所以，劳工贩运和海外华人社区的发展以及广东侨乡的逐步形成，便成为香港发展可利用的社会资本。香港华人顺理成章地成为这方面的佼佼者。19 世纪 70 年代末，华人已无可争辩地成为香港的经济支柱。⑥

据香港船政厅的统计，从 1868 年到 1936 年，从香港出洋的华人，超过

---

① 王赓武主编《香港史新编》，三联书店（香港）有限公司，1997，第 109 页。
② 王赓武主编《香港史新编》，第 109 页。
③ 王赓武主编《香港史新编》，第 110 页。
④ 王赓武主编《香港史新编》，第 165 页。
⑤ 王赓武主编《香港史新编》，第 175 页。
⑥ 19 世纪 70 年代末，港督轩尼斯在立法局承认，港府税收 90% 来自华人。参见金应熙《试论香港经济发展的历史过程》，载《金应熙香港今昔谈》，香港龙门书局，1996，第 33 页；Endacott, G. B., *Government and People in Hong Kong*, Hong Kong University Press, 1958, p. 215。

600万人次，香港成为海外华人社区与广东侨乡沟通的重要平台。[①]

　　随着香港成为中国南方华人出国和回国的重要口岸，有关海外华人物资供应、招工、借贷、汇兑等业务的商业和金融业也得到迅速的发展，其中南北行、金山庄、办庄和银号是最有特色的华人行业。这些行业充分利用华人血缘、地缘和业缘的关系发展业务，不仅缔造了香港华人重要的经济地位，也为沟通侨乡与海外华人社区作出了巨大贡献。

　　以金山庄为例。香港早期的金山庄除经营货物出口，满足海外华人的需求外，还接理华商或个人汇兑，代理外国人在中国招工等业务。如当时海外华人汇款，大多数是经过海外华人社区（唐人街）的办庄（多为杂货铺）与香港的金山庄办理驳汇，然后再由香港的金山庄与国内侨乡的银号（钱庄）联系，把钱汇到收款人附近市镇，方便大部分国内侨眷领取。据陈镛勋《香港杂记》记载，19世纪末，香港已有过百家的金山庄[②]，到了20世纪20年代更发展到380多家[③]，可见业务之盛。我们甚至可以说，香港的金山庄与当时的南北行一样，是伴随着海外华人社区与侨乡的联系而发展起来的特别行业。它是海外华人和侨乡联系的一个重要的纽带。

　　香港经营金山庄、南北行的行业，为广东侨乡和海外华人社会的发展无疑作出重大贡献，同样为香港的繁荣写下了精彩的一页。后来香港华人在许多行业的发展，其历史渊源都可以上溯到这些行业的影响。有些海外华人，他们在国外略有积蓄以后，看中了香港与海外和国内畅通的沟通渠道，在香港进行投资，成为商业上的成功人士。如投资香港早期百货业"四大百货公司"先施（马应彪1900年创立）、永安（郭乐1907年创立）、大新（蔡昌1912年创立）和新新（李敏周1926年创立）的商人，[④] 他们都是香山籍的澳洲华侨。[⑤] 这批香港早期百货业的成功的投资者进一步把业务范围扩大

---

① 王赓武主编《香港史新编》，第161页。

② 陈镛勋：《香港杂记》，香港中华印务总局，光绪二十年（1894）版，第32页。

③ 参见赵彦鹏《南洋侨汇之研究》，"国立"暨南大学南洋研究馆编《南洋研究》第11卷第3期，1944，第24页。

④ 关于香港早期"四大百货公司"有不同的说法。有学者称先施、永安、大新、中华为"四大百货公司"，参见黎志刚《近代广东香山商人的商业网络》，王远明主编《香山文化》，广东人民出版社，2006，第116页。本文采用流行的说法，参见王远明主编《风起伶仃洋》"四大百货"，广东人民出版社，2006，第175～214页。

⑤ 关于从香港早期四大百货公司看当时香港与广东侨乡及国际商业网络的关系，参见黎志刚《近代广东香山商人的商业网络》，王远明主编《香山文化》，第116～120页。

到广州和上海等地，开设了联号公司，实际是把香港的联系网络向国内延伸。①

香港在 19、20 世纪之交利用与侨乡关系这一社会资源发展经济，是一种具有启发意义的成功之道。在香港四大百货公司发展的过程中，我们看到经营者都是充分利用与家乡（侨乡）的地缘和血缘的关系发展业务。如永安的创办人郭乐，早在澳洲雪梨（今悉尼）创办永安果栏时，资本就是由香山竹秀园村的同乡集资而来的。后来，更与同县的商人、世代联姻的马应彪合作，在斐济建立生安泰果栏，生意蒸蒸日上。当郭氏回到中国，所经营的永安公司，仍然非常注意吸收海外华人资本，并坚持以竹秀园村人为骨干。② 永安郭氏的经营之道，实际也是其他三个百货公司经营的成功之道，是东方利用血缘和地缘关系办商业贸易的典型例子。

在研究省、港、澳与侨乡及海外华人社区的关系时，亦不可忽视宗教信仰的影响。我们认为，无论中国传统宗教还是西方宗教，同样对区域之间的网络形成有相当大的影响。

上文提及香山籍的澳洲华侨商人，他们多信奉基督教。如马应彪、郭乐、李敏周，均为虔诚的基督教徒。香山商人不仅在香港有教会组织，在香山同样设有教会组织。他们把商业的部分收益用于发展宗教活动，更加强了海外、香港和家乡香山商人之间的团结。③

我们查阅 19 世纪末 20 世纪初在珠江三角洲一带侨乡所建立的教堂（见表 1），发现相当部分是由海外华人回乡直接兴建的。这个现象充分说明，宗教在建立海外华人社会、香港与侨乡的社会网络中的作用绝不可低估。④

表 1　广东开平西方教堂一览表（1896～1942 年）

名称	地点	创办时间	创办人
赤坎中华基督教循道会礼拜堂	赤坎镇中华西路 128 号	1896 年	关真人、关茂隆
赤坎龙口里天主教堂	赤坎区树溪乡龙口里	1898 年	（法国）澳斯宣、魏畅茂
新昌天主教堂	开平县第一人民医院内	1901 年	（美国）霭德、（美国归侨）梅德、陈敬恒

① 参见黎志刚《近代广东香山商人的商业网络》，王远明主编《香山文化》，第 116～120 页。
② 参见黎志刚《近代广东香山商人的商业网络》，王远明主编《香山文化》，第 116～120 页。
③ 参见黎志刚《近代广东香山商人的商业网络》，王远明主编《香山文化》，第 116～120 页。
④ 参见郑德华《再论广东侨乡形成》，"国际移民与侨乡研究"国际学术会议论文。

续表

名称	地点	创办时间	创办人
赤坎圣洁会礼拜堂（龙背教堂）	赤坎镇中庙龙安里	1902 年	（美国归侨）关茂
百合浸信会礼拜堂	百合墟居民街 2 号	1902 年（？）	黄晨光
蚬冈墟中华基督教福音堂	蚬冈墟南路 55～56 号	1912 年	（当地归侨）
下丽天主教堂	沙塘镇下丽村	1912 年	劳国治
中华基督教会锦湖礼拜堂	金鸡镇锦湖	1912 年	李圣群
中华基督教会新昌礼拜堂	三埠镇新昌同兴路 123 号	1917 年	（美国归侨）郑衍
中华基督教会长沙礼拜堂	三埠镇长沙东路 27 号	1917 年	赵子良
中华基督教会杜岗礼拜堂	长沙区杜岗墟	1917 年	谭广潮
中华基督教会苍城礼拜堂	苍城墟解放街 90 号	1917 年	张传义
中华基督教会狄海礼拜堂	三埠镇狄海人民路 205 号	1919 年	（归侨）余民重、余利、余庚和
中华基督教会沙塘礼拜堂	沙塘墟沙塘卫生院宿舍	1920 年	劳悦富
赤水中华基督福音会礼拜堂	赤水墟开平第五中学宿舍	1921 ～ 1925 年	（美国归侨）司徒广
中华基督教长老会赤坎礼拜堂	赤坎镇永红路 15 号	1922 年	司徒梓瑞
马冈中华基督福音堂	马冈墟革命街 16 号	1923 年	黄福章
中华基督教循道公会水口礼拜堂	水口镇东风路 321 号	1925 年	梁余兴
中华基督教循道公会月山分会福音堂	月山墟月中路 21 号	1928 年	罗开泰
中华基督教会塘美福音堂	赤坎镇塘美墟	1930 年	谭贞谋、余宝珠
东坑村天主教堂	赤坎镇小海东坑上村	1933 年	李泽民
中华基督教会沙溪福音堂	赤坎镇佐庆 819 号	1934 年	黄赖光
义兴浸信会礼拜堂	百合镇义兴墟西街 41 号	1936 年	周美蝉
赤坎浸信会礼拜堂	赤坎镇新河南 4 号	1938 年	潘静魂
茅冈浸信会礼拜堂	百合镇茅冈墟	1938 年	周良
远东宣道会马冈福音堂	马冈墟跃进街 11 号	1942 年	杜在和

注：因数据不详，本表有三个教堂尚未编入：1. 基督教远东宣道会楼冈堂；2. 基督教远东宣道会赤堂；3. 新昌浸信会。

资料来源：李善棠：《开平之最》，开平市档案局，1994，第 177～179 页。

结合香港巴色会建立和发展的过程，我们同样可以看到区域社会网络在香港与广东侨乡之间的发展。香港巴色会创立的基础是由传教士郭士立奠定的。1847 年，巴色会派韩山明与黎力基牧师来港宣教，标志着巴色会在香港的正式建立。后来，巴色会在南中国传播的最大特色是以方言群划分传道区（粤语区、潮语区和客语区）①。而在客方言地区的传播成果最为显著，先后在宝安、紫金、河源、博罗、连平、龙门、新丰、和平、龙川、兴宁、梅县、蕉岭、丰顺以及广西寻乌等地设立教会，并标榜以"华人自传"的方式传播巴色教，建立起以香港为南会，向珠江流域发展，北会以五华的樟村为首，向东江和梅江一带发展的系统。② 这个由香港作为东方传教起点的巴色会所建立的南、北会系统，实际也是广东地域核心城市省港澳所建立的区域社会网络的一部分。

结　论

省港澳、海外华人社区与广东侨乡社会网络的形成，首先是得益于河海相交的自然地理环境。这种环境不仅有利于人口在区域内的移动，还有利于人口的海外移动。如果我们把人口在区域内部和向外移动这两种方式联系起来看，便可以发现，广东沿海三个最重要海港——广州、香港、澳门既是区域内部移动人口的聚集点，又是海外移动人口的连接点。交通和运输的发展是人口迅速移动、市镇成长的催化剂，也是营造新的社会网络的基本条件。

我们认为，任何自然条件都是一种沉睡的社会因素，都必须要有一定的社会条件配合，才能把它们"唤醒"，从而为人类社会服务。从19世纪下半叶开始，南中国人口膨胀、社会动乱，人口流动频繁。这种内在的社会状况在西方势力入侵，用武力叩开中国禁闭的商业大门，并大量掠夺劳工的刺激下，中国南部沿海地区和港口，特别是省港澳和侨乡地区同时被卷进了历史发展的潮流。他们发展的基本因素除了有相同的自然条件——河流和海洋交接外，还有同一种东西势力和文化碰撞的大历史背景，因而形成相互关联的社会网络。

从历史的角度看，广东侨乡的形成有多方面的因素。无疑，海外华人社区的形成和巩固，华人与家乡联系的正常化都是最重要的条件。但我们必须明白，在营造这两方面条件的过程中，省港澳作为海外华人出国口岸和物资

---

① 参见汤泳诗《瑞泽香江：香港巴色会》，香港大学美术博物馆，2005，第 24 页。
② 参见汤泳诗《瑞泽香江：香港巴色会》，香港大学美术博物馆，2005，第 24 页。

供应点，海外华人与家乡经济联系的枢纽和回乡返国的必经之地，它的作用亦不容低估。

广东侨乡的形成过程说明，沿海地区的海港城市及其所建立的区域网络，是侨乡形成和成长不可缺少的因素。因此，研究它们之间的关系和互动是十分重要的一环。

在省港澳与侨乡和海外华人社会网络构建的过程中，我们看到两种因素的重要作用。其一是商业贸易发展对社会变化的刺激；其二是中国传统文化——血缘和地缘所起的作用。

过去我们在研究古代海外交通的时候，把从中国南部海港出发到外国的航道称为"海上丝绸之路"，因为当时海路承载的主要是丝绸、瓷器和茶叶等货物。但到了19世纪中叶至20世纪初，海上运输的主角已由海外华人和他们需要的物资所替代，实际上已变成"海上华人之路"。而作为华人进出口的海港，它们所受的影响除了来自海外华人之外，亦来自侨乡。在今天省港澳人口中，有相当部分人的祖籍是侨乡，他们与侨乡有着千丝万缕的关系，亦即是说，侨乡与海外华人当年建构的社会关系和网络，今天我们不仅仍然可以寻找到它的历史足迹，还可以清楚地看到它的发展脉络和影响。

Relationship Between the Core City and Overseas Chinese Hometown Formation in the Middle and Late Nineteenth Century

Zheng Dehua

Abstract：The focus of this paper is based on the past research on the further exploration in Guangdong Chinese hometown, the formation process of certain natural and historical condition function. One is to examine from a regional perspective：relationship between the core city (Guangzhou, Hong Kong and Macau) and Overseas Chinese hometown formation in the middle and late nineteenth century. The second is, from the point of view of social network, to analysis of the interactions between Guangzhou, Hong Kong, Macau and Overseas

Chinese hometown. Which shows that during the formation of Guangdong Overseas Chinese hometown, rivers and ocean intersection, port role natural conditions, as well as the role of regional trade development and Chinese traditional culture-all of them, are the important internal causes. The collision forces between the east and west historical background is the external cause.

Keywords: Guangdong Overseas Chinese Hometown; Guangzhou, Hong Kong, Macau; Social Network; River and Ocean Intersection

（执行编辑：陈贤波）

海洋史研究（第六辑）

2014 年 3 月第 266~282 页

Was the Confucian Chronology First Applied in China or in the South Seas?

Claudine Salmon（苏尔梦）[*]

Kang Youwei（康有为，1858 ~ 1927）and Liang Qichao（梁启超，1873 ~ 1929）are generally considered to be the first reformists to have used a calendar based on Confucius in the mid-1890s, starting with his day of death and soon after with his day of birth. [①] In July 1898 Kang advocated in vain the use of a national calendar based on the Confucian chronology in a memorial he presented to Emperor

---

[*] Senior Researcher of French National Centre for Scientific Research（CNRS）.
I would like to thank Marcel Bonneff who kindly took the photographs of this article.

[①] See Murata Yūrijirô（村田雄二郎），"Kang Youwei yu Kongzi jinian"（《康有为与孔子纪年》），in Wang Xiaoqiu（王晓秋）（ed.），*Wuxu weixin yu jindai zhongguo de gaige*：*Wuxuweixin yibai zhounian guoji xueshu taolunhui lunwenji*（《戊戌维新与近代中国的改革：戊戌维新一百周年国际学术讨论会论文集》），Beijing，Shehui kexue wenxian chubanshe，2000；quoted from Gan Chunsong 干春松，"Cong Kang Youwei dao Chen Huanzhang-Cong Kongjiaohui kan rujiao zai jindai zhongguo de fazhan zhi diyi bufen：kongjiao he bianfa-Minguoqian de Kang Youwei yu Kongjiao yundong（《从康有为到陈焕章——从孔教会看儒教在近代中国的发展》之 第 一 部 分：孔 教 和 变 法——民 国 前 的 康 有 为 与 孔 教 运 动"），http：//www. confucius2000. com/admin/list. asp？id = 2167（retrieved on 26/07/2012）. In China there has been recently a renewal of interest in these quarrels about chronology at the end of the Qing, and several articles have been published while others may be accessed on line. See interalia Zhu Wenzhe 朱文哲，"Qingmo 'jinian' lunzheng de lishi kaocha"（《清末 "纪年" 论争的历史考察》），*Gansu lianhe daxue xuebao*（《甘肃联合大学学报》2009 年 6 月），pp. 35 – 38.

Guangxu（光绪）.① A few weeks earlier Khoo Seok Wan（邱菽园, 1874 ~ 1941）, a friend of Kang Youwei and Liang Qichao who had been educated in China and took a degree there,② introduced in Singapore the Confucian calendar alongside the Imperial calendar, and the Christian calendar, in his newly founded reformist newspaper, *Thien Nan Shin Pao*（《天南新报》）"The New Daily of the South"（see plate 1）.③ After his flight from China in late 1898, Kang applied the Confucian chronology in his correspondence without any reference to the reigning emperor.④ In the following year（1899）, a group of Chinese merchants（mainly Cantonese）in Kuala Lumpur organised a public meeting during which they resolved to observe Confucius' birthday（27th of the 8th moon of the Chinese calendar）as a holiday for all Chinese and to adopt the Confucian calendar along with the Emperor Guangxu's reigning year.⑤ At first glance, one may reach the conclusion that the debates on calendar reform had started in China and in the Malay world almost simultaneously, although they were apparently conditioned by different political situations.

---

① Kang Youwei, "Zouqing zun Kongsheng wei guojiao, li jiaobu jiaohui, yi Kongzi jinian, er fei yinsi zhe（《奏请尊孔圣为国教, 立教部教会, 以孔子纪年, 而废淫祀折》）（A Memorial Urging the Throne to Proclaim Confucianism a State Religion, to Establish a Religious Department and Confucian Temples, to Base the National Calendar on the Birth Day of Confucius, and to Abolish Improper Sacrifices）, in *Kang Nanhai wenji*（《康南海文集》）（Collected Works of Kang Youwei）, Shanghai, 1913, V, "Zouyi", pp. 10 – 13; quoted from Yen Ching-hwang, "The Confucian Revival Movement in Singapore and Malaya, 1899 – 1911", *Journal of Southeast Asian Studies*, VII, 1, March 1976, p. 33, n. 3 & 4, and p. 437.

② He was a *juren* 举人 or graduate of the second Imperial Degree, and could have taken a government post in China, but he could not bear the idea of working for the Manchu government which was continuously humiliated in the eyes of the world; Chen Mong Hock, *The Early Chinese Newspapers of Singapore* 1881 – 1912, pp. 66 – 67; Qiu Xinmin（邱新民）, *Qiu Shuyuan shengping*（《邱菽园生平》）, Xinjiapo, Shengyou shuju, 1993, pp. 41 – 45.

③ The phrasing was: "孔子降生二千百四十九年 即光绪二十四年戊戌四月初九 耶稣降世一千八百九十八年五月廿八号 or "2449 years after the birth of Confucius that is 9th day of the fourth lunar month of the 24th year or year *wuxu* of the Guangxu's Reign, 28th day of May 1898 after Jesus came to earth". Note that Confucius' birth date is given as being 551 B. C. See plate 1 the reproduction of the third issue of that journal（May 28, 1898）after Chen Mong Hock, *The Early Chinese Newspapers of Singapore* 1881 – 1912, Singapore, University of Malaya Press, 1967, p. 64.

④ See *Guangxu donghua lu*（《光绪东华录》）, 17a [Guangxu 24, 11th moon, *yichou*（乙丑）], Beijing, Zhonghua shuju, reprint 1984, Vol. 4, p. 263: "各函均不用光绪年号, 但以孔子后几千几百几十年大书特书."

⑤ Yen Ching-hwang, "The Confucian Revival Movement in Singapore and Malaya 1899 – 1911", p. 38, quoting *Thian Nan Shin Pao*, 28/9/1899, p. 2; 30/9/1899, pp. 1 – 2.

However we have found some evidence which supports the idea that calendar reform and the Confucian revival were not new in the South Seas. Some documents in Malay and in Chinese show that the use of the Confucian calendar had been initiated by a progressive scholar from Surabaya（East Java）in the early 1880s. We will first survey these various documents and then consider why the duress of the Dutch colonial policy may have incited the Chinese of Java to react by reviving Confucianism as a means of maintaining their Chinese identity but also of introducing Western ideas.

1. *Thian Nan Shin Pao*, third issue, 28 May, 1898（reproduced from Chen Mong Hock, *The Early Chinese Newspapers of Singapore 1881–1912*, p. 64.

Tjioe Ping Wie and the Revival of Confucianism in Surabaya

We have the testimony of an enigmatic "K. Tj. K." that was published in 1934 with an introduction by the journalist Kwee Teck Hoay（郭德怀，ca. 1880 –

1950) that refers to an ongoing polemic regarding the best way to celebrate Confucius's birthday. ① K. Tj. K. related how some fifty years earlier his teacher M. Tjioe Ping Wie (周 [平 为], d. ca. 1894) had, with the help of some friends, tried to establish Confucius' birth date in order to create a new calendar, which he tried to circulate in China as well as in East Java:

We should know [says K. Tj. K.] that towards the year 2431 the late M. Tjioe Ping Wie, with the help of M. Ong Wan Liong, cashier in chief of the shop International, Mr. Go Gwan Swie 吴 [源] 水, ② *merchant, and the fortune teller M. Yap Sik Kie, all residents of Surabaya, made investigations in order to establish the needed information. These investigations were extremely complicated and required the use of many books. After several calculations, they established a table of conversion (alas presently lost), and had it printed in Shanghai in 10000 copies in red ink on white paper, having more or less the size of an ordinary newspaper, and had it distributed in China and in Java; since at that time neither chambers of commerce nor other associations existed, they sent the table to the main shops, which helped to circulate it.* ③

Oldest uses of the Confucian chronology in epigraphic records

The above statement is corroborated by the fact that the Confucian calendar was

---

① Kwee Teck Hoay, "Pioneers dalam gerakan Kong Kauw Soerabaja", *Moestika Dharma*, n° 31, Oct. 1934, pp. 1189 – 1190. In the late 1920s the Chinese government had decided to celebrate Confucius birthday arbitrarily on the 27th day of August instead of the 27th day of the 8th moon; but for several years the Chinese in Surabaya, like those of Singapore refused to follow this usage.

② Go Goan Swie was apparently a brother or cousin of Go Hoo Swie (吴河水) who initiated the enlargement of the Wenmiao (文庙), see below. Go Hoo Swie was a native of Amoy who arrived in Java in 1874. See Arnold Wright, *Twentieth Century Impressions of Netherlands India*, London, 1909, p. 550.

③ "Bahwa ketaoenja dan tersiarnja pertama atas penjelidikan dan kajakinannja Loosiansing Almarhoem Tjioe Ping Wie terbantoe oleh Lss Ong Wan Liong, hoofdkassier toko International, Lss Go Gwan Swie, soedagar, dan Lss Yap Sik Kie, khoa-mia siansing, semoea pendoedoek di Soerabaia, masa itoe kira-kira dalem tahoen 2431. Dengan tida menginget brapa soekarnja goena dapatken itoe keterangan misti koedoe membongkar brapa kitab-kitab sahingga bisa didapatken. Sasoedahnja dapet katerangan-katerangan lantes dibikinken lijst peritoengan satoe per satoe sampei djelas (sajang sekarang tida bisa dapet lagi) dan ditjitakken di Shanghay sepoeloeh riboe lembar, pake kertas poetih tinta merah, besarnja koerang lebi sabagi soerat kabar biasa dan disiarken seloeroeh Tiongkok dan Java, lantaran masa itoe di Java blon ada Siang-Hwee of laen-laen perhimpoenan, mendjadi itoe lijst dikirimkn pada toko-toko jang ternama goena bantoe menjiarken. " Cf. K. Tj. K. , " Pioneers dalem gerakan Khong Kauw di Soerabaja", *Moestika Dharma*, Ⅲ, 31, Oct. 1934, pp. 1189 – 1190.

used in two inscriptions commemorating the foundation of the Wenchang ci（文昌祠）（a sanctuary dedicated to the God of Literature）, the forerunner of Wenmiao（文庙）of Surabaya along with that of the Emperor Guangxu's reigning year, and dated respectively 1884 and 1887（see plates 2 to 5）.①

The date of the first inscription, which was erected on the initiative of the head of the Chinese community, Major（妈腰）Detai（德泰）［or The Boen Ke（郑文嘉）, in office from 1874 to 1888］reads（see plate 2）②:

成至圣二千四百三十四年

大　　　　　　　　　　董事公立石碑

清光绪十年岁次甲申孟冬

善庆

2434 years ［after the birth］ of the Great Sage, 24th year, year jiashen, of Guangxu's Reign.

The phrasing differs from the one used in 1898 by Kang Youwei and in Singapore by the *Thian Nan Shin Pao*. Moreover the correspondence between Guangxu 10 and the year 2434 shows that Tjioe Ping Wie did not follow the tradition established by Sima Qian, according to which the date of birth of the Sage was fixed at the second year of Duke Xiang（襄）of Lu（鲁）, corresponding with 551 B. C., but opted for 550 B. C.③

---

① The Wenmiao, Indonesian name Gereja Khong Hu Cu（孔夫子）, is located in Jalan Kapasan（Jiabashan 茄吧山）. The name of Wenchang ci（文昌祠）was changed to that of Wenmiao（文庙）in 1899（Guangxu jihai nian 光绪己亥年）, as a wooden panel indicates, that is four years before the visit of Kang Youwei in Surabaya.（See plates 6 and 7）. See also the report made in Singapore in the *Thien Nan Shin Pao*, 5/6/1899. The text is reproduced in Liang Yuansheng（梁元生）, *Xuanni fu hai dao nanzhou*（《宣尼浮海到南洲》）, Xianggang, Zhongwen daxue chubanshe, 1995, pp. 137 – 138.

② Major The Boen Ke also donated the plot of land on which the shrine was erected. For a transcript of these two inscriptions of 1884 and 1887, see Wolfgang Franke, Claudine Salmon & Anthony Siu（eds.）, *Chinese Epigraphic Materials in Indonesia*（《印度尼西亚华文铭刻汇编》）Singapore, The South Seas Society, 1997, Ⅱ, 2, pp. 683 – 691.

③ The date of Confucius' birth has been a subject of debates for more than two thousand years. Sima Qian（司马迁）*Shiji*（《史记》）, j. 47, *Kongzi shijia*（《孔子世家》）, writing about 100 B. C. is quite uncertain of what day Confucius was born. He however, twice states that the Sage was born in the Twenty-second year of Duke Xiang of Lu, which date corresponds with 551 B. C. He also declares that Confucius was in his seventy-third year when he died in 497, which date agrees with a birth in the Duke's twenty-second year. See Homer H. Dubs, "The Date of Confucius' Birth", *Asia Major*（New Series）Ⅰ（2）, 1949, pp. 139 – 146.

The second inscription, which is a continuation of the first and provides a further list of donors, is dated in the same way (see plate 3):

成至圣二千四百三十七年

大　　　　　　　　　董事同立石碑

清光绪十三年岁次丁亥孟冬

善庆

2437 years [*after the birth*] *of the Great Sage, 14th year, year dinghai, of Guangxu's Reign.*

Tjioe's firm determination to use the Confucian chronology is still evidenced by the fact that he compiled a new calendar in Chinese and had it circulated in Java.

2. Detail of the stele of 1884 erected to commemorate the foundation in
Surabaya of the the Wenchang ci and the donations made
for the purpose (photo M. Bonneff)

3. Detail of the stele of 1887, which provides a further list of donors（photo M. Bonneff）

4. Full views of the stele of 1884（photos M. Bonneff）

5. Full views of the stele of 1887 (photos M. Bonneff)

6. Panel bearing the name of the Wenmiao (Guangxu *jihai nian*, 1899)

7. Façade of the Wenmiao, Surabaya

A Confucian, Muslim and Gregorian Calendar for the Year 1888

The Malay newspaper Bintang Soerabaja "Star of Surabaya", of December 9, 1887,①
published an advertisement for a newly printed Chinese calendar (on an isolated sheet of
paper) for the year 2438 after the birth of Confucius—here called Nabi Tjina or the
"Chinese Prophet" —and for the year *wuzi* (戊子) of Emperor Guangxu's reign (1888).

The newspaper stated that the calendar had been determined by a Chinese
teacher named Tjioe Ping Wie (*boewatannja goeroe Tjina bernama Tjioe Ping Oei*)
and that it would be most useful to the gentry and prominent Chinese merchants; it
also gave the corresponding dates of the Gregorian and Muslim calendars, listed all
the holidays, either Chinese, Muslim or Christian, as well as the days on which
markets were held. ② The calendar may have been printed in Surabaya, for the

---

① The *Bintang Soerabaja* was founded in the 1860s, but the oldest extant issues only go back to 1887.

② The Malay text reads: "Satoe lembar kantor almanak hoeroef Tjina matjem baroe boewat tahoen Nabi
Tjina 2438, Kongsiu tahoen *Bo Tjoe* (…) boewatannja goeroe Tjina bernama Tjioe Ping Oei,
bergoena sekali pada sekalian pembesar Tjina jang berdagang (…)". For a presentation of a
Chinese Western wall calendar printed in Batavia a few years later by the printer Tjoe Toei Yang (朱
对阳), see G. S., "Un calendrier Indonésien-Chinois", *TP*, série I, 2, 1891, pp. 175 –
177. For an overview of the historical development of Chinese calendars, see Alain Arrault, "Les
calendriers chinois: l'image du temps, le temps dans l'image", *Arts Asiatiques*, 66, 2011, pp. 11 –
32, with numerous illustrations See also K. M. A. Barnett, "The Measurement of Elapsed Time in
Hong Kong: The Chinese Calendar; Its Uses and Value", in Marjorie Topley (ed.), *Some
Traditional Ideas and Conceptions in Hong Kong Social Life Today*, Hong Kong, Hong Kong Branch
Royal Asiatic Society, 1967, pp. 36 – 53.

Dutch firm of Gimberg there had informed the readers that it could print Chinese characters. [1]

Who was Tjioe Ping Wie?

Tjioe Ping Wie belonged to an important Peranakan (or local born Chinese) family of Surabaya (East Java, Dutch Indies). The Tjioes (or Zhous 周) had been settled in Surabaya for several generations, but their histories remained to be written. In the 1880s, the family was already divided into different branches. In 1889, we see a certain Tjioe Swie Hong and his two brothers Swie Thong (瑞统) and Swie Tjhong applying for permission to build up an ancestral temple in honour of their father, Tjioe Ping Bang (周 [平邦]), obviously a brother or a cousin of Tjioe Ping Wie [or Oei] [2]. Tjioe Swie Thong's name also appears among those of the donors who contributed money for the construction of the Wenchang ci in 1884.

Moreover, in 1891, Tjioe Swie Thong's son, Tjiong Kie (钟期) was married to a daughter of The Boen King (郑文经) who held the position of lieutenant (雷珍兰) of the Chinese in Surabaya since 1856. [3] These few facts suffice to show the social status of the Tjioe family.

Tjioe Ping Wie had studied in China, and had obtained the degree of *xiucai* (秀才) or licentiate. [4] After his return to Surabaya in the late 1870s he opened a "modern" Chinese elementary school named Nanyang xunmeng guan (南洋训蒙馆) or "South Seas Training School" where pupils were taught mathematics, geography, commerce, sports, music, drawing, along with the traditional teachings. [5] In these notes, the search for Chinese identity which was at the core of

---

[1] "Siapa soeka, boleh soeroe bikin Kaartjes Tjina dengan letter Tjina, djoega bolih pake letter prada aken sedia boewat tahoen baroe Tjina"; cf. *Bintang Soerabaja*, 9/12/1887.

[2] Cf. *Javasche Courant*, n° 63, August 1889, pp. 578 – 579.

[3] Cf. *Bintang Soerabaja*, 26 Oct. 1891.

[4] This information is provided by J. M. E. Albrecht in a short article on the education of the Chinese in Java translated into French by A. Marre, "L'instruction primaire des Chinois dans l'île de Java", *Annales d'Extrême-Orient*, 1881, offprint, p. 5. The Zhou family from Surabaya was native to Anxi (安溪), Quanzhou (泉州) prefecture, Fujian (福建).

[5] The school was located in "Gang Sechawal" in a place which in the 1930s was occupied by the firm Hap Hong (合芳) owned by Tjio Ie Hong (or Jiang Yifang 蒋以芳), perhaps in the Chinese quarter of Kapasan; cf. Kwee Teck Hoay, "Pioneers dalam gerakan Kong Kauw Soerabaja", p. 1190. It was probably closed after Tjioe Ping Wie had passed away.

Tjioe's nationalistic awareness is left unexplained. However it seems reasonable to think that it resulted in Tjioe's exposition to the emergence of new type of nationalism, which by the mid – 19th century arose in China and in the diaspora under the pressure of Western imperialism.

Why did this New Chronology Appeared within the Diaspora?

The Chinese of East Java who on the one hand had been faced with serious confrontations with the Dutch authorities,[①] and on the other hand, were faced with a gradual process of acculturation within the local population, were finally afraid of losing their identity.

Some Peranakan Chinese resented this loss of identity and as a result a movement of a resinicisation occurred by the mid – 19th century in certain cities of Java and in Makassar (South Celebes) with the founding of collective temples for ancestral worship and of voluntary associations for the proper conduct of weddings and especially funerals. [②] This awareness of Chineseness has been well analysed by a local observer and recorded in 1924 by the journalist and political figure Kwee Hing Tjiat (郭恒节):[③]

At a certain point in the middle of the previous century, the Chinese of Java felt that they were beginning to be part of a foreign community. Because of that, the time was ripe for the establishment of the Hokkien Kong Tik Soe (福建功德祠) in Surabaya, one of the most enduring Chinese associations, out of which the well-known Khong Tjoe Bio (孔子庙) in the Kapasan district was later founded.

An old Chinese of Surabaya, who followed the movement of the Hokkien Kong Tik Soe from the very beginning, and who has since passed away, told me when I

---

① We have shown elsewhere that the attempts of the Han (韩) family to develop the Eastern Salient, in conjunction with the local elite with whom they tried to identify themselves, were already being overtaken by events. See C. Salmon, "The Han family of East Java-Entrepreneurship and Politics (18th – 19th Centuries)", *Archipel*, 41, 1991, pp. 53 – 87.

② See C. Salmon, "Ancestral Temples, Funeral Halls and the Attempts at Resinicization in Nineteenth Century Netherlands India", in A. Reid (ed.), *Sojourners and Settlers: Histories of Southeast Asia and the Chinese*, Asian Studies Association of Australia in association with Allen & Unwin, 1996, pp. 183 – 214.

③ Kwee Hing Tjiat was born in Surabaya in 1891 and he died in Semarang in 1939. See also Leo Suryadinata, *Mencari Identitas Nasional, dari Tjoe Bou San sampai Yap Thian Hien*, Jakarta, Lembaga Penelitian Pendidikan dan Penerangan Ekonomi dan Social, 1990, pp. 23 – 47.

asked him some ten years ago, that the aim of the association was to make the Chinese live according to Chinese customs, because there was a danger they would be absorbed in other communities and disappear. [1]

The next step was the revival of a Chinese education in Java. This was started by Tjioe Ping Wie with his modern "South Seas Training School", and by other progressive Chinese of Surabaya who apparently founded other schools in the area of Kapasan and created the temple dedicated to Wenchang, "the God of Literature" as we have seen above. Tjioe Ping Wie is said to have supported most of the expenses of his school[2]. He organised regular examinations and, during the school holidays, various excursions so that the pupils could learn how to scrutinize the landscapes. These initiatives were contemporary with the efforts made by the progressive Qing General-Consul in Singapore, Zuo Binglong (左秉隆, in office 1881 – 1891), who sponsored the establishment of literary societies and schools in that city. [3]

According to K. Tj. K. , the school was under the patronage of Confucius, who was worshipped twice a year on the anniversary of his birth and death. In so doing, Tjioe Ping Wie had managed to make Confucius the supporter of the integration of a

---

[1] Kwee Hing Tjiat, *Doea Kepala Batoe*, Berlin, Mauer & Dimmick, 1924, p. 14: "Sampai pada soeatoe hari di pertenga'an abad jang liwat orang Tionghoa di Java dapet merasa jang dirinja moelai anoet dalam aliran penghidoepan asing. Disitoelah kerna matengnja djeman, telah berdiri Hok Kian Kong Tik Soe di Soerabaja, sala satoe Vereeniging Tionghoa jang paling kekal, dari fihak mana blakangan soeda didirikan itoe Khong Tjoe Bio jang terkenal di Kapasan.

Satoe orang Tionghoa toea di Soerabaja jang sekarang soeda wafat dan jang soeda ngalamin gerakan Hok Kian Kong Tik Soe dari awal-moelanja, atas saja poenja pertanjaan pada sepoeloe taoen doeloe, telah djawab: -Malsoednja Hok Kian Kong Tik Soe jalah boeat bikin orang Tionghoa idoep menoeroet atoeran Tionghoa, kerna ada bahaja marika anoet ka laen djoeroesan dan kalelep."

[2] "Ongkos-ongkos sebagian besar dipoekoel oleh goeroe sendiri, dan bila ada tempo senggang, anak-anak moerid sring diadjak djalan-djalan boeat liat roepa-roepa pemandangan, jang sekarang orang bilang excursie", Kwee Teck Hoay, "Pioneers dalam gerakan Kong Kauw Soerabaja", p. 1190.

[3] Zuo Binglong (1850 – 1924) had studied in Guangzhou at the Tongwen guan (同文馆), a government school founded in 1864 for teaching Western languages and later scientific subjects, See Tan Yeok Seong (陈育松), "Zuo Zixing lingshi dui xinjiapo de gongxian (左子兴领事对新加坡的贡献)", in Zuo Binglong (左秉隆), *Qinmiantang shichao* (《勤勉堂诗钞》), Xinjiapo, Nanyang lishi yanjiuhui, 1959, pp. 1 – 9; Chen Mong Hock, *The Early Chinese Newspapers of Singapore* 1881 – 1912, pp. 120 – 121; Ke Mulin (柯木林), "Zuo Binglong lingshi yu xinjiapo shehui (左秉隆领事与新加坡社会)", in *Xinjiapo lishi yu renwu yanjiu* (《新加坡历史与人物研究》), Xinjiapo, Nanyang xuehui, 1986, pp. 117 – 122.

Western style education, while the use of the Confucian chronology, imitating the pattern of Christian chronology, was aimed at comforting the Chinese in their own culture and at showing that they had their own religious leader who in no way was inferior to Jesus. ① In brief, this revival of Confucianism as proposed by Tjioe Ping Wie was rather a means of inicising Western concepts.

This evidence limited as it is nevertheless suggests that the revival of interest in Confucius started quite early in Surabaya, compared to Batavia and even Singapore and the Malay Peninsula, where the use of the Confucian calendar did not appear in inscriptions before the establishment of the first Republic. ②

In Java the Confucian chronology lasted much longer than in Singapore, but with ups and downs. It was not much used in the years following the death of Tjioe Ping Wie, possibly for fear of eventual reprisals from the Qing court which started to send envoys abroad; ③ but perhaps also because several revolutionary groups who were active in Surabaya and worked amidst the reformists were not interested in this calendar.

Judging from the epigraphs at our disposal, there are only two other instances. The first in an inscription dated 1897 kept in the temple of Tegal (Central Java)④ . The date is given according to three calendars and the phrasing

---

①　In Indonesian the same term *nabi* (in Chinese 真主的使者、先知、圣人) is used to designate Jesus (Nabi Isa), Mahomet (Nabi Muhammad) and Confucius (Nabi Kong Hu Cu).

②　Cf. Chen Jinghe (Chen Ching-ho: 陈荆和) & Chen Yusong (Tan Yeok Seong: 陈育松), *Xinjiapo huawen beiming jilu* (《新加坡华文碑铭集录》) (A Collection of Chinese Inscriptions in Singapore), Xianggang, Zhongwen daxue, n. d. [1972]; W. Franke & Chen Tieh Fan, *Chinese Epigraphic Materials in Malaysia* (《马来西亚华文铭刻萃编》), Kuala Lumpur, University of Malaya Press, 1982 - 1987, vol. I. , p. 9 of the introduction and H 1. 62. 2 - 3. Zhuang Qinyong (Chng D. K. Y. 庄钦永), "Maliujia, Xinjiapo huawen beiwen jilu " (《马六甲、新加坡华文碑文辑录》) (Compilation of Inscriptions from Malacca and Singapore), *Minzuxue yanjiusuo ziliao huibian* (《民族学研究所资料汇编》), Field Materials. Institute of Ethnology Academia Sinica 12, Minguo 87 (1998).

③　The Wenmiao still displays an undated wooden panel written and donated by Emperor Guangxu as the sealing in the centre indicates. The first emissary who in 1887 privately visited the Dutch Indies was Wang Ronghe (Ong Eng Ho) (王荣和), a military officer native to Penang who was said to master several languages, among which Malay and English. In Surabaya he was received by the literatus Tjoa Sien Hie (蔡承禧); see the report in *Bintang Soerabaja*, 8/3/1887; see also the information provided by Didi Kwartanada in his "The 'Enlightened Chinese' and the Making of Modernity in Java, c. 1890 - 1911" (unpublished text, 2009), pp. 111 - 119.

④　Franke, Salmon & Siu, *Chinese Epigraphic Materials in Indonesia*, Ⅱ, 2, pp. 594 - 595.

is as follows:

大圣二四四八年 光绪二十三年岁次丁西历一八九七年季春谷旦

2448 years after the birth of the Great Sage, Guangxu 23, year dingyou, Western Calendar 1897, by an auspicious day of spring

The second is in the Wenmiao of Surabaya, where it appeared again in one of the three tablets erected to commemorate the enlargement of the sanctuary in 1906, and which provides the date according to the Confucian and Imperial calendars. Interestingly enough in these two last inscriptions Confucius' birth date is given as being 551 BCE, which indicates that the Chinese of Java had in the meantime followed the Confucian reform movements in Singapore and in mainland China. [1]

The Confucian calendar has remained in use within certain spheres: first by the administrators of the Tiong Hoa Hwee Koan (中华会馆) schools using Confucianism as a basis (the first being founded in Batavia, present Jakarta, in 1900) even after the establishment of the first Republic; [2]later by the members of the various Kong jiaohui (孔教会) or Confucian Associations created on the model of those founded in China in 1912, and which continued to exist after World War II[3]; this calendar was also fashionable in the Sino-Malay press and among some Sino-Malay journalists writing in Malay, such as Lie Kim Hok (李锦福, 1853 – 1912). The latter also employed the Confucian chronology when he wrote fictional works, notably in 1907 in his Malay adaptation of a still unidentified French novel. [4] Presently the Confucian chronology is still used by the people who regard Confucianism as a religion, especially those of the Majelis Tertinggi Agama Khonghucu Indonesia (MATAKIN) or "Supreme Council of Confucian Religion in

---

[1]   Franke, Salmon & Siu, *Chinese Epigraphic Materials in Indonesia*, Ⅱ, 2, p. 695.

[2]   See Nio Joe Lan, *Riwajat* 40 *Taon T. H. H. K. Batavia*, Batavia, THHK, 1940.

[3]   In Java the oldest one, founded in Solo, Central Java, goes back to 1918.

[4]   Lie Kim Hok, *Boekoe tjerita pembalasan dendam hati (Ong Djin Gi)*, Batavia, Hoa Siang In Kiok, 1907.

Indonesia". ①

Conclusion

This brief survey shows that the calendar debates were already in the air in the early 1880s if not earlier and would deserve further research. They may well have started in Hong Kong or in the treaty ports（通商口岸）where the Chinese intellectuals were exposed to Western ideas and could read modern style Chinese newspapers. We have seen above that Tjioe Ping Wie had close connections with Shanghai printing companies. The Straits Chinese merchants（海峡华人商人）on their side had been quick to follow in the steps of the Europeans, and since the 1840s had invested in the treaty ports and were settled there. ② In 1844 the British authoritiesdecided in order to facilitate the commercial activities of these Straits Chinese that the Councillors in Penang, Singapore and Malacca had to furnish certificates proving that they were naturalised British subjects.

As for Kang Youwei who first visited Hong Kong in 1879 and Shanghai in 1882, he goes into details of his proposal for calendrical reforms and other time measurements in his utopia entitled *Datong shu*（《大同书》）or "One World Book". The first draft（then entitled *Renlei gongli*《人类公理》 "Universal Principles of Mankind"）was written between 1884 and 1885, but Kang revised the text at several occasions, and so far only the last version, completed in 1902 when the author was in India, is known. ③

The first issue was to determine the date from which the calendar should begin. Some authors wanted to create calendars starting with the first emperors of

---

① We owe this information to Didi Kwartanada.

② See Song Ong Siang, *One Hundred Years' History of the Chinese in Singapore*, Singapore, The University Malaya Press, 1967 (first edition 1923), pp. 68 – 69; C. Salmon, "Sur les traces de la diaspora des Baba des Détroits: Li Qinghui（李清辉）et son Récit sommaire d'un voyage vers l'Est" (1889)", *Archipel* 56, 1998, pp. 71 – 120 (English translation by Nola Cooke: "On the Track of the Straits Baba Diaspora: Li Qinghui and his 'Summary Account of a Trip to the East' (1889), *Chinese Southern Diaspora Studies*, Vol. 5, http: //csds. anu. edu. au/volume 2013 (forthcoming)

③ The first edition containing the complete text only appeared in 1935; see *Ta T'ung Shu*, *The One-World Philosophy of K'ang Yu-Wei*, Translated from the Chinese, with introduction and notes by Laurence G. Thompson, London, George Allen & Unwin LTD. , 1958, p. 282.

the remote antiquity including Huangdi (黄帝), "The Yellow Emperor", [1] while some others were attracted by religious leaders. [2] Liang Qichao, like Kang Youwei, was of the opinion that Confucius was a far better match than Jesus. He wrote: "Kongzi is the religious leader of the East, and without any contest, the first prominent personality of China" (孔子为泰东教主，中国第一人物，此全国之所公认). [3] Later on Kang Youwei changed his mind. In his utopia, in the chapter on One World Era, "the suggestion is made that a most appropriate year to start from would be the year in which the first great step was taken on the road to One World-The First Hague Conference-which happens also to mark the beginning of the twentieth century in the Western calendar corresponding to the Chinese year *kengtzu*)." [4] The second issue was to make a choice between the lunar and solar calendars. Finally in 1910, Kang wrote a text in which he proposed to opt for the solar calendar (*Gaiyong taiyang lifa zhi yi*《改用太阳历法之议》), anticipating the decision taken in 1912 by the Republic. [5]

The advent of these new chronologies, which reflects the desire of certain intellectuals to find a way to comfort their compatriots in a time of national crisis, also mirrors the deep connections between the diaspora and the motherland.

---

[1] The chronology according to the alleged birth or ascension of the mythical emperor Huangdi, which probably followed the Japanese model of counting the years from the alleged ascension of the legendary Jimmu Tennö (神武天皇) in 660 B. C., was not common in the South Seas. However it was occasionally used by revolutionaries after to the fall of the Qing Dynasty, especially in Padang, West Sumatra, and in Penang, Malaysia. See Franke, Salmon & Anthony Siu (eds.), *Chinese Epigraphic Materials in Indonesia*, I, 1988, p. 411, where is reproduced a tomb inscription in Padang dated 4610 of the Yellow Emperor (黄帝纪元 4610 吉置); see also Franke & Chen Tieh Fan, *Chinese Epigraphic Materials in Malaysia*, II, p. 1140, where a stone inscription commemorating the foundation of a cemetery in Penang is dated "4612" (1914 or 1915).

[2] Cf. Gan Chunsong, "Cong Kang Youwei dao Chen Huanzhang, p. 9, quoting Liang Qichao, "Zhongguoshi xu 中国史序", which appeared in *Qingyi bao* (《清议报》), 3/9/1901, and was reproduced in *Yin bing shi wenji dianjiao* (《饮冰室文集点校》), Yunnan chubanshe, 2001, disan ji (第三集), p. 1624.

[3] Ibid, em.

[4] Ta T'ung Shu, *The One-World Philosophy of K'ang Yu-Wei*, p. 104.

[5] See Zhu Wenzhe, "Qingmo 'jinian' lunzheng de lishi kaocha", pp. 37 – 38.

孔历纪元法是在中国先使用
还是在南洋先使用？

苏尔梦

摘要： 学者一般认为孔子纪年的设想初步形成于 1891 年前后。康有为首次使用孔子纪年则是在 1895 年创立的《强学报》第一期上，1898 年他提倡把孔历当作国历。同年在新加坡，邱菽园在其创立的《天南新报》上也开始使用孔子纪年。然而在南洋，当时孔教和孔子纪元的观念却并非新鲜事物。根据一些华文碑铭和马来文的回忆录的记载，1880 年前后出生于爪哇泗水的一位改革者周［平为］，已经开始使用孔子纪年，其带有双重目的：一是提醒国人中国文化的本位意识，二是引进西洋的思想。因此，不仅关于孔子纪年的起始时间、起源地区需要重新检讨，而且对于处在多元文化交融与碰撞前沿的南洋华人在近代东西方文化交流中的地位与作用也需要郑重关注。

关键词： 孔历纪元　南洋　康有为　周平为

（执行编辑：周鑫）

学术述评

海洋史研究（第六辑）
2014 年 3 月第 285～291 页

朝鲜李朝《备边司誊录》中的广东商人

袁晓春*

　　清朝时期，中国与朝鲜保持良好的官方与民间关系，对彼此海上交往所出现的海难，均有完备的救助措施。朝鲜海船遭遇飓风漂流到中国境内，官府均给银两、衣物、粮食；如有病人，更施药救治，礼送回国。朝鲜方面也有同样的制度规定。朝鲜李朝时期的官方资料《备边司誊录》对漂流到朝鲜境内的中国海船有详细记录，资料弥足珍贵。

　　备边司是朝鲜李朝成宗十三年（1482）为处理边境事务而设立的专门机构。在从事边境事务的官员中选拔专业人员设立郎厅、译官等官职，每天对边境事务进行商议、处置和记录。在《备边司誊录》中，中国商船遇风漂流到朝鲜，朝鲜官员以"问情别单"或"漂人问情别单"、"漂汉问情别单"的形式，对中国商船乘员进行交叉询问，对商船乘员组成、航行目的、货物种类、搭船商人等情况进行详细了解和记录。

　　《备边司誊录》记录有 40 艘漂流到朝鲜半岛的中国海船，其中对清朝广船许必济船以及广东商人李光等搭船贸易等详细记载，由于相关清朝广船及广东商人的史料在中国史籍中并未发现，《备边司誊录》为清朝时期珍贵的航海史料。

一　许必济船的船员年龄、装载货物情况

　　清朝光绪六年（1880），漂流到朝鲜的广船许必济船，其船员年龄普遍年轻，在《备边司誊录》中这样记载：

---

　　* 作者系山东省蓬莱市登州博物馆馆长、副研究员。

问：你们各人姓名什么，年纪多少？

答：许必济年三十四，吴丁年三十一，许长庚年三十九，陈保年四十五，陈奕年三十九，陈巧年二十九，李青年二十九，吴程年二十四，陈雷年三十九，贞兴年二十五。

船长许必济年龄为 34 岁，船员多为 20 多岁至 30 多岁，只有一位船员较为年长，名叫陈保，年龄为 45 岁。虽然许必济船的船员年龄属于个案，但具有一定的参考价值。

《备边司誊录》对福建船员也有记载。明朝万历四十五年（1617），福建林成商船漂流到朝鲜时，林成商船上有船员 41 人，船主林成未随商船出行，船长薛万春年龄 55 岁，其他船员年龄在 20～40 多岁，50～60 多岁的船员为个别现象。其中年龄最大的林太 70 岁，年龄最小的船员萧晋刚 14 岁。由林成商船个案看，福船船员年龄跨度很大。与上述清代广船船员年轻化趋势比较，似乎有些不同。

许必济船的船员仅有 10 人，与《备边司誊录》记载的福船林成商船船员 41 人、黄宗礼商船成员 50 人相比较，许必济船的船员实在是太少了，颇不好理解。《备边司誊录》没有记录广船与福船的大小，船舶的大小决定船员的数量，许必济船船员数量不多，恐怕与船体小有关。

关于许必济船所载货物，据《备边司誊录》记录，许必济船在营口购买了黄豆、红参回广东潮州贩卖。红参，是人参的制成品，是将干人参置入锅中蒸熟后再晒干的人参制品，具有便于储存的特点。清朝时期，据《备边司誊录》记载，南方船只多装载砂糖、胡椒、苏木贩运到北方各港，从北方购回黄豆、人参、红枣、棉花等回南方交易。

二　搭乘许必济船的暹罗商人

《备边司誊录》中记载了暹罗商人搭乘中国商船来华贸易的珍贵史料。据记载，中国广东潮州府汕头船，往暹罗贸易，船上乘员有许必济等十人，却带回暹罗客商 17 人。汕头船是到达暹罗后，载客 17 人返航，抵达山东烟台卖出货物，又收购货物，驶往营口，购买了大豆后，返回潮州时遭遇飓风，漂流到朝鲜。

据记载，许必济船还搭载了暹罗客商的两位女眷。清代，在中国南北方海船中，女人上船是航海的禁忌。广船却允许外国客商的家眷、孩子常年随船贸易居住，不能不让人佩服广船船商与船员敢于打破行船禁忌的勇气。

朝鲜备边司官员碰到中国商船载有外国客商，感到很奇怪，因此进行详细询问：

> 问：暹罗人姓名年纪？
>
> 答：毛红年五十二，王棕年三十九，胶习年三十，绿豆年二十一，铜铃年三十九，总铺年二十三，番毛年二十七，番不年二十八，番德年三十，番甘年三十，番炎年二十二，番兵年二十五，番月年三十九，番旺年二十九，以上十四人，都是船格（客）。一女人是番班，年二十四，毛红之妻。一女人是番只，年二十五，番月之妻。一幼男是毛彬，年二岁，毛红之儿子。
>
> 问：自潮州府，往暹罗国，相距几里？
>
> 答：一万四千里水路。
>
> 问：你们在哪个海面，遭风漂这里？
>
> 答：我们今年五月初四日，从暹罗国发船回来之路，九月二十九日，在山东洋面，忽遭飓风，船只破碎，仅驾从船，飘荡到这里。
>
> 问：你们既在海面漂泊多日，没有淹死与害病之人么？
>
> 答：暹罗国人一名叫番合的不幸落水淹死，我们仗着贵国福庇，幸免于死了。

广船许必济船经常驶往暹罗贸易，因而船载暹罗国商人。暹罗国客商来华贸易，还带着家人，贸易范围涉及中国北方和南方的各个码头，行程之远，不同寻常。这说明在清朝时期中国广船乘员中还有外国客商存在，外国客商跟随中国广船来华往返贸易。

值得注意的是，许必济船上还养了一条狗、一只猫。那么是广船上船员把养狗、猫的习俗带到海船上，还是照顾到船载暹罗客商饲养动物的习惯？从记录"并船上杂用家伙一狗一猫"来看，点明船用家伙及狗、猫，无疑是许必济船上所有，说明是广船船员的饲养动物的习惯，为《备边司誊录》记载40艘漂流到朝鲜的中国海船中所仅见。

三　广东商人李光等搭船贸易的情况

清朝广东商人在沿海的南北方港口间贸易，既有乘坐广船，也有搭乘其他商船贸易的情况。《备边司誊录》第 158 册 "正祖年丁酉"（乾隆四十二年，1777）条记载了广东商人李光等，搭乘天津金长美商船贸易的情况。

金长美商船是漂流到朝鲜的 40 艘中国明清商船中，唯一被详细记录长宽尺度的商船，海船史料十分珍贵。文载：

> 问：你们所破船，官船耶？私船耶？船之长广几许？帆等几个？船号云何？
>
> 答：船是商船，其长十丈，其广一丈六尺，建三桅，前桅长五丈抱半围，中桅长九丈抱二围，后桅长三丈抱半半围，船号则商号第六十九号。

金长美商船的船籍为天津县商字 69 号，属于方头平底的沙船，船长 31.1 米，船宽 4.96 米，该船主桅高度仅比船长稍小一点，这一记载与中国古籍关于古船主桅高度比船长稍短的记载相同。

广东商人搭乘金长美商船的记录是这样的：

> 问：你们二十九人姓名、年纪、居住？……
>
> 答：客人李光年六十，罗五年五十一，以上二人住广东省广州府南海县。

广东商人李光、罗五，一位年龄已到 60 岁，另一位年过五十，但是他们依然辗转于沿海的南北方港口，互市贸易。他们九月二十八日从天津大沽口乘船，运载棉花、红枣前往广东贸易，十一月七日，在山东省登州（蓬莱）海域不幸遭遇大风，十七日漂流到朝鲜境内，大船破裂。朝鲜官员发现乘员中有广东商人，进行询问：

> 问：天津之于广东，比同安尤为绝远。广东客人，缘何作伴耶？
>
> 答：广东客人李光等，以行商来天津，故与之同舟也。

金长美船主要货物是棉花、红枣，朝鲜官员详问道：

问：你们当初装载凉花（注：棉花）几斤，枣子几石，价为几许？

答：凉花一百九十包，枣子一千多担，而凉花每包为一百五十斤，价银十七两，枣子每担为一百斤，价银三两。

问：凉花、枣子，尽为漂失耶，货主是谁？

答：凉花即客人李光等五人之货，枣子是船户金长美之物，尽为漂散渔船破之时，而凉花之漂着浦边者，贵国人拯出，而换给棉布，至八十匹之多，感谢无地。

上述记载表明，广东商人李光等棉花价值白银3230两，船主金长美的红枣价值白银3000多两，船载主要货物为棉花、红枣，该船主要货物总价有6000多两白银。

小　结

由清朝广船的朝鲜史料分析，广船作为中国海船的主要船型，在沿海港埠和东南亚不断进行海内外贸易。从许必济船个案来看，广船船员年龄多为20～30多岁，比较年轻。

广东商人从北方贩卖黄豆、人参至广东贸易，商船上搭载外国客商、女眷、孩子，客商的人数甚至超出船员人数；广船上船员还有饲养狗、猫等动物的习惯。广东商人也有搭乘其他商船贸易的情况。相关朝鲜史料为国内首次介绍，是关于清朝广船海外贸易的珍贵资料。

附录：

《备边司誉录·高宗十七年庚午条》（注：清朝光绪六年　1880年）

庚辰十一月初九日

府启曰：忠清道庇人县漂到大国人九名，暹罗国人十八名，入接弘济院后，使本府共事官及译官，详细问情，别单输入，而今此漂人皆愿速归，留一宿发送，何知。答曰：允庇人县漂人问情别单。

问：一路辛苦啊。

答：吃苦不少。

问：你们是何国人，通共几个人哪？

答：我们十个人，是大清国人，那个十四个人，并两个女人，一个幼男，是暹罗国人，通共二十七人。

问：你们大清国人，住在哪个地方？

答：我们九个人，住在广东省潮州府汕头埠，一个人，住在海南。

问：潮州府距皇城多少路？

答：住在遐方，不知皇城路途几里。

问：海南距潮州府几里？

答：距潮州府南四千里。

问：你们什么缘故，与那暹罗国人，一同骑船？

答：以做买卖缘故，今年五月初四日，在暹罗国，发船前往山东烟台地方，收买货物，又往山东营口地方，买豆装载，要回潮州之致同，载暹罗国十七人，作为船格，使之行船。

问：你们中国人，是民人是旗人？

答：我们都是民人。

问：你们各人姓名什么，年纪多少？

答：许必济年三十四，吴丁年三十一，许长庚年三十九，陈保年四十五，陈奕年三十九，陈巧年二十九，李青年二十九，吴程年二十四，陈雷年三十九，贞兴年二十五。

问：暹罗人姓名年纪？

答：毛红年五十二，王棕年三十九，胶习年三十，绿豆年二十一，铜铃年三十九，总铺年二十三，番毛年二十七，番不年二十八，番德年三十，番甘年三十，番炎年二十二，番兵年二十五，番月年三十九，番旺年二十九，以上十四人，都是船格（客）。一女人是番班，年二十四，毛红之妻。一女人是番只，年二十五，番月之妻。一幼男是毛彬，年二岁，毛红之儿子。

问：自潮州府，往暹罗国，相距几里？

答：一万四千里水路。

问：你们在哪个海面，遭风漂这里？

答：我们今年五月初四日，从暹罗国发船回来之路，九月二十九日，在山东洋面，忽遭飓风，船只破碎，仅驾从船，飘荡到这里。

问：你们既在海面漂泊多日，没有淹死与害病之人么？

答：暹罗国人一名叫番合的不幸落水淹死，我们仗着贵国福庇，幸免于死了。

问：你们见有什么带来的东西么？

答：妈祖神像一位，系是船上供养祈祷的，再有红参九柜，从营口买来的炒饼六匣，羊毛褥五件，雨伞两柄，环刀两柄，斧子一柄，白米一袋，布被二件，干饭一袋，洋铁小匣二个，琉璃壶一个，铜碗一个，铜茶罐一个，洋铁筒一个，并船上杂用家伙一狗一猫。

问：这个衣裳等件，自我朝廷，特给你们，柔远之意好将去罢。

答：多谢，多谢，沿路上多蒙贵国官弁格外顾助，今又蒙如此鸿恩，得返故土，贵国盛德厚泽，实在难忘了。

Guangdong Businessmen in the Korean Historical Materials

Yuan Xiaochun

Abstract：This paper uses *Bibyensadengnok* written during the Li Dynasty of Korean Peninsula to analysis the Guangdong Ship named Xu Biji and Guangdong businessmen named Li Guang and so on, and from it can get the conclusion that the Guangdong Ship crew age between 20 to 30 years old, present a younger trend. On the ship the businessmen bought soybeans and ginseng from the north shipped to Guangdong to sell. And also the captain carried foreign businessmen, women and children on the ship. The number of foreign businessmen was even more than the number of crew, also the crew fed dogs and cats on the ship. In addition, Guangdong businessmen Li Guang and so on boarded the ship for trade. The main cargo on the ship was cotton, value of silver 3230 Liang. The Korean historical materials was first introduced into China, precious overseas materials about the Guangdong Ship in the Qing Dynasty.

Keywords：Korean Historical Materials；*Bibyensadengnok*；Guangdong Businessmen and Guangdong Ship；Foreign Businessmen

（执行编辑：王潞）

海洋史研究（第六辑）

2014 年 3 月第 292 ~ 305 页

吴其濬《植物名实图考》中的广东花卉

魏露苓　　周凯欣[*]

　　清代著名植物学家吴其濬所著《植物名实图考》，是中国传统植物学著作中的精品。书中有一卷专门记录岭南花卉。广东省地处亚热带，有着极为丰富的植物资源，花卉更是全国闻名，省会广州素有花城的美誉。如此多的广东花卉，其中包括从海路传入的名贵植物，在《植物名实图考》中占据一卷的篇幅，可见其受重视的程度。

一　吴其濬及其《植物名实图考》

　　吴其濬（1789 ~ 1847），字季深，号吉兰，河南固始县人，出身中州旺族和官僚世家。他自幼随父在京城读书，勤奋好学，博览群书，28 岁时在科举考试中荣登榜首，是清代河南唯一的状元。吴其濬及第后，先后在广东、湖北、江西、浙江任职，后来先后升任湖广、云贵总督和湖南、浙江、云南、福建、山西巡抚。他为官 30 年，"宦迹半天下"，且"学优守洁"。他不仅政绩斐然，而且对植物具有浓厚兴趣。为了研究植物，他趁在家乡为父母守孝的几年时间里，在固始县城东南十里史河东侧买田十多亩，辟为植物园，取名"东墅"。他在"宦迹半天下"的十多年中，广泛考察任职地方的植物，甚至到田野山林中采集标本。在阅读古籍时，他还特别注意书中关于植物的内容。如此积累多年，撰成《植物名实图考》。[①]

---

　　* 作者魏露苓，华南农业大学农史研究室教授；周凯欣，华南农业大学农史研究室硕士研究生。

　　① 周亚非：《状元植物学家——吴其濬》，《文史知识》1999 年第 3 期。

《植物名实图考》共 38 卷，记录植物近 1700 种，该书以"植物"命名，突破了"本草"的局限，主要论述每种植物的形态、颜色、性味、用途和产地、品名，图文并茂，尤其重点介绍了植物的药用价值、药用部位和药用功能。书中绘图准确细致，注解简明扼要，对于混杂的植物名称，对同名异物或同物异名的现象，都进行了一定的考订。他以古代文献资料为基础，凡书籍中已有记述的品种都注明文献的来源，以实物观察为依据，与文字记载相互印证。所以，学界认为《植物名实图考》综合了前人的研究成果并有所突破，可以称得上是我国 19 世纪的一部植物学专著。

1919 年商务印书馆铅印本《植物名实图考》问世后，在学术上的影响比较大，世界各国研究植物种属及其固有名称的人们都争索《植物名实图考》作为重要参考资料。如日本明治二十二年（1889）出版小型木版式《植物名实图考》38 卷。日本牧野富太郎的《日本植物图鉴》也参考了这部著作。德国人阿尔布莱特·施密特（EnilBret Schneider）在其《中国植物学文献评论》一书（1870 年出版）中，对此书作了很高的评价，认为其中附图刻绘极为精准，最精确者往往可赖以鉴定科或目。不少国家或地区的图书馆迄今还收藏有此书。①

二　《植物名实图考》中广东本土的花卉

《植物名实图考》卷 30，记录广东花卉 29 种，旁征博引，有作者亲见，有纠正前人之误，下面略举数例以证之。

木棉

《植物名实图考》"木棉"条，引用《本草纲目》作者李时珍的观点，说：

> 交广木棉，树大如抱，其枝似桐，其叶大如胡桃叶。入秋开花，红

---

① 关于吴其濬及《植物名实图考》的相关研究成果颇多。对吴其濬生平研究，如周亚非《状元植物学家——吴其濬》，《文史知识》1999 年第 3 期；张灵：《吴其濬的科学精神和治学态度》，《自然辩证法通讯》2010 年第 4 期；等等。对《植物名实图考》的研究，如谢新年等《吴其濬及其〈植物名实图考〉对植物学的贡献》，《河南中医学院学报》2005 年第 6 期；张卫、张瑞贤：《〈植物名实图考〉引书考析》，《中医文献杂志》2007 年第 4 期；陈重明等：《〈植物名实图考〉中的毛茛科植物（1）、（2）》，《中药材》1992 年第 3、4 期；等等。

如山茶花，黄蕊，花片极厚，为房甚繁，短侧相比。结实大如拳实，中有白棉，棉中有子，今人谓之斑枝花，讹为攀枝花。[①]

随后，吴其濬参考李延寿《南史》中所记的林邑诸国出产的可用来纺纱织布的"古贝花"和张勃《吴录》所记的交州永昌的木棉树，说该种树高度与房屋接近，可以十多年不换，结出的果实有酒杯大小，里面的软白之物可用于纺织，认为它们"皆指似木之木棉也"[②]。显然，作者看出，这些"木棉"并非同一种植物。作者再引用《岭南杂记》中的记载：

木棉树大可合抱，高者数丈，叶如香樟，瓣极厚，一条五六叶。正二月开大红花如山茶，而蕊黄色，结子如酒杯。老则拆裂，有絮茸茸，与芦花相似。花开时无叶，花落后半月，始有新绿叶。[③]

《岭南杂记》对木棉的枝、干、叶、花、果以及先开花、后长叶的特点记录准确、清楚。但是，在说到用途时，说果中的絮状物可以做裀褥，海南人用它来纺织，叫"吉贝"或"白叠布"。吴其濬看出《岭南杂记》也将两种都称"木棉"的植物混作一谈。他询问粤人，得知高大乔木的"木棉"并不用于纺织，将它称作"吉贝"是不对的，"以为吉贝，误之甚矣。李时珍以木棉与棉花并入隰草，亦考之未审"。这里介绍的是广州的木棉树（Gossampinus Malabaricus），俗名"攀枝花"。古人往往将纤维作物棉花（Anemone vitifolia Buch）也称作"木棉"，很多古书将二者混为一谈。吴其濬在其著作中纠正了前人（包括李时珍）的错误观点。

含笑

含笑（Michelia Figo），木兰科植物，属内有50多种，我国原产者多达30余种。含笑花的颜色介于白色和黄色之间，有的还带有紫色条纹或紫色斑、晕。即使在盛开时，含笑的花也是半开半合的样子，就像少女含羞微笑，含笑之名由此得来。这类花开放时，发出好闻的香味。吴其濬引《扪

---

① 吴其濬：《植物名实图考》卷30，商务印书馆，1957，第703页。
② 吴其濬：《植物名实图考》卷30，第703页。
③ 吴其濬：《植物名实图考》卷30，第704页。

虱新话》谓：

> 含笑有大、小，小含笑香尤酷烈；又有紫含笑。予山居无事，每晚凉坐山亭中，忽闻香一阵，满室郁然，知是含笑开矣。①

吴其濬征引《南越笔记》中的记载，含笑开放时，"与夜合相类，大含笑则大半开，小含笑则小半开，半开多于晓"②。《艺花谱》说："含笑花产广东，花如兰，开时常不满，若含笑然，随即凋落。"③ 正确说明了含笑的种类、形态特征、颜色与香味。

《植物名实图考》卷30有一目为"喝呼草"，引用《广西通志》谓其叶子的开、合特点：

> 喝呼草干小而直上，高可四五寸，顶上生梢，横列入伞盖，叶细生梢，两旁有花盘上。每逢人大声喝之，则旁叶下合，故曰喝呼草。然随合随开，或以指点之亦合，前合后开，草木中之灵异者也。俗名惧内草。④

他又引《南越笔记》："知羞草叶似豆瓣相向，人以口吹之，其叶自合，名知羞草。"⑤ 作者对该植物的往北引种的情况加以说明：

> 按：此草生于两粤，今好事者携至中原，种之皆生。秋开花茸茸成团，大如牵牛子，粉红娇嫩，宛似小儿帽上所饰绒球。结小角成簇，大约与夜合花性形俱肖，但草本细小，高不数尺。手拂气嘘，似皆知觉；大声恫喝，即时俯伏。⑥

显然，这一植物是含羞草（Mimosa Pudica），为豆科多年生草本或亚灌

① 吴其濬：《植物名实图考》卷30，第704页。
② 吴其濬：《植物名实图考》卷30，第704页。
③ 吴其濬：《植物名实图考》卷30，第704页。
④ 吴其濬：《植物名实图考》卷30，第714~715页。
⑤ 吴其濬：《植物名实图考》卷30，第715页。
⑥ 吴其濬：《植物名实图考》卷30，第715页。

木，叶为羽状复叶。叶子受到外力触碰会立即闭合，所以得名"含羞草"。花为粉红色，形状似绒球。书中"叶似豆瓣相向"，"大声恫喝，即时俯伏"，花"粉红娇嫩""宛似小儿帽上所饰绒球"的描写，惟妙惟肖。

铁树

《植物名实图考》"铁树"条目下，并非现今常说的学名为"苏铁"（Cycas Revoluta）的铁树，而是朱蕉（Cordyline Fruticosa），龙舌兰科，叶紫红色，干高1~3米。书中引《岭南杂记》谓："铁树高数尺，叶紫如老少年，开花如桂而不香。"[①] 再引《南越笔记》：

> 朱蕉，叶芭蕉而干棕竹，亦名朱竹。以枝柔不甚直挺，故以为蕉。叶组色生于干上，干有节，自根至梢，一寸三四节，或六七节甚密，然多一干独出，无旁枝者。通体铁色微朱，以其难长，故又名铁树。[②]

作者特别提到铁树的药用价值："铁树治痢证有神效，广西土医用之。"[③]这是作者勤于考察和调查而得来的新的发现。

石蒜

在"换锦花"条目中，《植物名实图考》引《南越笔记》：

> 脱红换锦，脱绿换锦，此换锦之所以名也。叶似水仙，冬生，至夏而落。独抽一茎二尺许，作十余花，花比鹿葱而大，或红、或绿；叶落而花，故曰脱红、脱绿。花落而叶，故曰换锦，花与叶两不相见也。[④]

吴其濬作出判断曰："此即石蒜一类。唯花肥多、茎粗稍异。"[⑤] 石蒜，广义指石蒜科石蒜属植物。石蒜属植物在全世界有20余种，我国有16种。花色和植物形态各有差别，有红花系、黄花系、白花系、复合花系。最常见

---

① 吴其濬：《植物名实图考》卷30，第714页。
② 吴其濬：《植物名实图考》卷30，第714页。
③ 吴其濬：《植物名实图考》卷30，第714页。
④ 吴其濬：《植物名实图考》卷30，第714页。
⑤ 吴其濬：《植物名实图考》卷30，第712页。

的是红花石蒜（Lycoris Radiata）。这类植物虽然颜色、花形有些区别，但是它们都是春夏开花，花谢之后才长叶。"换锦""花与叶两不相见"是其特点。作者以此正确断定"换锦花"为石蒜类。

不过，吴其濬对一些广东植物的认识也有错误的地方。在"马缨丹"条目中，《植物名实图考》引《南越笔记》说：

> 一名山大丹，花大如盘，蕊时凡数十百朵，每朵攒集成球，与白绣球花相类。首夏时开，初黄色，蕊须如丹砂，将落复黄，黄红相间，光艳炫目，开最盛、最久，八月又开。有以大红绣球名之者。又以其瓣落而枝矗起槎枒，甚与珊瑚柯条相似，又名珊瑚球。言大红绣球者，以其开时也；言珊瑚球者，以其落时也。①

吴其濬解释说："按马缨丹又名龙船花，以花盛开时值竞渡，故名。"②在这里，吴其濬混淆了龙船花和马缨丹。《南越笔记》中描写的龙船花（Lxora Chinensis），并非马缨丹（Lantana Camara L.）。龙船花与马缨丹确实相似，但是还是有区别的。马缨丹属于马鞭草科灌木，又叫五色梅、臭草，每年5～9月开花。头状花序如铜钱大小。叶卵形，多绉，边缘有锯齿。龙船花又名英丹、仙丹花、百日红，为茜草科龙船花属植物。植株低矮，顶生伞房状聚伞花序，盛开时，"每朵攒集成球"，有几分像绣球。花色丰富，有红、橙、黄、白、双色等。它单朵花很小，但是"攒集成球"的花序可以"大如盘"。叶革质、有光泽，全缘。龙船花花期较长，每年3～12月均可开花。端午节时开得最盛、最集中，所以叫"龙船花"。显然，马缨丹与龙船花既非同一种植物，又非同一科属的近亲。《南越笔记》介绍的是龙船花，而非马缨丹，但二者都是岭南常见花卉。

三　《植物名实图考》中广东从海外引种的花卉

《植物名实图考》记录植物近1700种，南方的植物种类超过北方。在卷28、卷29中，几乎全为云南特有的原产植物；卷30中则全为广东植物，

---

① 吴其濬：《植物名实图考》卷30，第709页。
② 吴其濬：《植物名实图考》卷30，第709页。

近半数为海外引进物种，反映了广东古代海外交往中外来物种的引进与栽培成功之处。

素馨

古代岭南花卉种类繁多，但绝少香者。海外引种的花卉素馨（Jasminum Grandiflorum）、茉莉［Jasminum Sambac（Linn.）Aiton］，香味浓烈，特别受岭南人青睐。① 《植物名实图考》为素馨大着笔墨，引用古代文献达 7 种之多。如《南方草木状》记载：

> 耶悉茗花、末利花，皆胡人自西国移植于南海，南人爱其芳香，兢植之。②

陆贾《南越行记》谓："南越之境，五谷无味，百花不香。此二花特芳香者，缘自别国移至，不随水土而变，与夫橘北为枳异矣。"③

《植物名实图考》引用《龟山志》，说明素馨原名"野悉密"。南汉皇帝刘鋹有位宠幸的侍女名叫"素馨"，她死后其冢上生此花，因而改名素馨。另外，《岭南杂记》所描写的种花、卖花的情景，反映广州"花城"风情：

> 素馨较茉莉更大，香最芬烈，广城河南花田多种之。每日货于城中，不下数百担，以穿花灯、缀红黄佛桑。其中妇女，以彩线穿花绕髻，而花田妇人则不簪一蕊也。④

《植物名实图考》用大量篇幅征引《南越笔记》描写采摘素馨的情况：

> 以天未明，见花而不见叶，其梢白者，则是其日当开者也。既摘，覆以湿布，毋使见日，其已开者则置之。花客涉江买以归，列于九门，

---

① 学者们对素馨花作了颇多研究，如魏露苓《一生衣食素馨花》，《学术研究》1997 年第 10 期；周正庆：《素馨出南海，万里来商舶——清代中期以前的素馨花研究》，《传统中国社会与明清时代——冯尔康先生八十华诞纪念论文集》，天津人民出版社，2013，第 267 ~ 283 页。
② 吴其濬：《植物名实图考》卷 30，第 706 页。
③ 吴其濬：《植物名实图考》卷 30，第 706 页。
④ 吴其濬：《植物名实图考》卷 30，第 706 页。

一时穿灯者、作串与缨络者数百人，城内外买者万家，富者以斗斛，贫者以升，其量花若量珠。①

在气候炎热的广东，素馨花有清凉解暑作用，"怀之辟暑，吸之清肺气"。素馨花可以提炼香料，"儿女以花蒸油，取液为面脂、头泽，谓能长发、润肌"。该花卉还可以用来加工香茶或食品，"或取蓓蕾，杂佳茗贮之；或带露置瓶中，经信宿以水点茗；或作格悬系瓮口，离酒一指许，以纸封之，旬日而酒香彻。其为龙涎香饼、香串者，治以素馨，则韵味愈远"。素馨因四季开花不断而受赞赏，"隆冬花少，曰雪花，摘经数日仍开。夏月多花，琼英狼藉，入夜满城如雪，触处皆香，信粤中之清丽物也"②。吴其濬将其花名的演变、种植、销售、加工记录得清清楚楚。

茉莉

与素馨相比，《植物名实图考》中"茉莉"条目简单得多。作者只说："此草虽芳馥，而茎叶皆无气味。又其根磨汁，可以迷人，未可与芷、兰为伍。退入群芳，只供簪髻。"③

素馨、茉莉原产西亚，至迟在魏晋南北朝时期就由商舶带到岭南，到吴其濬来到两广任职的时候，这两种花卉已经与本土植物无异。

紫荆

"紫荆"，学名"羊蹄甲"（Bauhinia Purpurea L.）。在《植物名实图考》中，它被称作"玲甲花"，也是外来植物："番种也，花如杜鹃，叶作两歧，树高丈余，浓阴茂密，经冬不凋，夷人喜植之。"④ 该花叶形状像羊蹄，中间有一分岔，作者很形象地描绘成"叶作两歧"。羊蹄甲花有紫红、粉红、白三种。其花朵是轴对称的，处在对称轴上的花瓣上有斑点。无论花形，还是基本色调，都与杜鹃花有一定的相似之处，花期时像杜鹃花一样灿烂美丽，但比杜鹃花长得多。

---

① 吴其濬：《植物名实图考》卷30，第706～707页。
② 吴其濬：《植物名实图考》卷30，第706～707页。
③ 吴其濬：《植物名实图考》卷30，第705～706页。
④ 吴其濬：《植物名实图考》卷30，第713页。

刺桐

《植物名实图考》中的"赪桐"今称"刺桐"〔Erythrina Variegata L. Var. orientalis（L.）Merr〕，原产于东南亚，至迟在唐代引入岭南。《植物名实图考》引《南方草木状》说："赪桐花，岭南处处有，自初夏生至秋，盖草也。叶如桐，其花连枝萼，皆深红之极者，俗呼之贞桐花。贞，音讹也。"作者认为：

> 赪桐，广东遍地生，移植北地，亦易繁衍。京师以其长须下垂，如垂丝海棠，呼为洋海棠。其茎中空，冬月密室藏之，春深生叶。插枝亦活。①

刺桐的花序为总状花序。花红得极为艳丽、纯正。"呼为洋海棠"，实际比海棠更为鲜艳夺目。

夹竹桃

夹竹桃（Nerium Indicum Mill）原产于西亚，初传中土时用其音译名称"俱那异"，后来因其叶有几分像竹而花色像桃花一样鲜艳，改称夹竹桃，一年三季开花，抗虫害、耐贫瘠、抗污染。绿化美化作用超过桃花。《植物名实图考》"夹竹桃"条目中，吴其濬引李衎《竹谱》："'夹竹桃'自南方来，名拘那夷，又名拘拏儿。花红类桃，其根叶似竹而不劲，足供盆槛之玩。"引《闽小记》："南方花有北地所无者，阇提、茉莉、俱那异，皆出西域。盛传闽中枸那卫即俱那异，夹竹桃也。"②

凤凰花

《植物名实图考》中所记的"凤凰花"，是吴其濬亲眼所见。他这样描述这种外来植物：

> 树叶似槐，生于澳门之凤凰山，开黄花，经年不歇，与叶相垺。深

---

① 吴其濬：《植物名实图考》卷30，第702～703页。
② 吴其濬：《植物名实图考》卷30，第703页。

冬换叶时，花少减，结角子如麦豆，今园林多植之，或云洋种也。①

这种植物是黄槐（Cassia Surattensis），别名"金凤树"，豆科，槐属。该树的叶子确实很像槐树，在花未开时，与槐树很难区分。吴其濬成功地将黄槐与另一种同样属豆科的"金凤花"区别开来：

《岭南杂记》金凤花色如凤，心吐黄丝，叶类槐。余在七星岩见之，从僧乞归其子，种之不生。②

金凤花〔Delonix Regia（Boj.）Raf.〕是凤凰木的一个品种，花呈鲜艳的金黄色，杂有红色斑纹。花蕊比较长，明显伸出花冠之外。叶为二回羽状复叶，显然比槐叶细小。这两种在名称和性状上都有相似之处的花卉，只有亲自观察后才能区分。

鹤顶

在"鹤顶"条目中，《植物名实图考》记述鹤顶"产广东，又名吕宋玉簪，叶如射干叶，花六瓣，深红黄蕊，似山丹而瓣圆大"③。此种花卉现称朱顶红（Hippeastrum Rutilum），属百合科，书中对其花形和颜色的描绘非常准确。言其叶"如射干叶"尚可，但是株形与射干不同。以其花颜色鲜红并着生在花莛的顶端而称它"鹤顶"，颇有雅趣。

文殊兰

文殊兰（Crinum Asiaticum）是石蒜科的植物，名叫"兰"而不属兰科。《植物名实图考》记载其是当时新传入的：

文兰树，产广东。叶如萱草而阔长，白花似玉簪而小，园亭石畔多栽之。按此草近从洋舶运至本地，亦以秋开。

① 吴其濬：《植物名实图考》卷30，第705页。
② 吴其濬：《植物名实图考》卷30，第705页。
③ 吴其濬：《植物名实图考》卷30，第710页。

文殊兰原产印度尼西亚苏门答腊，被佛教寺院归入"五树六花"而种在寺院。吴其濬引《南越笔记》所记与诸兰花相比较：

> 文殊兰叶长四五尺，大二三寸而宽，花如玉簪、如百合而长大，色白甚香，夏间始开，是皆兰之属。江西、湖南间有之，多不花。土医以其汁治肿毒。因有秦琼剑诸俚名。①

文殊兰带状叶子翠绿而又光亮，一根花莛上可开十几朵白花，花修长、芳香。与一般石蒜科植物不同的是，文殊兰的叶子四季常青。花开时，绿叶衬白花，非常雅致。

西番莲

西番莲（Passiflora Caerulea）的主要产地在澳大利亚、美国的夏威夷及佛罗里达州、南非、肯尼亚、巴西等。果实味酸，有特殊的香味，营养丰富。它的花也很美丽。初开时苞片先展开，状如莲花，全开后，整朵花很像"非洲菊"的头状花序。《植物名实图考》称西番莲为"转心莲"。吴其濬引《南越笔记》，将这一花卉开花过程中的变化描写得非常到位，"西番莲，其种来自西洋，蔓细如丝，朱色缭绕篱间。花初开如黄白莲，十余出。久之十余出者皆落，其蕊复变而为鞠，以莲始而以鞠终，故又名西洋鞠"②。

芦荟

芦荟（Aloe vera var Chinensis）原产于西亚、非洲，叶子肥厚、汁液充盈、营养丰富，可做成饮料、食品或美容保健品。在中国，芦荟不常开花，通常靠分株繁殖。《植物名实图考》称之为"油葱"，即"罗帏草"。《岭南杂记》谓：

> 油葱形如水仙叶，叶厚一指，而边有刺。不开花结子，从根发生，长者尺余。破其叶，中有膏，妇人涂掌中以泽发代油，贫家妇多种之屋

---

① 吴其濬：《植物名实图考》卷30，第708页。
② 吴其濬：《植物名实图考》卷30，第710~711页。

顶。问之则怒，以为笑其贫也。①

　　吴其濬发现它的药用价值，猜测其名称的由来："油葱，粤西人以其膏治汤火灼伤有效，又名罗帏花，如山丹，以为妇女所植，故名。"②作者根据"妇女所植"，想当然地认为这是它叫"罗帏草""罗帏花"的原因——以"罗帏"借代妇女，表示和妇女有关。其实，芦荟叫"罗帏"，是它的拉丁语名称 Aloe、阿拉伯语名称 alloeh 的转译。古代中国人有将外国名称"省译"的习惯，如"阿罗汉"简称"罗汉"。拉丁名 Aloe 音译为"罗帏"，阿拉伯语名 alloeh 译为"芦荟"。最初传入时，以其草本，称为"罗帏草"。

小　　结

　　吴其濬《植物名实图考》将广东地区如此之多的来自海外的"洋种"植物集中在同一卷进行详尽研究，这在中国古农书中是前所未见的。著名农书《齐民要术》（北魏贾思勰著）卷 10 中也有专门讲述非中国原产的植物，但是与《植物名实图考》比较，有许多不同：一是涉及地域范围不同。《齐民要术》成书于南北朝时期，作者生活的范围只限于黄河流域及其以北地区，把这个范围以外的地方都看成外国。所以，《齐民要术》中"非中国"植物，在今天看来，只有来自交趾、九真、粟特、日本国、斯调国的植物是真正的外来物种，其他都是中国本土的东西。③《植物名实图考》写成于中国大统一的清朝，作者吴其濬"宦迹半天下"，眼界远比贾思勰开阔。所以《植物名实图考》涉及地域广阔得多，记录的外国物种来自亚、非及新大陆。二是《齐民要术》所记外来物种，均引自前人著述，不乏神话成分。《植物名实图考》也有不少引经据典的地方，但不乏作者本人的发现，只记录植物性状、特点、用途等内容，不涉荒诞传说。这是该书的价值远高于以往的中国传统植物学著作的重要原因之一。

　　大量海外植物移植至广东并生存下来，与岭南地区自古就是海上交通的中心有密切关系。在清朝闭关锁国的时候，广州仍然保持"一口通商"。而

---

　　① 吴其濬：《植物名实图考》卷 30，第 713 页。
　　② 吴其濬：《植物名实图考》卷 30，第 713 页。
　　③ 贾思勰：《齐民要术》，沈阳出版社，1995，第 186~232 页。

且，广东华侨众多，毗邻澳门、香港，都为引进境外物种提供了得天独厚的有利条件。同时，广东亚热带气候使来自温暖地区的植物引种成功成为可能。在对外交往更为频繁的今天，广东有更多的机会引种有价值的海外植物，但是在防止外来物种入侵上，也比国内其他地区承担更大的责任。

附表：《植物名实图考》卷30记录来自海外的花卉

古 名	今 名	拉 丁 名	来 源	性 状
末利	茉莉	Jasminum Sambac (Linn.) Aiton	此花特芳香者，缘自别国移至，不随水土而变，与夫橘北为枳异矣	此草虽芳馥，而茎叶皆无气味
素馨	素馨	Jasminum Grandiflorum	此花特芳香者，缘自别国移至，不随水土而变，与夫橘北为枳异矣	入夜满城如雪，触处皆香
玲甲花	羊蹄甲	Bauhinia Purpurea L.	番种也	花如杜鹃，叶作两歧，树高丈余，浓阴茂密，经冬不凋
赪桐	刺桐	Erythrina Variegata L. Var. Orientalis (L.) Merr	呼为洋海棠	叶如桐，其花连枝萼，皆深红之极者
夹竹桃	夹竹桃	Nerium Indicum Mill	名拘那夷，又名拘拏儿，俱那异，出西域	花红类桃，其根叶似竹而不劲
凤凰花	黄槐	Cassia Surattensis Burm. f.	或云洋种也	树叶似槐，生于澳门之凤凰山，开黄花，经年不歇，与叶相垺。深冬换叶时，花少减，结角子如麦豆
文兰树	文殊兰	Crinum Asiaticum	此草近从洋舶运至本地	叶如萱草而阔长，白花似玉簪而小，园亭石畔多栽之
鹤顶	朱顶红	Hippeastrum Rutilum	又名吕宋玉簪	叶如射干叶，花六瓣，深红黄蕊，似山丹而瓣圆大
油葱（罗帏草）	芦荟	Aloe vera var Chinensis		形如水仙叶，叶厚一指，而边有刺。不开花结子，从根发生，长者尺余
西番莲	西番莲	Passionfora Caerulea	其种来自西洋	蔓细如丝，朱色缭绕篱间。花初开如黄白莲，十余出。久之十余出者皆落，其蕊复变而为鞠，以莲始而以鞠终，故又名西洋鞠
黄兰			或云洋种	丛生硬茎，叶似茉莉。花如兰而黄，极芳烈

续表

古　名	今　名	拉　丁　名	来　　源	性　　状
百子莲			或云洋种	色极娇丽,一花经数日不蔫
珊瑚枝			或云番种	
华盖花			或云番舶携种种生者	叶如秋葵,花似木芙蓉,未晓而开,清晨即落,良夜秉烛,始见其花

On the Flowers in Guangdong in
On the Plants and Their Names and Graphs

Wei Luling, Zhou Kaixin

Abstract：*On the Plants and Their Names and Graphs* by Wu Qijun, the famous botanist in the Qing Dynasty was the best of all traditional Chinese botanical books. In Chapter 30 of this book, all the plants are found in Guangdong, almost half of which were from outside China. In Chapter 10 of *Qi Min Yao Shu* by Jia Sixie, immigrant plants were also recorded. In *Qi Min Yao Shu*, there are quotations from other books, while in *On the Plants and Their Names and Graphs*, there are both quotations and the author's own discoveries and viewpoints. There exist so many foreign plants in Guangdong, because Guangdong had many contact with the outside world, and also because the climate in Guangdong suite tropical plants from foreign countries. Nowadays, Guangdong has more chance to get plants from outside world, but it is harder for Guangdong people to protect against the invading of harmful plants from outside world.

Keywords：*On the Plants and Their Names and Graphs*；Guangdong Flowers；Immigrant Plants

（执行编辑：杨芹）

海洋史研究（第六辑）

2014 年 3 月第 306 ~ 310 页

探索整体史视野下的海洋区域史研究

——"澳门、广东与亚太海域交流史"国际学术研讨会综述

王　潞*

2012 年 12 月 4 ~ 5 日，"澳门、广东与亚太海域交流史"国际学术研讨会在澳门召开，会议由广东省社会科学院广东海洋史研究中心、澳门大学社会科学及人文学院中文系、澳门大学澳门研究中心、德国慕尼黑大学汉学研究所、日本关西大学东西学术研究所共同举办，来自德国、法国、日本和中国大陆以及中国香港、澳门、台湾地区的 40 余名学者参加了本次会议。

海洋作为人类陆地活动的边界，也经常成为涉海国家的边界，随着人类认识海洋、利用海洋的程度加深，海洋又更多地成为将涉海国家联系起来的纽带和桥梁。当下关注海洋区域史研究，不得不提及 20 世纪三四十年代以布罗代尔为代表的法国年鉴学派，布罗代尔所构建的"地中海模式"超越民族国家的边界，将特定海域中的国家与文化体视为共存、互动而又充满矛盾的整体，这对学界影响深远。此后，一些学者试图将布罗代尔的理论，运用于特定的海洋空间——例如南中国海、印度洋等，提出"东方地中海""小地中海"等概念，对不同海域史研究有一个比较性和总体性的把握。当然，"地中海模式"及其理论是否具有广泛的适用性也受到质疑。

自 20 世纪 80 年代起，海洋史研究在我国逐渐受到重视，然而学者们多侧重于从国际关系、文化交流等角度探讨涉海历史，海洋历史附属于陆地历

---

* 作者系广东省社会科学院历史与孙中山研究所、广东海洋史研究中心助理研究员。

史并成为后者的延伸。90 年代以来，国内学者不断强调"以海洋为本位的整体史研究"，以海洋活动群体为历史主角，将海岸线陆域、海岛和海域作为研究主体。当学者们发现特定海域的一些特点同时在其他海域出现而具有普遍性意义，甚至进而影响到邻近甚至更远的海域时，有必要从更宽广的视域去探索海域发展的规律，整体视野变得不可或缺，研究空间与研究领域随之拓宽。

此次会议聚焦澳门、广东，旁及南中国海周边地区，尝试在亚太海域互动背景下探讨其间的贸易网络、文化交流、移民活动、海洋管理等问题，可视作是对整体史视野下海洋区域史向纵深方向发展的持续探索，简述如下。

贸易与网络

汤熙勇（台湾"中研院"人文社会科学研究中心研究员）《荷兰东印度公司处理船难的方法——以台湾附近海域为中心》一文，主要依据汉译荷文资料，探讨荷兰东印度公司的海难船只处理及人员救援机制，并分析了荷兰在以台湾附近海域为中心向四周扩散的贸易航线和网络。松浦章（日本关西大学文学部教授）依据英国议会文书，在《19 世纪初期美国商船的广州贸易》一文中，对来往于中国的美国商船数量、路线和载运货物进行爬梳，介绍了美国与广州之间的早期贸易状况。王元林（暨南大学历史系教授）《1840 年前琼州府港口分布与贸易初探》、焦鹏（暨南大学香山文化研究所讲师）《清初广东对日贸易——以〈华夷变态〉为中心》、岑玲（日本关西大学东亚文化研究科博士研究生）《清代漂流到广东、澳门的琉球漂流船之海难救助》等文在议题之余，对海洋贸易与网络均有所涉及。

海洋管理

徐素琴（广东省社会科学院广东海洋史研究中心研究员）《清政府"夷务"管理体制中的行商与澳门葡人》分析了行商与澳门葡人在清政府外交事务中所承担的职责和发挥的作用，并指出这种管理体制存在的局限。白斌（宁波大学海洋文化与经济研究中心讲师）《海洋安全与渔业生产——近代浙江海洋护渔制度的变迁》、王一娜（广东省社会科学院广东海洋史研究中心助理研究员）《清代广府公约、公局对滨海地区的管理》、王潞（广东省社会科学院广东海洋史研究中心助理研究员）《清初广东迁界、展界与海岛管治》等文分别从制度层面对沿海陆地、海岛、海域的管理问题展开探讨。

同样从制度层面，有的学者从海上防御角度考察古代职官和军事制度，如杨芹（广东省社会科学院广东海洋史研究中心助理研究员）《宋代广南东路经略安抚使在海上防卫、交往方面之职能研究》一文，在梳理宋代广南东路安抚使的职能基础上，分析了其对宋朝海防和海上交通等政策的影响；陈贤波（广东省社会科学院广东海洋史研究中心副研究员）《柘林兵变与明代中后期广东的海防体制》一文则以"柘林兵变"为中心，探究明代中后期广东海防体制的若干变化。

中外交流

李庆新（广东省社会科学院广东海洋史研究中心研究员）《鄚氏河仙政权（"港口国"）及其对外关系》一文探究越南华人鄚玖所建立的河仙政权及其与清朝、中南半岛国家的关系。作者强调，17～18世纪东南亚一些国家政权模式不同于以农业为立国基础的传统大陆帝制政权（如中国），采用多元化的视角和多样化的标准考察这些政权的类型、性质、特征及发展规律等众多问题，有助于全面准确地把握东南亚各种不同形态的政治实体的差异。刘洪波（中国社会科学院历史研究所《中国史研究动态》主编）《交广分治及其对岭南社会的影响》一文，勾勒了交、广分治前的交州形势和交、广分治的过程，作者认为东汉末年的交广分治对交趾和广州的政治、经济、文化以及风俗习惯都产生了深远影响。对此问题的讨论，有助于理解古代交广两地文化发展的走向及其差异性。

Claudine Salmon（法国国家科学中心研究员）《孔历纪元法是在中国先使用还是在南洋先使用？》，依据东南亚地区的碑铭和马来文回忆录，探讨了清末孔教在南洋的影响和孔子纪年使用时间。对于学界普遍认为孔子纪年在1891年形成于中国，作者认为爪哇华人使用孔历纪年的时间更早，文中对其使用目的和原因作了进一步分析。夏露（北京大学外国语学院东南亚系副教授）《李文馥的广东、澳门之行与中越文学交流》，高凯（郑州大学

历史学院教授）《从唐宋时期中印交通的变化看中国麻风病的分布特点》，
陈伟明、林诗维（分别为暨南大学历史系教授、暨南大学历史系博士生）
《近代爪哇华人蔗糖业探源——兼论福建蔗糖业对巴达维亚蔗糖业的影响》
等文也对以海洋网络为基础的中外交流进行了不同视角的诠释。王亦铮
（日本关西大学文学研究科博士研究生）《泉州的海外移民与文化交流》、陈
其松（日本关西大学文学研究科博士研究生）《西洋画报中的美国鸦片报道
及中国移民——以 Harper's Weekly 为中心》等文也对海外移民以及相关的经
济、政治、文化交流进行了探讨。

海外移民与侨乡

郑德华（澳门大学社会科学及人文学院中文系教授）《河海网络的交织
与互动——省港澳与广东侨乡形成研究》一文，从区域角度研究侨乡变化，
作者认为侨乡是近代社会的产物并具有时代特色，除海外贸易等外部因素，
省港澳地区的自然因素及区域内部联系与变化对侨兴形成的作用同样不容低
估。相同议题的论文尚有石坚平（五邑大学广东侨乡文化研究中心副教授）
《侨乡之链：战后四邑侨汇网络的恢复与重建》。

新方法、新史料运用

挖掘地方文献、海图资料，通过田野考察，获取前人所未及或被忽略的
新史料，开拓前沿研究领域，也是本次研讨会的重要收获。周鑫（广东省
社会科学院广东海洋史研究中心助理研究员）在《宣统元年石印本〈广东
舆地全图〉之〈广东全省经纬度图〉考》长文中，通过对海图的考证分析，
揭示南海海域名称与管理的一些变化，指出《广东全省经纬度图》是晚清
以来广东地图测绘技术发展与疆域地理知识拓展的必然结果，是光宣之际中
国政府与知识界维护南海主权的直接体现。通过追溯底图、检测编绘机缘，
与考订"东沙岛""西沙群岛"的资料来源，我们可以清楚地看到西方经纬
度测绘技术在晚清以来广东地图的知识累积与绘图方法中日渐扩展的过程；
另外，我们也能够清楚地看到晚清以来中国海疆理念、海疆知识的活力与不
足。该文体现了作者相当深厚的功力与独到的研究视角和方法。贺喜（香
港中文大学历史系讲师）在《流动的神明：硇洲岛的祭祀与地方社会》一

文中，依据当地碑铭和访谈材料考察"水上人"上岸和祭祀神明的历史变迁，并揭示由此反映的独特的文化传统和社会结构，值得关注。

总之，与会者力图突破政治与地理的界限，呈现广东、澳门与亚太海域相互交融又各有特色的区域历史、海陆互动的发展面貌。会议中，学者们对贸易港口、海外移民、侨乡涵义界定和侨乡功能等问题进行了讨论，观点碰撞与方法切磋引发海洋史研究的新思考。然而，"亚太海域"作为涵盖亚洲和环太平洋地区的广阔海域被提出，缘于海洋文明交流的日趋密切而建立起的实质性的内在联系和互动现象。当然，作为其组成部分的东亚、东南亚、印度洋、太平洋等海域的区域性差异同样值得探讨。打通和连接各个海域从而真正揭示相互融合又异常复杂的海洋史结构性变迁与全景式概貌，任重而道远。

特别要指出的是，在本次会议中，老一辈学者和青年学者在学术成果、研究方法上展开热切交流，有学者从思维方式和研究方法上激发青年人大胆突破，还有学者针对当前海洋史研究的不足，勉励青年人勇于探索，不断开拓海洋史研究的边疆与处女地。这些对于海洋史研究的传承与发展具有促进作用，相信这次会议将有助于推进国际海洋史研究和我国海洋史学科建设。

（执行编辑：周鑫）

后 记

2012 年 12 月 4~5 日，由广东省社会科学院广东海洋史研究中心与澳门大学社会科学及人文学院中文系、澳门大学澳门研究中心、德国慕尼黑大学汉学研究所、日本关西大学东西学术研究所联合主办的"澳门、广东与亚太海域交流史"国际学术研讨会在澳门召开。本次会议的学者来自多个国家和地区，既有 Claudine Salmon、松浦章、郑德华教授等前辈学者，更多是来自中国大陆及香港、澳门、台湾地区和日本等国的青年学人，后生力量的成长成为本次海洋史会议的喜人景象。

会议议题体现了国际海洋史学向纵深发展的态势，会后经专家评阅，选择与会学者提交的论文，以及国内外学者相关议题的其他来稿，共 16 篇，分海洋历史地理、海洋贸易、海界纷争、海洋意识、岛民信仰、侨乡社会等专题，作为本刊第六辑出版。

编 者

2013 年 7 月 28 日

征 稿 启 事

　　《海洋史研究》是广东省社会科学院广东海洋史研究中心主办的学术辑刊，由社会科学文献出版社（北京）公开出版。

　　广东海洋史研究中心成立于 2009 年 6 月，以本院历史研究所为依托，聘请海内外著名学者担任学术顾问和客座研究员，开展与国内外科研机构、高等院校的学术交流与合作，致力于建构一个国际性海洋史研究基地与学术交流平台，推动中国海洋史研究。本中心注重海洋史理论探索与学科建设，以华南区域与南中国海海域为重心，注重海洋社会经济史、海上丝绸之路史、东西方文化交流史，海洋信仰、海洋考古与海洋文化遗产等重大问题研究，建构具有区域特色的海洋史研究体系。同时，立足历史，关注现实，为政府决策提供理论参考与资讯服务。为此，《海洋史研究》力图通过呈现国内外海洋史研究的前沿动态，反映上述学术旨趣。诚挚欢迎国内外同行赐稿。

　　凡向《海洋史研究》投寄的稿件必须为首次发表的论文，请勿一稿两投。

　　来稿不拘中、英文，正文注释统一采用页下脚注，字数以不超过 20000 字为宜。

　　来稿请直接通过电子邮件的方式投寄，并务必提供作者姓名、机构、职称和详细通信地址。原则上，编辑部将在接获来稿两个月内向作者发出稿件处理通知，在此期间欢迎作者向编辑部查询。

　　来稿统一由本刊学术委员会审定。

　　《海洋史研究》暂不设稿酬，来稿一经采用刊登，作者将获赠该辑书刊 2 册。

《海洋史研究》编辑部联络方式如下：

中国广州市天河北路 369 号广东省社会科学院广东海洋史研究中心

邮政编码：510610

电子信箱：hysyj@ aliyun. com

联系电话：86 - 20 - 38803162

Manuscripts

Since 2010 the *Studies of Maritime History* has been issued per year under the auspices of the Centre for Maritime History, Guangdong Academy of Social Sciences.

The Centre for Maritime History was established in June 2009, which relies on the Institute of History to carry out academic activities. We encourages social and economic history of South China and South China Sea, maritime trade, overseas Chinese history, marine archeology, maritime heritage and other related fields of maritime research. The *Studies of Maritime History* is designed to provide domestic and foreign researchers of academic exchange platform, and published papers relating to the above.

The *Studies of Maritime History* welcomes the submission of manuscripts, which must be first published and not exceed 20000 words. Guidelines for footnotes and references are available upon request.

Please specify the following on the manuscript: author's English and Chinese names, affiliated institution, position, address and an English or Chinese summary of the paper.

Please send manuscripts by e-mail to our editorial board. Upon publication, authors will receive 2 copies of publications, free of charge. Rejected manuscripts are not be returned to the author.

Manuscripts should be addressed as follows:

Editorial Board *Studies of Maritime History*

Centre for Maritime History

Guangdong Academy of Social Sciences, 510610, No. 369 Tianhebei Road, Guangzhou, P. R. C.

E-mail: hysyj@ aliyun. com

Tel: 86 – 20 – 38803162

图书在版编目（CIP）数据

海洋史研究. 第 6 辑/李庆新，郑德华主编. —北京：
社会科学文献出版社，2014.3
ISBN 978 - 7 - 5097 - 5639 - 3

Ⅰ. ①海⋯ Ⅱ. ①李⋯ ②郑⋯ Ⅲ. ①海洋 - 文化史 -
世界 - 丛刊 Ⅳ. ①P7 - 091

中国版本图书馆 CIP 数据核字（2014）第 021875 号

海洋史研究（第六辑）

本辑主编/李庆新 郑德华

出 版 人/谢寿光
出 版 者/社会科学文献出版社
地　　址/北京市西城区北三环中路甲 29 号院 3 号楼华龙大厦
邮政编码/100029

责任部门/人文分社 （010）59367215　　　　　　　　责任编辑/叶　娟
电子信箱/renwen@ ssap. cn　　　　　　　　　　　　责任校对/师敏革
项目统筹/宋月华　张晓莉　　　　　　　　　　　　　责任印制/岳　阳
经　　销/社会科学文献出版社市场营销中心 （010）59367081　59367089
读者服务/读者服务中心 （010）59367028

印　　装/三河市东方印刷有限公司
开　　本/787mm×1092mm　1/16　　　　　　　　　印　　张/20
版　　次/2014 年 3 月第 1 版　　　　　　　　　　　字　　数/345 千字
印　　次/2014 年 3 月第 1 次印刷
书　　号/ISBN 978 - 7 - 5097 - 5639 - 3
定　　价/89.00 元